AF316124

BIBLIOTHÈQUE

DES

SCIENCES NATURELLES

PARIS. — IMPRIMERIE DE E. MARTINET, RUE MIGNON, 2.

BIBLIOTHÈQUE

DES

SCIENCES NATURELLES

ANATOMIE MICROSCOPIQUE

DES ÉLÉMENTS ANATOMIQUES. DES ÉPITHÉLIUMS

(ANATOMIE ET PHYSIOLOGIE COMPARÉES)

PAR

CH. ROBIN

Membre de l'Institut, professeur à la Faculté de médecine de Paris

PARIS

GERMER BAILLIÈRE, LIBRAIRE-ÉDITEUR

RUE DE L'ÉCOLE-DE-MÉDECINE, 17

1868

PREMIÈRE PARTIE

ÉLÉMENTS ANATOMIQUES

En anatomie on donne d'une manière générale le nom d'*éléments organiques* et de *parties constituantes élémentaires des corps vivants* aux dernières parties auxquelles on puisse, par l'analyse anatomique, c'est-à-dire sans décomposition chimique, mais par simple dissociation et dédoublements successifs, ramener les tissus et les humeurs ; ou *vice versâ*, on appelle ainsi les corps irréductibles anatomiquement, qui par leur réunion constituent les tissus et les humeurs et consécutivement toutes les autres parties du corps, grâce à des dispositions nouvelles et de plus en plus compliquées. Ils se divisent en *éléments anatomiques* et en *principes immédiats*. Leur étude forme le sujet de la première des divisions de l'*anatomie générale*, la seconde ayant pour objet celle des humeurs et des tissus, puis la troisième celle des systèmes organiques. *Voy.* Histologie.

On donne plus spécialement le nom d'*éléments anatomiques* à de très petits corps formés de matière organisée, libres ou contigus, présentant un ensemble de caractères géométriques, physiques et chimiques spéciaux, ainsi qu'une structure sans analogue avec celle des corps bruts ; caractères qui, quoique variables de l'un à l'autre entre certaines limites, leur sont pourtant tout à fait propres (fibres élastiques, tubes ner-

veux, cellules épithéliales, cellules des plantes, etc.). A un autre point de vue, ce sont les plus petites parties du corps auxquelles on puisse sans destruction physique ni chimique ramener les tissus par l'analyse anatomique.

Ces données s'appliquent naturellement à titre égal aux végétaux et aux animaux, tous également réductibles à des parties élémentaires dont chaque espèce remplit un rôle propre et déterminé. Il en est ainsi dès qu'on s'élève au-dessus des organismes les plus simples, c'est-à-dire de ceux dont l'économie n'offre pas une structure plus compliquée que celle de la plupart des éléments même qui constituent les tissus des végétaux et des animaux plus élevés. Aussi une description générale des éléments anatomiques doit-elle nécessairement comprendre à la fois celle de ces parties constituantes des plantes d'une part et des animaux de l'autre ; les éléments anatomiques de ces derniers ne peuvent du reste être bien connus en l'absence de notions précises sur la constitution des éléments végétaux. Les éléments anatomiques animaux se distinguent de ceux des végétaux, dans lesquels prédomine la cellulose, en ce qu'ils ont pour principes immédiats des substances organiques azotées ; le plus habituellement ils ne sont pas cloisonnés lorsqu'ils sont tubuleux, et souvent ils manquent de cavité lors même qu'ils ont la *forme* dite *de cellule*. C'est par leur réunion, leur enchevêtrement en nombre plus ou moins considérable, que sont constitués les tissus ; à eux seulement, comme le fait remarquer Bichat, et non aux tissus proprement dits et aux organes, s'applique l'idée de vie. Leurs formes de fibres, de tubes, de cellules plus ou moins compliquées, de corpuscules arrondis ou ramifiés, ou de masse homogène, leur structure, en un mot, et aussi leur mollesse, leurs réactions diverses au contact des agents chimiques, les distinguent de tous les êtres connus et en font des corps entièrement nouveaux, qui, par conséquent, ne peuvent être désignés par les termes employés pour caractériser la matière brute, et méritent des noms spéciaux.

A la notion d'*éléments* se rattachent comme attribut statique, la forme, le volume, les réactions et la structure de chacun d'eux, et, comme attribut physiologique ou dynamique, deux ordres de propriétés : 1° *propriétés physico-chimiques*, en corrélation immédiate avec la forme, le volume, la ténacité, l'élasticité, etc. : ce sont, à l'état d'ébauche, les *propriétés de tissu* ; 2° *propriétés vitales* ou d'ordre organique, tant végétatives (nutrition, développement, génération) qu'animales (contractilité et innervation).

Reprenons actuellement ces données et exposons les développements qu'implique leur énoncé.

Dans ce qu'on entend par *organisation*, il y a autre chose qu'un *arrangement mécanique* de parties élémentaires figurées ; il y a, au delà un certain état de la matière dont il faut tenir compte, et qui gît dans chacune de ces parties ; c'est un état moléculaire spécial de principes immédiats divers dont est composée la substance dite douée d'organisation; principes ayant souvent passé par un état antérieur qui doit aussi être pris en considération : puisque les *corps simples* et les *corps composés* offrent des aptitudes diverses à se combiner avec d'autres, selon qu'ils sortent de telle ou telle combinaison. Ainsi que de Blainville l'avait déjà assez nettement conçu en 1822, d'après les récents travaux de M. Chevreul, la notion d'organi-

sation, envisagée dans ce qu'elle a d'absolument général, se réduit à celle d'une association de principes divers, appartenant à trois groupes distincts, moléculairement unis en un système commun, temporairement indissoluble.

L'état d'organisation présente plusieurs degrés de plus en plus complexes, dus à des modes distincts d'association offerts par les parties élémentaires formées de substance organisée.

Ainsi : 1° une matière complétement homogène, amorphe, sans structure en un mot, pourra être reconnue comme substance organisée, vivante ou ayant vécu, si elle a ce seul caractère : d'être constituée par des principes immédiats nombreux, appartenant à trois groupes ou classes distinctes, unis molécule à molécule, par combinaison et dissolution réciproque. C'est là, il est vrai, le degré d'organisation le plus simple, le plus élémentaire, mais c'est le caractère d'ordre organique le plus général, le plus invariable, et il suffit, pour qu'on puisse dire qu'il y a organisation, que la substance soit organisée. Toute simple qu'est cette organisation, c'est assez pour que la substance puisse *vivre*, c'est-à-dire être en voie de rénovation moléculaire continue, dès qu'elle se trouve dans un milieu convenable (1). Il suit de là qu'une cellule végétale ou animale, ou tout autre élément anatomique ayant forme de fibre, de tube, etc., sont organisés aussi.

Ils ont d'abord pour caractère d'être formés de substance organisée, caractère qui ne se retrouve dans aucun des corps du règne minéral. Il y a même des éléments anatomiques qui n'ont que ce caractère-là : telles sont la substance homogène du cartilage, celle de la capsule du cristallin, la matière amorphe de la moelle des os, celle de la substance grise du cerveau, la substance intercellulaire des plantes, etc.

2° Mais, en général, chaque *élément anatomique* a un degré d'organisation plus élevé;

(1) Et réciproquement, quels que soient, du reste, les autres caractères de cette matière, tant d'ordre inorganique que de structure, si celui qui vient d'être défini n'existe pas, il n'y a pas organisation, ni vie par conséquent. De même les matières gazeuses, liquides ou cristallin s, qui sortent normalement ou pathologiquement de l'organisme, ne sont pas organisées, parce qu'elles ne sont formées que par des principes d'une ou de deux des trois classes de principes immédiats, et ne présentent pas cet état d'association moléculaire dont nous venons de parler.

il a en plus un autre caractère d'ordre organique, caractère qu'on ne retrouve nulle part ailleurs que dans les corps vivants, c'est d'avoir une *structure*, c'est-à-dire d'être *construit* (*structus*) *de parties diverses de cette substance organisée*. Ces parties constituantes diffèrent de forme, de volume, de consistance, de couleur, de solubilité ; elles diffèrent en outre par leur composition chimique. Dans une cellule, le corps de la cellule, le noyau, le nucléole, les granulations moléculaires, en sont des exemples.

L'un des caractères de la substance organisée est donc de ne pas être identique avec elle-même dans toute la masse de chaque être qui vit ou a vécu, qui en est constitué, et cela non-seulement au point de vue de la configuration extérieure, du volume, des caractères physiques, mais encore au point de vue de sa composition immédiate, en tant que substance organisée. Ici elle est en couches amorphes, ailleurs à l'état de granulations, de filaments, etc.; chacune de ces parties à son tour offre une consistance, une couleur, des réactions chimiques différentes ; souvent même de la matière organisée sous forme de granulations visibles au microscope, etc., se trouve associée à une masse homogène pour composer des tubes, des filaments ou plus souvent des masses polyédriques creuses ou non, appelées *globules, cellules*, etc. Et dans l'intérieur de chacune des parties ainsi constituées, ayant son mode de naissance, de développement, sa manière propre d'agir, chaque portion qui est à l'état de noyau, de granule, de goutte ou de contenu liquide, est formée de substance organisée, distincte des autres portions par sa composition immédiate et par le mode d'union moléculaire de ses principes constituants.

Or toutes ces dispositions spéciales de granulations, noyaux, etc., présentant des couleurs et des réactions diverses, sont des particularités dites de *structure* qui doivent être prises en considération ; car chacune de ces parties, quelque petite qu'elle soit, joue un rôle différent des autres, du moment où elle réagit autrement au contact des menstrues chimiques, où elle a une autre consistance, etc. Chacune attire à elle, d'une manière spéciale, les matériaux nu-

tritifs ou les expulse, d'une façon particulière aussi, dans le double acte d'assimilation et de désassimilation (1).

Ainsi prise en elle-même, la matière organisée n'a pas de structure ; mais les parties qui en sont construites, comme les *éléments anatomiques figurés*, en offrent une qui leur est propre. Avec cette structure, avec ce caractère d'ordre organique nouveau, nous voyons apparaître dans chaque espèce d'éléments anatomiques, ou bien seulement quelque particularité de leurs *propriétés végétatives* fondamentales, ou bien encore une ou deux propriétés d'un autre ordre, la contractilité et l'innervation, appelées *propriétés animales*, parce qu'on les trouve chez les animaux seulement.

A partir du degré d'organisation le plus simple, ou tout au moins à compter du caractère de *structure* que nous présentent la plupart des éléments anatomiques, ce ne sont plus, à proprement parler, des parties nouvelles ni des caractères nouveaux d'ordre organique qu'on observe dans l'économie, mais seulement des dispositions ou arrangements nouveaux de ces parties élémentaires amorphes ou figurées. C'est ainsi que les *tissus* ont d'abord les caractères d'ordre organique qui précèdent, savoir : d'être formés de matière organisée et d'avoir une *structure*, c'est-à-dire d'être construits de parties diverses, distinctes, isolables, qui sont une ou plusieurs espèces d'éléments anatomiques réunis d'une manière particulière. Mais, en outre, ils s'élèvent d'un degré de plus dans l'ordre hiérarchique de l'organisation, ils ont un caractère qui leur est propre, c'est une *texture* particulière, c'est-à-dire un arrangement réciproque déterminé et spécial dans chacun d'eux des éléments anatomiques dont ils sont composés. A ce caractère se rattachent, comme attribut physiologique, outre les propriétés vitales élémentaires, plusieurs autres dites *pro-*

<hr>

(1) Avant d'étudier ces diverses parties élémentaires de la substance organisée, ou éléments anatomiques, il importe de les envisager en général, puis séparément quand elles diffèrent ; sans cela il serait impossible de bien saisir combien sont complexes les parties de chaque être, dont les actes nous semblent simples parce qu'ils frappent quelqu'un de nos sens d'une manière immédiate ; par suite, on ne saurait comprendre combien sont nombreuses les causes élémentaires qui modifient si souvent le jeu des divers organes, et sans la connaissance séparée desquelles on ne peut bien apprécier le tout.

priétés de tissu, les unes, d'ordre organique, comme la sécrétion et l'absorption ; les autres, d'ordre physique, comme l'élasticité, l'hygrométricité, etc.

La *structure* et la *texture* sont les seuls degrés de l'état d'organisation qui aient reçu des noms particuliers. Chacun de ces arrangements de la matière est fort différent de l'autre, et le dernier de ces mots ne saurait être employé au lieu du précédent sans erreur. C'est ce que montreront les faits exposés au mot HISTOLOGIE.

La structure a pour chaque espèce d'éléments anatomiques quelque chose de spécifique, qui est caractéristique et qu'on ne retrouve pas dans d'autres espèces. La spécificité de la texture n'est pas moins caractéristique, c'est-à-dire que les éléments de tout tissu offrent quelque chose de particulier dans leur arrangement réciproque. Aussi voit-on des tissus, qui au point de vue de la composition intime, ont la même espèce pour élément principal, et qui ont pourtant des caractères très différents, parce que le mode d'enchevêtrement de ces éléments n'est pas le même ; en d'autres termes il y a des exemples d'une même espèce d'élément formant autant de tissus doués de propriétés différentes qu'elle présente de modes divers d'arrangements réciproques. Il n'est pas vrai que les *tissus* soient les éléments anatomiques ou parties simples élémentaires dont sont formés nos organes, comme persistent pourtant à le dire certains auteurs même très modernes. Les tissus sont déjà des parties compliquées formées par la réunion de plusieurs espèces d'éléments anatomiques, ou, si l'on veut, ce sont des parties du corps encore très complexes et subdivisibles en plusieurs espèces de ceux-ci. Appeler les *éléments* du nom de *tissus simples*, *primitifs* ou *élémentaires*, est donc commettre une erreur.

Il résulte déjà des données qui précèdent que la substance organisée ne forme pas dans l'organisme une masse homogène unique, mais qu'elle est distribuée en parties diverses, solidaires, sans confusion. Nous la trouvons en effet : *a*, sans conformation ni structure ; *b*, avec des formes et une structure correspondantes très diverses, mais tout à fait spéciales et constantes dans chaque cas particulier ; c'est ce qu'on

appelle des *éléments anatomiques proprement dits*. On résume quelquefois ces deux dispositions fondamentales de la substance organisée en disant qu'elle est *amorphe* ou *figurée*, bien qu'il ne faille pas prendre ces expressions dans un sens trop absolu.

La matière organisée est donc une matière qui n'est pas *une*, mais dont, au contraire, on compte autant d'espèces élémentaires qu'il y a d'espèces d'éléments anatomiques, dont chaque espèce offre quelque particularité physiologique qui lui est propre, et ne se transforme jamais en quelque autre espèce que ce soit, pas plus que la contractilité ne se transforme en innervation. C'est une matière par conséquent dont il n'y a pas seulement à étudier les attributs généraux à la manière d'un corps simple, ainsi que le faisaient les anciens, puisqu'elle n'est pas partout identique avec elle-même, mais dont on doit examiner les caractères sur toutes les parties diverses qui en sont formées, comme on l'a fait pour chacun des principes immédiats qui entrent dans sa composition.

C'est à cet ensemble de parties constituées par la substance organisée qu'on donne le nom *d'éléments anatomiques en général*, et c'est sous ce point de vue que, pour les définir, on dit : Les *éléments anatomiques* sont les derniers corps auxquels on puisse ramener les tissus, par une dissection convenable, sans rupture ni dilacération ; ils diffèrent, par l'ensemble de leurs caractères, de tous les corps bruts, et sont décomposables en principes immédiats.

On voit, d'après ce qui précède, que les dispositions diverses des parties élémentaires que constitue la substance organisée dans l'économie forment trois groupes naturels qui se coordonnent de la manière suivante :

1° Granulations moléculaires ou granulations organiques ; 2° matières amorphes ; 3° éléments figurés ou éléments anatomiques proprement dits.

Les *granulations moléculaires* sont représentées par de la substance organisée à l'état de poussière, en quelque sorte, qu'on rencontre dans la plupart des humeurs et dans beaucoup de tissus, mais peu abondamment, disposée en corpuscules extrêmement petits, dont le volume, suivant les espèces, oscille de deux à trois dix-millièmes de millimètre, jusqu'à trois ou cinq millièmes, au plus ; de forme qui peut être ovoïde, sphéroïdale ou polyédrique irrégulière, et qui sont tous homogènes, c'est-à-dire sans structure intérieure spéciale. Le plus ordinairement les corpuscules ainsi nommés sont inclus dans les autres éléments dont ils sont partie constituante, mais il y en a de libres entre d'autres éléments dans divers tissus animaux.

Les *matières amorphes* sont représentées par des substances organisées liquides et constituant alors le *plasma* des humeurs, ou encore demi-solides et qu'on trouve en quantité plus ou moins grande dans plusieurs tissus normaux et morbides ; sans volume ni disposition morphologique qui leur soient propres, interposées qu'elles sont aux autres éléments de ces tissus ; homogènes, c'est-à-dire sans structure, mais parsemées souvent de fines *granulations* moléculaires.

Les *éléments figurés*, ou *éléments anatomiques proprements dits* sont de la substance organisée demi-solide ou solide, disposée en corps généralement très-petits, qu'on trouve dans tous les tissus qu'ils constituent presque en totalité, et plus ou moins dans quelques humeurs, ayant ordinairement une forme et surtout une structure qui présente des particularités qui n'appartiennent qu'à eux.

Mais l'observation montre que dans chacun de ces groupes principaux de parties se trouvent plusieurs *espèces* d'éléments, contrairement à ce que disent encore beaucoup d'auteurs. Il y a, ainsi qu'on le voit, plus de trois ou quatre *espèces* d'éléments anatomiques (Haller, *Elementa physiologiæ*, Lausanne, 1750, t. I, liv. I, p. 1, *Elementa corporis*), car chacun des trois groupes indiqués ci-contre en renferme lui-même plus de trois ou quatre espèces, surtout le dernier. Par ESPÈCE *d'éléments anatomiques*, on entend toute *collection d'individus semblables par leur disposition extérieure, leurs caractères physiques, leurs réactions, leur composition immédiate, et par leur structure lorsqu'ils ne sont pas homogènes.*

Comme à toute disposition anatomique se rattache quelque particularité physiologique correspondante, on comprend combien il est important de distinguer les *espèces* les unes des autres pour arriver à se rendre compte

des actes de l'organisme et de leurs troubles, ne s'agit-il même que des *espèces de granulations moléculaires* et des *substances amorphes*. En effet, chaque espèce distincte jouit de propriétés différentes et remplit un rôle spécial dans l'économie.

I. *Des granulations moléculaires.* — Dans un grand nombre de tissus et d'humeurs, on rencontre à l'aide du microscope, entre les éléments qui ont une configuration spéciale, des particules extrêmement petites, qui, examinées à un grossissement suffisamment fort, présentent des formes irrégulières ou sphéroïdales. Ces granules sont désignés, dans les différentes descriptions qu'on en donne, sous le nom de *granules organiques*, de *granules moléculaires*, de *poussière organique*, etc. Ces granulations diffèrent les unes des autres au point de vue de leur coloration et de leurs réactions chimiques. On peut, sous ce rapport, en distinguer plusieurs variétés.

Il y a d'abord les granulations moléculaires *graisseuses*. Elles se distinguent facilement de toutes les autres en ce qu'elles ont un pouvoir réfringent considérable, en ce qu'elles présentent un contour foncé et un centre brillant offrant presque toujours la coloration jaunâtre caractéristique des corps gras ; elles ont la teinte de l'ambre jaune, d'où le nom de *coloration ambrée* qu'on lui applique quelquefois. Lorsque les granulations sont accumulées en quantité considérable entre divers éléments, comme des fibres ou des cellules, elles peuvent modifier l'aspect des contours de ces éléments, parce qu'elles donnent une certaine opacité à la préparation qu'on a sous les yeux. Ces granulations graisseuses sont, comme les corps gras en général, susceptibles d'être dissoutes par l'éther, par l'alcool chaud, par le chloroforme et par le sulfure de carbone.

Il y a une *seconde variété* de granulations moléculaires, qui ressemblent beaucoup aux granulations graisseuses et qui n'ont pas reçu de nom particulier ; on les voit à l'état normal dans les capsules surrénales et dans quelques autres tissus sains ; mais on les rencontre fréquemment dans différents tissus morbides et en particulier dans les plaques intestinales de la fièvre typhoïde. Ces granulations ressemblent beaucoup aux granulations graisseuses par leur coloration jaunâtre et leur pouvoir réfringent considérable ; comme elles, elles présentent un contour foncé et un centre brillant ; mais elles s'en distinguent en ce qu'elles sont solubles dans l'acide acétique et dans l'acide gallique. Or, ces réactifs ne présentent aucune action sur des granulations graisseuses.

Il y a une *troisième variété* de granulations appelées *granulations grises*. Elles se distinguent facilement des précédentes au microscope, parce qu'ayant un faible pouvoir réfringent, elles présentent, sous le microscope, une coloration grisâtre, au lieu d'avoir, comme les précédentes, un contour foncé et un centre brillant jaunâtre ; de plus, elles sont solubles dans l'acide acétique, dans la potasse, la soude ; elles sont facilement attaquées par un grand nombre de réactifs qui restent sans action sur les granulations graisseuses.

Il y a enfin une *quatrième variété* de granulations moléculaires, ce sont les granulations pigmentaires, qui se distinguent facilement des précédentes par leur coloration tantôt fauve ou brunâtre pâle, tantôt très accusée, soit d'un brun rougeâtre foncé ou même rouge, soit tout à fait noires, ou jaunes. On en trouve qui sont *libres*, c'est-à-dire interposées à des fibres, etc., dans l'iris, la choroïde, le périoste de quelques Oiseaux et Poissons ou accidentellement dans quelques glandes. Le plus souvent, elles sont incluses dans des cellules épithéliales.

Une particularité commune à toutes les variétés de granulations moléculaires est que, lorsqu'elles se trouvent dans un liquide qui n'est pas trop visqueux, elles sont agitées d'un mouvement continuel d'oscillation sur place, sans locomotion à proprement parler ; c'est ce qu'on a appelé le *mouvement brownien*, du nom de Robert Brown, qui, en 1832, en a étudié avec soin les caractères sur les granules de la *favilla* dans les grains de pollen, etc. On avait cru d'abord que ce mouvement était analogue à celui des spermatozoïdes ; mais Robert Brown a montré qu'il s'observe non-seulement sur les granules de la favilla, mais encore sur ceux de la chlorophylle, sur des granules pris dans des liquides animaux, et enfin que les poussières d'or, de platine, de char-

bon, présentaient ce mouvement d'oscillation continuel, aussi bien que les corpuscules de même volume d'origine végétale ou animale. Il a montré, de plus, que lorsqu'on traitait le charbon ou le platine par des acides bouillants, comme l'acide sulfurique, ou par des alcalis bouillants, on ne faisait pas disparaître le mouvement propre des fins granules de la poussière d'éponge de platine, ou de la poussière de charbon. Ce mouvement est donc un phénomène particulier dont les causes sont encore inconnues, et qui ne se rattache en aucune manière à l'animalité. Ce mouvement est plus ou moins rapide, selon qu'il s'agit de telle ou telle variété de granulations moléculaires. C'est ainsi que les granulations graisseuses sont douées d'un mouvement brownien énergique et les granules pigmentaires d'un mouvement plus vif encore. Presque tous les éléments anatomiques contiennent dans leur épaisseur des granulations qui prennent part à leur structure. Or, lorsqu'un élément anatomique est aussi dense vers le centre qu'à la périphérie, les granulations qu'il renferme sont immobiles ; si au contraire il s'agit d'une cellule présentant une cavité distincte de sa paroi, les granulations moléculaires que renferme cet élément sont douées d'un mouvement brownien aussi bien dans l'épaisseur de la cellule qu'en dehors, de telle sorte qu'on peut déterminer ainsi, avec une grande précision, si un élément anatomique est plein ou creux, s'il est solide ou s'il présente seulement une enveloppe circonscrivant une cavité renfermant un liquide avec des granules en suspension. Dans certain cas les éléments anatomiques contiennent un liquide tellement dense que le mouvement brownien est peu marqué ou même n'existe pas ; mais pour peu qu'on ajoute un liquide, de l'eau par exemple, celle-ci pénètre par endosmose dans la cavité de l'élément anatomique, et le mouvement brownien commence à se manifester ; c'est ce qui arrive pour les leucocytes, etc.

II. *Des éléments anatomiques amorphes.* — Les *substances amorphes* se rattachent anatomiquement et physiologiquement à trois groupes distincts. Ce sont : les *substances amorphes proprement dites* ou d'interposition, les *plasmas* et les *blastèmes*.

Il importe de ne pas confondre ensemble

ces derniers. Il est néanmoins commun de voir employés, dans les sens les plus divers et les plus erronés, les termes qui les désignent, par des auteurs qui ne connaissent ni leur origine étymologique, ni leur signification anatomique et physiologique.

Les *plasmas* sont des parties constituantes liquides, intravasculaires, ne se rencontrant jamais ailleurs que dans les systèmes de vaisseaux clos, sanguins ou lymphatiques et dans la cavité générale du corps de quelques invertébrés, liquides d'une composition immédiate particulière étudiés plus loin à l'article HYGROLOGIE.

Les *blastèmes* sont des liquides de formation, c'est-à-dire servant à la génération des éléments anatomiques qui naissent à leur aide et à leurs dépens; ils ont par suite une existence temporaire, tout à fait transitoire. Ils proviennent soit des plasmas laissant exsuder certains de leurs principes au travers des parois des capillaires, soit des éléments anatomiques figurés déjà nés, laissant exsuder certains des principes immédiats liquides qui prennent part à leur constitution.

Ainsi ces liquides sont très-distincts les uns des autres au point de vue de leur origine, de leur fin et de leur composition, puisque les blastèmes viennent des vaisseaux ou des éléments anatomiques ambiants et n'ont qu'une existence temporaire, tandis que les plasmas siégent dans les vaisseaux, viennent des aliments et des tissus par désassimilation, et ont une existence permanente.

Les blastèmes ont été appelés *Mucus matricalis* par les auteurs latins : *substance intercellulaire ou cytoblastème* (1), de κύτος, cavité, corps, cellule; et βλάστημα, production; *exsudat primitif* ou plastique (2); *éducte primitif* (Bock).

(1) Schwann, *Mikroskopische Untersuchungen über die Uebereinstimmung in der Structur und dem Wachsthum der Thiere und Pflanzen*. Berlin, 1838, in-8. p. 67.
(2) Valentin, *Repertorium für Anat. und Physiologie*. Berlin, 1836, in-8, t. I, p. 138. *Exsudat* est un mot dont le sens est plus vague et moins déterminé encore que celui de *blastème*; exsudat indique tout ce qui sort des vaisseaux capillaires, sans désignation d'espèce concernant ce qui sort; il sert à indiquer le résultat du phénomène dit *exsudation*. Il représente ainsi, à la fois, aussi bien les blastèmes que les produits sécrétés normalement ou pathologiquement par les glandes, les séreuses et les muqueuses ; et aussi bien ces sécrétions que la

Le mot *blastème* est de Mirbel (1815), qui désignait ainsi, dans l'embryon végétal, la partie représentée par tout ce qui n'est pas cotylédon, savoir tigelle, gemmule et radicule. Wallroth (1832) l'a ensuite employé pour désigner le *thalle* des Lichens. Burdach (*Physiologie*, Paris, 1838, traduction française, t. III, p. 371) semble le premier qui s'en soit servi en physiologie et en anatomie animale. Il appelle *blastème*, ou masse organique primordiale, la *masse molle qui tient le milieu entre les solides et les liquides, dont le liquide semble être la partie à proprement parler primitive, dans laquelle se multiplient des granulations, jusqu'à ce qu'enfin on y voie apparaître une configuration organique embryonnaire.* Depuis lors, il a été employé avec le sens qui lui est attribué ici, mais cependant d'une manière plus ou moins vague selon les idées régnantes sur la naissance des éléments anatomiques, etc. Gerber surtout l'emploie dans le sens qui lui est donné ici (*Handbuch der allgemeinen Anatomie;* Berne, 1840, in-8, p. 16) sous les noms de *substance de formation* (Bildungstoff), *substance embryonnaire* (Keimstoff) et de *blastème* que produisent les liquides du sang et de la lymphe.

Les blastèmes, quelle que soit la diversité de leur composition, ne diffèrent à l'œil nu ou sous le microscope que par un peu plus ou un peu moins de consistance. Sous le microscope ils ont l'aspect de substances liquides ou demi-liquides amorphes, interposées en petite quantité, aux éléments préexistants et déjà presque toujours mélangées d'éléments de génération nouvelle. Ils sont incolores, leur transparence tient surtout à la faible proportion de granulations moléculaires qu'ils contiennent, car tous en présentent une certaine quantité, et plus elles sont nombreuses moins ils

fibrine exsudée dans le croup, ou à la surface des séreuses enflammées, mais ne servant ni dans un cas ni dans l'autre à la génération des éléments anatomiques. C'est par conséquent à tort que le mot *exsudat* a été employé quelquefois dans le sens de *blastème* ou *vice versa*. Tous les blastèmes sont des *exsudats*, mais tous les exsudats ne sont pas des *blastèmes*. Le terme *exsudat* désigne d'une manière générale tout ce qui sort des vaisseaux sans rupture de ceux-ci, mais il n'indique ni une espèce à part de substance organisée amorphe ou figurée, ni un groupe d'espèces, tant substance organisée comme les *blastèmes*, que matières organiques sans organisation, comme l'urine, la sueur, la vapeur d'eau pulmonaire, etc.

sont translucides. Cette homogénéité, cette uniformité, cette transparence, sont les principales causes de la difficulté que l'on éprouve à étudier expérimentalement les blastèmes. Elles font qu'on n'arrive à déterminer leur quantité et leur nature, dans beaucoup de régions de l'économie, que par exclusion en quelque sorte.

Ainsi les blastèmes sont des espèces particulières de substances organisées amorphes, distinctes, par leur composition immédiate, du plasma qui en a fourni les principes constitutifs, savoir : par les proportions des principes des deux premières classes, et par la nature différente des espèces particulières de substances organiques qui les composent. Mais ce sont des espèces transitoires, en ce qu'à peine produites elles servent à la génération d'autres espèces d'une organisation plus élevée, en ce que leur existence n'est qu'une succession de phénomènes ; en effet, d'un côté on constate leur production incessante, et de l'autre leur disparition continuelle par suite de la naissance, à leurs dépens, d'éléments anatomiques divers. C'est là un fait qu'il ne faut pas oublier, car il en résulte que jamais l'examen d'un seul blastème, ou de différents blastèmes, à une même période de leur durée, ne peut donner une idée exacte, c'est-à-dire complète de ces corps-là ; et pour acquérir cette notion, il est nécessaire d'étudier les blastèmes aux diverses phases de leur existence.

Deux liquides sont parfois confondus avec les *plasmas* et les *blastèmes*.

Le premier est le *liquide intra-cellulaire*, végétal et animal, le contenu des cellules qui présentent une cavité réellement distincte de la paroi. Ce liquide est souvent appelé *protoplasma*, expression inexacte, au moins chez les animaux C'est bien un fluide réel, mais ce n'est pas un liquide comparable aux plasmas ni aux blastèmes. C'est le contenu de cellules, c'est une de leurs parties constituantes essentielles, quand elles ont paroi et cavité distinctes, et on ne peut l'isoler sans détruire la cellule anatomiquement et physiologiquement, si ce n'est par une vue fictive de l'esprit. C'est donc une portion de la substance même des cellules, qui ne peut être étudiée sans elle et dont l'examen fait partie de celui des

éléments de ce groupe qui ont paroi et cavité distinctes. Les premiers auteurs qui ont employé l'expression *protoplasma* (Purkinje, *Jahrbücher für wissenchaftliche Kritik*, 1840, et Reichert, *Bericht über die Fortschritte der mikroskopischen Anatomie ; — Archiv für Anat. und Physiol.* von J. Müller. Berlin, 1841, p. CLXIII) l'ont créée pour désigner le contenu liquide des *cellules* de l'embryon animal, mis en parallèle avec celui des cellules végétales appelé *cambium*, liquide apte à fournir les matériaux nécessaires à la naissance et à la nutrition d'autres éléments. Le *protoplasma* est, dans ce sens, le liquide qui, dans les cellules ayant une paroi distincte de la cavité et un contenu, constitue ce dernier supposé apte à jouer dans la nutrition le rôle rempli par le plasma sanguin. C'est dans ce sens qu'il est employé par les botanistes (H. Mohl., *Botanische Zeitung*, 1846, p. 73, et *Die vegetabilische Zelle ; — Handwörterbuch der Physiologie* ; Braunschweig, 1853, in-8°, t. IV, p. 200). Quelques auteurs désignent même à tort sous ce nom, soit les granulations des cellules animales qui n'ont pas de paroi distincte de la cavité, soit toute la substance du corps de ces éléments, ou encore ce que jusqu'à présent on avait toujours appelé *blastème*, c'est-à-dire le groupe des parties constituantes élémentaires transitoires que je viens de décrire.

Il est souvent question, sous le nom de *suc nourricier*, d'une autre matière confondue avec les plasmas et les blastèmes. Mais là il ne s'agit que d'une abstraction anatomique, d'une substance supposée fluide qui n'existe qu'à l'état fictif et non comme liquide distinct et indépendant ou isolable sans destruction de ce qui le contient. Ce n'est pas une espèce à part de substance organisée à proprement parler, d'*humeur*, de liquide distinct des éléments anatomiques et pouvant en être séparé sans détruire l'élément lui-même. Chaque élément anatomique est un corps complexe, il se compose de principes immédiats liquides et solides, d'où résulte un tout, qui est apte à agir, et dont les principes solides et liquides associés moléculairement, se renouvellent sans cesse, grâce à ce mélange compliqué qui constitue l'organisation, et sans analogue dans le règne minéral. Mais, que l'on retranche les solides ou que l'on retranche les liquides, l'élément anatomique n'existe plus tel qu'il doit être étudié, c'est-à-dire tel qu'il est lorsqu'il est apte à agir; il est désorganisé. Or, c'est en isolant par écrasement, etc., la partie fluide de chaque élément, qu'on a cru obtenir ce que sous le nom de *suc nourricier*, on a voulu donner comme *humeur* distincte des éléments et devant être étudiée à part; mais sans cette partie liquide l'élément n'est plus lui-même, il est détruit en tant qu'apte à agir. Il est facile de voir que la supposition de *l'existence spécifique* de cette humeur doit être rejetée, ainsi que toutes les déductions basées sur elle.

Les *éléments* ou *matières amorphes* proprement dites, *demi-solides* ou *solides*, ont aussi été appelés *substance intercellulaire* (1) et *interfibrillaire; substance organique unissante, substance hyaline* (Gerber, 1840), *matière amorphe unissante*. Ce sont des espèces de substances organisées, solides ou demi-solides, existant dans quelques tissus normaux de presque tous les animaux et des végétaux qui ne sont pas unicellulaires, et dans divers tissus pathologiques, interposées aux éléments anatomiques figurés, mais n'offrant pas de formes qui leur soient propres, et parsemées ordinairement de granulations moléculaires qui en font varier l'aspect. Ce sont à proprement parler des parties élémentaires qui n'ont d'autre configuration que celle des interstices qu'elles comblent entre les éléments anatomiques figurés associés ensemble par entrecroisement, etc.

C'est parce qu'on a cru que la substance organisée était toujours à l'état de globules, de cellules, de fibres ou de tubes, qu'on a méconnu l'état réel sous lequel elle se trouve dans beaucoup de tissus et plus souvent encore dans ceux de certains invertébrés, tels que les Acalèphes, que sur les vertébrés. Il est à remarquer que l'existence de ces matières amorphes ne pouvait être bien constatée et déterminée que par exclusion progressive en quelque sorte. Ce n'est

qu'après avoir étudié tous les éléments anatomiques normaux et morbides figurés qu'il devient possible de reconnaître, peu à peu qu'il y en a qui sont purement amorphes et à côté desquels les autres deviennent accessoires, bien qu'ils concourent aussi à la constitution du produit. On observe alors dans le champ du microscope une quantité variable de matière amorphe, granuleuse ou non, interposée aux fibres, aux cellules, aux culs-de-sac glandulaires, etc.

On peut distinguer plusieurs espèces de substances amorphes, tant d'après les différences d'aspect physique qu'elles offrent, que d'après leurs réactions et d'après la constance de leur distribution dans telle ou telle région de l'économie. C'est surtout d'après leur composition immédiate que ces espèces devraient être établies; mais cette composition n'est pas encore suffisamment connue, aussi règne-t-il encore quelque arbitraire dans la détermination de leurs espèces.

Toutefois, sans parler même de celle que l'on voit si nettement entre les fibres et les cellules dans les tissus des Polypes médusaires, il est facile de distinguer celle qui, interposée aux éléments figurés du tissu cellulaire ou lamineux des Mollusques céphalopodes et autres, du rostre des Plagiostomes, etc., lui donne un aspect gélatiniforme et une consistance gélatineuse. Elle se retrouve dans diverses régions entre les fibres et les vaisseaux de ce tissu sur les autres vertébrés, jusque chez l'homme, comme dans l'allantoïde, le cordon ombilical, etc. On en voit aussi entre les fibres et les faisceaux de fibres lamineuses et élastiques des séreuses, des épiploons spécialement, etc. Elle est bien distincte de celle qui existe entre les éléments figurés de la moelle des os, et entre ceux de la substance grise des centres nerveux.

Les matières amorphes ont été signalées pour la première fois par Heusinger (1824), qui leur avait donné le nom de *substances de formation*, parce qu'il croyait que tous les éléments anatomiques qui ont une configuration spéciale commençaient par être de la matière amorphe interposée entre des éléments préexistants.

Depuis, ces substances amorphes, d'une manière générale, ont reçu le nom de *sub-*

stances intercellulaires, en raison de vues théoriques, qui voulaient faire assimiler d'une manière absolue les éléments anatomiques des végétaux à ceux des animaux, c'est-à-dire qui voulaient faire considérer tous les éléments anatomiques des animaux comme étant des cellules, et comme un produit d'exsudation de celles-ci, tout ce qui, dans l'économie, n'est pas *cellule*.

Cette comparaison des substances amorphes, en général, à la substance intercellulaire des végétaux ne peut être admise, parce qu'il existe une différence très-frappante entre ces deux ordres de substances ; les substances intercellulaires des végétaux, en effet, n'apparaissent que peu à peu, au fur et à mesure que le végétal vieillit, elles sont en quelque sorte une exsudation de la cellule végétale, venant s'interposer aux parois propres des différentes cellules. C'est l'inverse pour les substances amorphes dans les animaux ; elles sont toujours plus abondantes entre les éléments figurés d'un individu encore jeune qu'entre les mêmes éléments d'un animal âgé. C'est là un différence caractéristique.

Parmi les parties constituantes élémentaires des plantes qui sont dépourvues de configuration déterminée ou du moins de forme qui leur soit propre. Il faut signaler : 1° La substance de la *cuticule et des couches cuticulaires* de l'épiderme végétal (*Voy.* ÉPITHÉLIUM) ; 2° la *substance intercellulaire*, dite aussi *unisante ou intermédiaire*; 3° la substance gélatiniforme des tissus de beaucoup d'algues, telles que les Tremelles et de divers Champignons, dont il faut peut-être séparer celle qui existe entre les faisceaux de thèques de diverses espèces de ces plantes.

III. *Des éléments anatomiques figurés ou proprement dits.* — Nous avons dit que la matière organisée n'est pas toute liquide ou amorphe ; qu'elle se présente surtout à l'état de petits corps, ayant une forme et une structure spéciales, qu'on appelle des éléments anatomiques proprement dits (fibres, cellules, tubes, etc.). C'est lorsqu'on arrive à leur étude, que l'être vivant se distingue aisément des corps bruts et l'animal du végétal, par cette structure seule qui frappe au premier coup d'œil, dès que l'on s'est placé dans les conditions physico-chimiques qui permettent de l'apercevoir. Dès lors la substance organisée cesse de se rattacher au monde extérieur par des faits de constitution intime ou moléculaire ; dès lors les espèces de corps organisés ont encore des caractères d'ordre mathématique (forme, volume, etc.), des caractères d'ordre physique (consistance, couleur), et des réactions chimiques qui continuent à montrer leur dépendance et leur soumission aux lois qui régissent les corps bruts ; mais ils ont de plus des caractères d'ordre nouveau, ceux de *structure* ou d'ordre organique que ne présentent pas les précédents. Ce fait établit à l'égard de ceux-ci une certaine indépendance qui leur est propre. Cette indépendance, plus manifeste encore au point de vue physiologique ou dynamique, c'est-à-dire chez l'être en action, qu'au point de vue anatomique, a, par cette raison, été souvent exagérée, et même regardée comme entière et absolue.

Dès qu'on envisage les éléments anatomiques, les différences entre les corps bruts et les corps organisés, entre les animaux et les végétaux, ne sont plus caractérisées par de simples degrés dans la proportion des principes qui composent leur substance. On n'est plus obligé de recourir à l'analyse anatomique immédiate comme on est forcé de le faire lorsqu'il s'agit de la substance organisée liquide ou solide amorphe. En effet, considérés en eux-mêmes, et non plus d'une manière abstraite comme substances organisées, les éléments anatomiques ne se rattachent plus aux corps bruts que par ce fait, qu'ils ont encore comme eux des caractères de volume, de forme, de consistance, etc. ; qu'ils sont susceptibles de se combiner avec divers agents chimiques, ou d'être détruits par eux ; mais ils s'en éloignent en ce qu'ils ont acquis des caractères d'un ordre nouveau dits *organiques*, que ne présentent pas les corps bruts.

Si déjà la substance organisée se distingue facilement de la matière brute, si les animaux peuvent être distingués nettement des plantes lorsqu'on examine cette substance à l'état d'éléments anatomiques, on comprend que la distinction devient encore plus facile, dès qu'en remontant l'échelle des parties dont se compose l'organisme on arrive aux tissus, aux humeurs tenant des éléments anatomiques en suspension, aux systèmes, aux organes, etc. Aussi la distinction entre les corps organisés et les corps bruts, puis entre les plantes et les animaux, ne présente-t-elle de difficulté, au point de vue pratique, que lorsqu'on examine la substance organisée liquide ou solide amorphe, et quelquefois des éléments anatomiques libres, isolés, non réunis en tissus, ou des infusoires constitués par un seul élément anatomique. Mais encore est-il que ces difficultés sont assez faciles à surmonter lorsqu'on s'est préparé à les vaincre par l'examen comparatif des éléments anatomiques des animaux et des végétaux adultes et à l'état embryonnaire. Au point de vue théorique, cette distinction n'en présente aucune dès que l'on sait que toute substance organisée est constituée de principes immédiats nombreux, de trois classes différentes unis réciproquement molécule à molécule, et lorsqu'on connaît les caractères des espèces de principes de chacune de ces trois classes.

Éléments anatomiques végétaux. — Tout élément anatomique végétal figuré se compose d'une paroi, limitant une cavité pleine d'un *contenu* de nature différente de l'un à l'autre. C'est là seulement ce que présentent de commun dans leur structure les éléments anatomiques des plantes.

C'est la constance d'une cavité circonscrite par une paroi généralement close de toutes parts qui fait employer souvent l'expression *cellule végétale* comme synonyme d'*élément anatomique végétal*, bien que quelques éléments, comme certains vaisseaux, à leur état de complet développement, soient formés de plusieurs cellules superposées, avec résorption complète ou incomplète des parois formant cloison au point de contact. Il faut donc savoir que ces expressions ne sont synonymes que d'une manière relative. Car, suivant leurs formes, leurs dimensions et leur structure, les éléments anatomiques végétaux, qui, dans le sens absolu du mot, sont en réalité des *cellules*, se divisent en plusieurs types. Ce sont les *cellules* proprement dites, les *fibres* ou *cellules fibreuses*, et les *vaisseaux* ou *cellules vasculaires*.

La *paroi* ou *enveloppe* est toujours bien distincte du *contenu;* d'abord souvent on voit deux lignes parallèles qui limitent l'épaisseur de la paroi; en outre on peut rompre celle-ci, alors le contenu s'échappe et la cavité se vide. A la paroi adhère un corps particulier, le *noyau*, qui en fait partie, au moins pendant quelque temps ; car, dans beaucoup de cellules, son existence n'est que temporaire ; dans le noyau existent un ou deux *nucléoles*. Ainsi, *paroi* et *cavité* ou *contenant* et *contenu*, voilà autant de choses distinctes qu'on peut observer dans les éléments anatomiques végétaux, et sur lesquelles nous aurons à revenir.

Il n'y a pas de fait relatif à la paroi des éléments anatomiques végétaux qui soit absolument commun à tous. Ainsi elle est formée de cellulose unie à quelques sels, ou à de la subérine, ou à du xylogène, ou bien de la subérine presque pure avec des sels et un peu de cellulose. Cette paroi porte le nom de *paroi de cellulose*, parce que ce principe s'y trouve à peu près constamment. Dans les champignons, les algues, etc., c'est la fongine, principe isomère, mais en différant sous quelques rapports, qui remplace la cellulose.

Le plus souvent (mais encore y a-t-il quelques exceptions) elle est tapissée d'une seconde membrane ou couche formée de substances organiques azotées, demi-solides. C'est l'*utricule azoté, primordial* ou *primitif.* A celle-ci se trouvent annexés quelquefois un ou deux (rarement plus) petits corps sphériques ou ovoïdes de même nature qu'elle ; c'est ce qu'on appelle le *noyau, nucléus* ou *cytoblaste;* celui-ci renferme ou non un à deux très-petits corpuscules, appelés *nucléoles (nucleolus).*

Ainsi, dans tout élément anatomique végétal il faut, à l'égard de l'enveloppe, étudier la *paroi de cellulose* et l'*utricule azoté*, laquelle, à son tour, possède ou non un ou plusieurs *noyaux.*

Dans la plupart des cellules, l'utricule primordial forme une couche ou membrane cellulaire bien distincte du contenu. Le fait est surtout évident quand l'action de l'iode montre le noyau enclavé dans un dédoublement de cette membrane azotée. Dans les Conferves on la trouve parfaitement nette et isolée, avec ou sans noyau.

Du noyau, cytoblaste ou *nucléus des cellules végétales* (*vésicule nucléenne,* Kernbaschen), Naegeli, dans *Schleiden und Nägeli, Zeischrift für wissenschaftlichen Botanic*, 1844). — Dans toute cellule végétale à la description de l'utricule primordial se rattache celle du *noyau* ou *cytoblaste* (κύτος, *cavité*; βλαστός, *germe*). Le noyau est un corpuscule particulier, partie importante de la cellule, bien distinct de son contenu. Il fait en quelque sorte partie de l'utricule primordial; il est formé de la même matière azotée jaunissant par l'iode. Comme lui, il est sans moyen d'union avec la paroi de cellulose autre que par le contact; comme lui, il est lié à la période de développement et à celle de grande activité nutritive de la cellule; aussi, quoique son rôle soit ordinairement passager comme celui de l'utricule, il persiste souvent avec lui dans les organes où persiste cette activité de nutrition; il n'existe que dans les cellules où l'utricule existe, il manque où il est absent; il y a assez souvent des utricules azotés sans noyau, il n'y a jamais de noyau sans utricule.

Ainsi le noyau n'appartient pas à la paroi de cellulose, mais à l'utricule primordial azotée qui tapisse la face interne de l'autre membrane. Ses relations avec lui, sa composition chimique, montrent que ce corps est une partie fondamentale, quoique transitoire, de la cellule; il ne doit, par conséquent, pas être mis au même niveau et dans le même groupe que les *contenus* très variables des cellules, tels que les fécules, la chlorophylle, etc. Le *contenu* cellulaire est dans la cavité de l'utricule azoté dont fait partie le noyau, le membrane de cellulose forme une enveloppe protectrice du tout. Quant aux fils mucilagineux granulés qui lient le noyau à l'utricule, lorsque, par exception, il occupe le centre de la cellule, ils sont dus à la coagulation du contenu mucilagineux par l'alcool. On en voit qui s'étendent d'un côté à l'autre de l'utricule dans des points très-éloignés du noyau, ou du noyau à la paroi opposée, quand celui-là est inclus dans l'épaisseur de l'utricule, ce qui est le cas le plus ordinaire.

Le *nucléole* ou les nucléoles, quand il y en a deux ou trois, sont des corpuscules très-petits ($0^{mm},002$ à $0^{mm},004$), mais pourtant plus gros et plus brillants au centre que les granulations moléculaires du noyau.

Ils sont sphériques, à bords nets et foncés; leur masse est homogène, non granuleuse, comme celle du noyau. Cependant quelquefois, mais rarement, ils renferment une granulation moléculaire à leur centre, qui reçoit le nom de *nucléolule*.

Il n'est pas très-rare de ne trouver aucune trace de nucléole dans des noyaux parfaitement constitués et très-distincts, sous tous les autres rapports.

Contenu des cellules végétales. — Le contenu des cellules étant beaucoup mieux connu que les parois même de ces éléments anatomiques, il nous arrêtera ici beaucoup moins longtemps. Les faits anatomiques qui précèdent ont, avec ceux que montrent les éléments anatomiques des animaux, de fréquents points de contact qui seront signalés chemin faisant.

Le *contenu* est solide, liquide ou gazeux. Le contenu solide est formé de grains de *fécule* pressés les uns contre les autres, dans les interstices desquels se trouvent ou des gouttes d'huile (*Cyperus esculentus*, L.), ou un liquide avec ou sans granulations moléculaires (*Solanum tuberosum*, L. *Helianthus tuberosus*, L.).

Le contenu liquide est quelquefois huileux et homogène (*huiles essentielles* des Aurantiacées) ou aqueux avec des granulations moléculaires azotées, grains de fécule, de chlorophylle ou gouttes huileuses ou résineuses en suspension. Parfois pourtant ces granulations diverses peuvent manquer. Le contenu aqueux, ou mieux, le liquide qui tient les granules, etc., en suspension, porte dans beaucoup d'écrits le nom de *protoplasma*. Il est coagulable par les agents qui précipitent l'albumine et se colore en jaune ou jaune brun par la teinture d'iode, comme le font les substances organiques azotées.

Le contenu gazeux est homogène, variable dans sa composition, suivant les espèces végétales et les régions du corps de la plante, et s'observe quand le précédent disparaît par une cause ou par l'autre, et *vice versa*; car jamais un élément anatomique ne commence par avoir un contenu gazeux.

Tous les éléments anatomiques végétaux sont des cellules dans le sens propre de ce mot. Cependant, lorsqu'on veut en étudier tous les caractères, on reconnaît bientôt qu'ils se séparent en groupes très-différents. Ce sont des types d'une même espèce, plutôt ou peut-être autant d'espèces distinctes, car ces types présentent eux-mêmes des variétés. Ces types ne se transforment pas l'un en l'autre ; c'est ainsi que d'une cellule quelconque on ne verra pas provenir un laticifère, une trachée ou même une fibre ligneuse, ni un filament de mycélium ou une cellule ramifiée des Algues, etc. Pourtant, quel que soit le type des éléments anatomiques végétaux qu'on examine, tous ont pendant un certain temps, vers les premiers moments de leur naissance, les ca-ractères généraux de forme, de volume et de structure générale des cellules, tels qu'ils sont énoncés plus haut ; toutes passent par l'état de cellules, même ceux qui, plus tard, prendront la forme de fibres, etc. Généralement il est, dès l'abord, possible de distinguer un élément nouvellement formé appartenant à un type de ceux de tout autre type ; quelque petite, quelque jeune que soit une cellule, il est, dès l'abord, possible de reconnaître à quel type elle appartient. Il n'est, en effet, pas de cellule à fil spiral, quelque petite qu'elle soit, qui puisse être confondue avec une cellule du tissu cellulaire ou une cellule fibreuse.

TABLEAU SYNOPTIQUE DES MATIÈRES CONTENUES DANS LES CELLULES VÉGÉTALES.

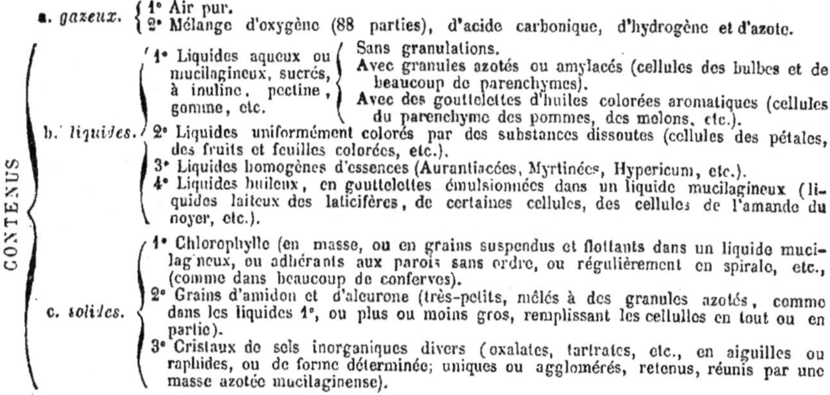

CONTENUS

a. gazeux.
- 1° Air pur.
- 2° Mélange d'oxygène (88 parties), d'acide carbonique, d'hydrogène et d'azote.

b. liquides.
- 1° Liquides aqueux ou mucilagineux, sucrés, à inuline, pectine, gomme, etc.
  - Sans granulations.
  - Avec granules azotés ou amylacés (cellules des bulbes et de beaucoup de parenchymes).
  - Avec des gouttelettes d'huiles colorées aromatiques (cellules du parenchyme des pommes, des melons, etc.).
- 2° Liquides uniformément colorés par des substances dissoutes (cellules des pétales, des fruits et feuilles colorées, etc.).
- 3° Liquides homogènes d'essences (Aurantiacées, Myrtinées, Hypericum, etc.).
- 4° Liquides huileux, en gouttelettes émulsionnées dans un liquide mucilagineux (liquides laiteux des laticifères, de certaines cellules, des cellules de l'amande du noyer, etc.).

c. solides.
- 1° Chlorophylle (en masse, ou en grains suspendus et flottants dans un liquide mucilagineux, ou adhérants aux parois sans ordre, ou régulièrement en spirale, etc., (comme dans beaucoup de conferves).
- 2° Grains d'amidon et d'aleurone (très-petits, mêlés à des granules azotés, comme dans les liquides 1°, ou plus ou moins gros, remplissant les cellules en tout ou en partie).
- 3° Cristaux de sels inorganiques divers (oxalates, tartrates, etc., en aiguilles ou raphides, ou de forme déterminée ; uniques ou agglomérés, retenus, réunis par une masse azotée mucilaginense).

Les principaux types de cellules ou éléments anatomiques végétaux sont les suivants :

PREMIER TYPE. *Cellules* proprement dites, éléments sphériques, ovoïdes, cylindriques, polyédriques, aplatis ou étoilés, à peu près d'égales dimensions en tout sens, quelle que soit l'épaisseur des parois, ou ayant une longueur égale à trois ou quatre fois la largeur, mais avec coïncidence de parois minces, et égale adhérence aux éléments voisins dans tous les sens. (*Voy.* ÉPITHÉLIUM.)

C'est à ce type que se rattachent les individus des espèces végétales qui ne sont représentés que par un seul élément anatomique libre et isolé, ayant une existence indépendante (Diatomées, Palmellées). Il offre plusieurs variétés, telles que les *cellules épidermiques, cellules ponctuées, cellules rayées*, etc., *cellules du suber* ou *liége*, de l'*endoderme* (*cambium* de quelques auteurs).

DEUXIÈME TYPE. *Cellules filamenteuses*; éléments cylindriques, rarement prismatiques par compression réciproque, dans lesquelles un diamètre étroit coïncide avec une longueur généralement au moins huit ou [dix fois et jusqu'à cinquante fois plus grande, des parois minces, assez souvent des ramifications et une adhérence plus grande par leurs extrémités contiguës que par la phériphérie, lorsque toutefois elles ne sont pas libres. Ce type est représenté par les cellules des filaments de mycélium de tous les cryptogames, souvent une partie des tissus de leur stipe, etc., ou la totalité de celui-ci dans les êtres simplement filamenteux. C'est à ce type plutôt qu'aux cellules pileuses et fibreuses que se rattachent les filaments qui accompagnent la graine de certaines Asclépiadées, Salicinées, etc.

Les plantes dites *cellulaires* ne renferment que des éléments appartenant à ces deux types.

Troisième type. *Cellules fibreuses;* éléments superposés bout à bout, cylindriques à diamètre généralement étroit et de longueur considérable, avec des parois épaisses, ou assez minces quand elles sont jeunes, et d'une longueur seulement cinq à six fois plus grande que la largeur, mais pourtant relativement plus épaisses et plus longues que les cellules du tissu cellulaire ambiant, adhérant généralement bien plus par leurs extrémités que par leur circonférence.

Ce type est représenté par les cellules qui, superposées bout à bout, forment les fibres ligneuses du bois et celles du liber. Elles offrent plusieurs variétés : *cellules libériennes*, très-larges, à parois épaisses et homogènes; *cellules ponctuées*, *cellules rayées*, etc.

Quatrième type. *Cellules vasculaires;* éléments superposés ou articulés bout à bout, à parois minces, soit absolument, soit par rapport à leur diamètre, plus souvent cylindriques que polyédriques, étroits et à extrémités conoïdes empiétant l'une sur l'autre, larges et à extrémités aplaties, exactement superposées, généralement mais non absolument beaucoup plus longues que larges.

Les éléments de ce type sont représentés par les cellules qui, superposées ou articulées bout à bout, forment les vaisseaux des plantes dites vasculaires. Ils offrent plusieurs variétés : *cellules vasculaires à filament spiral* ou des *trachées, cellules vasculaires ponctuées* ou des *vaisseaux ponctués; cellules vasculaires laticifères* ou des *vaisseaux laticifères* à parois généralement minces, homogènes, translucides, s'affaissant sur elles-mêmes. Aux cellules trachéales se rattachent celles des vaisseaux réticulés; à la variété des *cellules vascu-*

laires ponctuées se rattachent celles des vaisseaux rayés et scalariformes.

Il y a des organes des plantes **qui**, lors de leur naissance et dans les premiers temps de leur développement, ont possédé tous les caractères des cellules proprement dites, mais qui, peu à peu, en perdent les caractères, en acquièrent qui les éloignent de ceux que présentent les cellules proprement dites; ils deviennent ainsi de véritables *organes* spéciaux différents des *éléments anatomiques* proprement dits; ils constituent des organes dérivant d'un seul élément anatomique ou de plusieurs éléments soudés; c'est ce que démontrent d'autre part, au point de vue physiologique, leurs usages spéciaux en rapport avec leur structure particulière. Plusieurs, pourtant, conservent toujours une analogie plus ou moins grande avec les cellules dont ils dérivent. C'est ainsi qu'il en est qui gardent pendant toute leur existence une paroi close de toutes parts et une cavité distinctes, mais d'autres n'ont plus de cavité distincte de la paroi; forment une masse aussi dense vers le centre que vers la périphérie, et n'ont souvent pas d'enveloppe de cellulose. Il importe de les signaler ici pour achever de faire connaître quels sont tous les éléments anatomiques des plantes.

1° Les *sporanges* (*thèques, périspores, oospores,* etc.). Leur forme et la nature de leur contenu les différencient de toutes les autres cellules végétales; elles ont perdu les caractères de cellules ordinaires avant que les zoospores et les pores ne s'individualisent à l'aide et aux dépens du contenu de leur cavité, par segmentation de celui-ci. Aussi on ne saurait considérer l'individualisation des spores comme un cas de *génération endogène ou intra-cellulaire proprement dite.*

2° Ces remarques s'appliquent de la même manière aux *anthéridies* et aux *spermogonies* ou *ovules mâles des Cryptogames.*

3° Ces remarques s'appliquent avec au moins autant de force à l'*ovule femelle ou sac embryonnaire des Phanérogames,* surtout en ce qui concerne la disposition de la paroi et la nature du contenu dont il s'agit comparé à celui des autres cellules des végétaux, surtout encore en ce qui concerne la forme et le volume quelquefois si bizarres de cet organe (Crucifères, Antirrhinées, Conifères, etc., etc.).

4° Ces observations s'appliquent aussi aux *ovules mâles des phanérogames* ou *utricules mérespolliniques.*

5° Ces observations s'appliquent également aux divers corps reproducteurs des cryptogames, qui tout en étant sphériques, ovoïdes, etc., très petits, avec cavité distincte de la paroi, diffèrent complétement des cellules de l'individu qui les produit et diffèrent même entre elles d'une espèce à l'autre, quant à la structure, plus que les cellules d'un type quelconque ; cela est très évident pour celles qui ont deux enveloppes de cellulose. Ces corps reproducteurs en forme de cellules qu'il importe de distinguer des autres éléments anatomiques de la plante qui les fournit et qu'eux-mêmes reproduiront dans certaines conditions données sont les suivants :

Beaucoup de Champignons (*Erysiphe*, *Ascophora*) donnent naissance à une première sorte de corps reproducteurs autrefois appelés *spores* et *sporidies*, et cela lorsqu'ils ne sont encore qu'à l'état de mycélium. C'est ce qu'on nomme, avec M. Tulasne, des *conidies*. Plus tard, quand sur ce mycélium, et à ses dépens, est formé le stroma, on y voit apparaître un *hyménium* portant des *clinodes* ou cellules linéaires allongées, au sommet desquelles naissent des corps reproducteurs différents des premiers : on appelle *stylospores* ces corps reproducteurs acrogènes, qui naissent nus (c'est-à-dire sans être enveloppés par une thèque ou sporange) au sommet de ces clinodes ou basides, analogues à ceux des Agariciuées. Souvent leur développement est précédé par celui des *spermaties* ou organes mâles, qui sont également acrogènes sur des clinodes, mais filiformes, courtes et ténues. Enfin, plus tard, naissent les thèques ou sporanges, et dans ceux-ci d'autres corps reproducteurs d'un troisième ordre et plus parfaits, qui se produisent sans rapport de continuité avec la plante mère. C'est à eux qu'on réserve le nom de *spores proprement dites.* Ces trois sortes de corps reproducteurs ont, pour nombre de plantes, été décrites autrefois comme autant d'espèces

végétales unicellulaires différentes. Il est des espèces dans lesquelles on ne connaît que les conidies et les stylospores, dans d'autres seulement les stylospores (genre *Sporocladus*) avec ou sans spermaties (genre *Cystispora*), et les spores endothèques (*Sphæria laburni*).

Ces données, enfin, s'appliquent à plus forte raison aux autres *cellules reproductrices* analogues aux précédentes qui sont ciliées et mobiles et, par suite, appelées *zoospores.* Ces corps reproducteurs se rencontrent avec toutes les formes précédentes ou avec un certain nombre d'entre elles chez certaines espèces, comme, par exemple, sur les Champignons des genres *Porénospore* et *Cystopus*, ou seuls, comme on le voit particulièrement dans les Algues. Ils sont tantôt entièrement homogènes, principalement formés de la masse de substance azotée, représentant l'utricule primordial des autres cellules ; tantôt, comme sur la plupart des Algues, une fois individualisée par segmentation du contenu des sporanges, la masse de chacune d'elles s'entoure d'une mince paroi de cellulose perforée au niveau du point d'insertion des cils moteurs.

6° Ces données s'appliquent de la même manière aux spermaties et aux anthérozoïdes ciliés ou spermatozoïdes des Lichens et des autres Cryptogames, y compris beaucoup de Champignons (*Porénospores, Cystopus*, etc.). Ici, encore une fois, le contenu ou vitellus de l'ovule mâle (*Anthéridie* et *Spermogonie*) de ces plantes individualisé en cellules par segmentation, à la surface de celles-ci poussent les cils moteurs, sans que jamais on puisse distinguer sur ces éléments une paroi cellulaire distincte de la cavité. On ne voit pas non plus s'y ajouter, comme sur certaines zoospores, une enveloppe de cellulose.

7° Enfin le grain de pollen ne diffère des corps reproducteurs précédents que parce qu'à la masse cellulaire azotée, individualisée par segmentation du contenu de l'ovule mâle des Phanérogames (*utricule mère pollinique*), s'ajoute une paroi de cellulose, lisse, réticulée ou hérissée, etc. ; dans laquelle la masse précédente représente l'utricule azoté des cellules végétales en général.

Ces données sont d'autant plus importantes qu'en observant, pendant toute la durée de ces parties, les phases de leur existence, comme celle des éléments anatomiques proprement dits, on constate qu'aussitôt placées dans certaines conditions de nutrition, diverses pour chacune d'elles, elles deviennent le siége de phénomènes de développement, tant extérieurs qu'intérieurs, des plus remarquables. Rien dans la structure propre de ces parties ne pouvait faire prévoir ces phénomènes, et ils entraînent graduellement des changements de forme, de dimensions, de couleur, de structure, etc., susceptibles de les rendre complétement méconnaissables (comparativement à ce qu'ils étaient) si l'on n'a suivi les modifications évolutives dont ils deviennent alors le siége, après avoir eu plus ou moins longtemps des caractères propres stationnaires. C'est ce qui est très-frappant sur les diverses variétés de spores, de zoospores et de stylospores, lorsqu'ils se trouvent dans les conditions voulues pour leur germination, et sur les grains de pollen arrivés sur le stigmate. Des faits analogues s'observent aussi sur les parties correspondantes aux précédentes, telles qu'ovules et spermatozoïdes chez divers animaux, parmi les plus simples, divers infusoires, etc. Les cellules qui, en se développant, prennent les caractères et jouent le rôle physiologique d'organes bien déterminés, présentent aussi dans certaines conditions données une succession de changements évolutifs de l'ordre des précédents ; tels sont, par exemple, les cellules du mycélium, celles de certains poils végétaux et animaux, etc.

Éléments anatomiques figurés ou proprement dits des animaux. — Synonymie. — Parties constituantes figurées, simples ou élémentaires (1), éléments organiques (2), parties élémentaires et éléments des tissus (3), éléments microscopiques (4), tissus simples (Bérard). Les expressions de *tissus simples, tissus primitifs ou élé-*

mentaires, sont vicieuses, lorsqu'elles sont appliquées aux éléments, en ce que le mot *tissu* implique l'idée de texture; or, les fibres, les cellules, etc., n'ont pas de *texture*, mais une *structure*; ce ne sont pas des tissus, car c'est en se réunissant qu'elles forment ces derniers. Le tissu n'est jamais simple, en ce sens qu'il ne peut pas être composé par un seul élément; mais il y a des tissus formés par la réunion d'éléments anatomiques d'une seule espèce. D'autre part les épithètes de *simples, primitifs* ou *élémentaires* ne conviennent (les deux premières du moins) qu'aux *élémets* et appliquées aux tissus, qui sont des parties déjà composées par plusieurs éléments, elles sont toutes contradictoires.

Cette classe des parties formées de substance organisée comprend toutes celles qui sont généralement disposées en corps demisolides ou solides, très-petits, qui constituent la plus grande portion de la masse de tous les tissus et existent en certain nombre dans beaucoup d'humeurs, tous doués d'une forme, de caractères physicochimiques et surtout d'une structure n'appartenant qu'à eux.

Il importe de noter ici que la substance des éléments constituants de l'animal (et non des produits simplement protecteurs, comme les épithéliums, coquilles, etc.) diffère d'une manière absolue de la substance organisée végétale par l'absence de cellulose ou des principes voisins, et par la prédominance des substances organiques azotées, en tant que principes constituants fondamentaux. Si chez quelques animaux l'un des principes immédiats est de la cellulose, cette substance organique n'existe que dans l'enveloppe protectrice d'un très-petit nombre de Mollusques, dans l'organe correspondant à la coquille des Malacozoaires d'une organisation plus complexe. Dire que l'existence ici de cette cellulose rapproche les animaux des plantes est une opinion telle que celle qui consisterait à soutenir que l'on ne saurait distinguer

---

(1) Gerber, *Handbuch der allgemeinen Anatomie.* Bern, 1840, in-8, p. 7.

(2) Treviranus, *Ueber die organischen Elemente des thierischen Körpers* (Vermischte Schriften, Gœttingen, 1813. in-4, t. I, p. 117).

(3) Henle, *Traité d'anatomie générale*, Paris, 1843, t. I, p. 118. Valentin; article Gewebe dans *Handwörterbuch der Physiologie*, von R. Wagner. Braunschweig, 1852, in-8, t. I, p. 618 et 635.

(4) Les parties du corps auxquelles Bichat avait

donné les noms d'*éléments organisés* et de *tissus simples ou élémentaires* (*Anatomie générale*, Paris, 1801, in-8, t. I, § 6), sont les tissus proprement dits ; quelques auteurs ont continué à se servir de ces termes dans le même sens : ils appellent *éléments anatomiques* les tissus, et, par suite, nomment *éléments microscopiques, parties microscopiques*, les éléments anatomiques réels.

les premiers de la matière brute, parce que la coquille des Mollusques renferme plus de sels d'origine minérale que d'autres principes. Si maintenant on envisage d'une manière générale les éléments anatomiques, sans distinction : 1° de ceux qui forment les parties constituantes essentielles, et 2° de ceux qui composent les *produits* protecteurs, on observe que la substance organisée des végétaux se distingue de celle des animaux par la prédominance des *substances organiques non azotées* sur celles qui sont *azotées*, et par l'existence (ou la prédominance) de certaines *espèces* de principes cristallisables d'origine organique (deuxième classe). Des faits analogues s'observent à l'égard des principes d'origine minérale, mais ils sont bien moins tranchés; c'est-à-dire qu'à cet égard la substance des éléments des plantes et celle de ceux des animaux diffèrent peu. Elles ne diffèrent pas quant au mode d'union molécule à molécule des principes, ni quant aux caractères de ceux-ci qui les font ranger en trois classes. Il ne faut, par conséquent, pas être étonné de voir que les actes moléculaires qui se passent dans les deux espèces de substances organisées, végétale et animale, sont de même ordre; en un mot que les phénomènes de nutrition sont au fond très analogues.

D'autre part, il faut remarquer que toute la substance des éléments anatomiques ne peut pas être réduite ou ramenée à l'état de composés cristallisables ou volatils sans décomposition; après en avoir extrait tous les corps qui sont dans ce cas, il reste les substances organiques, qui représentent la plus grande masse de cette matière; or, sans décomposition chimique, celles-ci restent irréductibles en corps cristallisables. En un mot, les principes formant la partie fondamentale des éléments qui sentent, se contractent, se reproduisent, ou même seulement se nourrissent, ne sont pas cristallisables; ils peuvent se coaguler mais non cristalliser. L'observation montre qu'innervation, contraction, nutrition, sont incompatibles avec cristallisation, comme la propriété de coagulation avec celle de cristalliser. Vivre et cristalliser sont deux qualités qui ne se trouvent jamais réunies; par là se manifeste une certaine indépendance de la substance organisée à l'égard

de la matière brute au point de vue moléculaire, indépendance bien plus manifeste encore dans le mode d'action propre à la substance organisée.

L'analyse anatomique, poussée jusqu'à l'étude des parties constituantes élémentaires même de nos tissus, montre que l'aspect extérieur qui nous est offert par les tissus n'est que la *résultante*, si l'on peut ainsi dire, de la nature, du nombre et de l'arrangement réciproque de corpuscules que l'œil nu ne peut apercevoir. L'examen direct de ces éléments à l'aide du microscope et des réactifs peut donc seul donner une notion exacte de la nature des tissus et des organes par la détermination des espèces d'éléments qui les composent.

Le premier fait qui frappe dans l'examen des éléments anatomiques, c'est de voir que les individus de plusieurs espèces sont mêlés, enchevêtrés les uns avec les autres, de manière à former divers tissus; c'est de voir, en outre, que d'autres espèces d'éléments sont situées à l'état normal d'une manière constante à la surface de certains des tissus qui constituent les premiers (épithéliums, etc.).

A ce caractère de *situation* des éléments anatomiques, dont les uns sont *profonds* par rapport aux autres, et ceux-ci *superficiels* par rapport aux premiers, se rattache, pour chacun des éléments qui sont dans l'un ou l'autre de ces cas, un ensemble d'autres caractères distinctifs et surtout de propriétés qui donnent une grande importance à ce simple fait. Ce caractère étant facile à constater, on comprend quelle est sa valeur, quelles conséquences il entraîne, quelles recherches il évite lorsqu'il est bien établi.

Il faut, dans les tissus, se représenter les éléments non pas isolés, tels qu'on les décrit et les figure pour les besoins de l'étude, mais au contraire, réunis, pressés les uns contre les autres, et faisant corps par contiguïté. Ce n'est que dans les humeurs qu'on en voit de séparés et flottants librement. De cette pression réciproque résultent, pour les uns, certaines particularités de forme qu'ils conservent ordinairement telle, mais non toujours, lorsqu'ils sont isolés. Pour d'autres, il n'en résulte rien en ce qui regarde l'élément lui-même; les contours seuls sont masqués les uns par les autres, comme conséquence de cette contiguïté et de cette superposition; mais ce n'est que par rapport à l'observateur que ce fait a lieu, car chaque élément n'en reste pas moins alors ce qu'il est dans toute condition où il est visible, sauf sa direction, ses flexuosités, ses rapports avec d'autres qui varient en offrant quelque chose de particulier dans chacune de ces circonstances.

Les éléments anatomiques offrent, quant à la forme, plusieurs particularités qui doivent être signalées, parce qu'elles servent de base à la distinction de certaines espèces et ne sont pas les mêmes dans des espèces différentes.

Les uns sont circulaires et aplatis (globules du sang), sphériques ou ovoïdes plus ou moins allongés (noyaux embryo-plastiques, épithéliums nucléaires, etc.). D'autres ont une forme lamelleuse polygonale ou polyédrique, plus ou moins régulière, avec ou sans prolongements sur les bords (cellules épithéliales, etc.).

Un plus grand nombre d'éléments se présentent avec une forme allongée, étroite, fibrillaire, cylindrique ou aplatie (fibres lamineuses (1), fibres musculaires de la vie végétative, etc.), ramifiée ou non (fibres élastiques).

Il en est enfin qui ont une disposition allongée, tubuleuse (tubes nerveux, etc.), c'est-à-dire qui sont configurés en cylindre régulier ou non, simple ou ramifié, mais creusé et offrant par conséquent deux choses distinctes à étudier au point de vue de la structure, savoir une *paroi* et une *cavité*. Celle-ci peut avoir un contenu propre, spécial, ou envelopper d'autres élé-

ments anatomiques (myolemme, périnèvre, tubes glandulaires, etc.). Il est des cas où tout en présentant cette particularité, la substance organisée a une forme vésiculeuse (vésicules closes des glandes vasculaires).

Il est enfin des éléments anatomiques qui n'ont pas de configuration extérieure spéciale, mais dont la structure est tout intérieure et des plus remarquables. Ils se présentent sous forme de masses plus ou moins grandes, creusées de cavités ou de tubes, dont le contenu est liquide ou solide.

Les éléments qui ont la forme de fibres sont limités par deux lignes ou *bords* plus ou moins parallèles, suivant les espèces et les conditions dans lesquelles ils se trouvent. Les cellules sont limitées par une *ligne* circulaire qui a reçu aussi le nom de *bord*; terme qui, même dans ce cas, est souvent employé au pluriel dans les descriptions. Ce n'est qu'à l'aide des éclairages obliques qu'on voit la surface des éléments, car le microscope avec la lumière directe ne montrant que des plans, c'est la section transversale des éléments qu'on a sous les yeux, et d'après laquelle on les juge cylindriques, sphériques, etc.

Leurs contours ont l'aspect de lignes très fines, nettes et régulières pour quelques espèces d'éléments, *dentelées*, *irrégulières* ou *mal dessinées* sur d'autres. Celles-ci ont, suivant les espèces ou les variétés, un aspect *noirâtre* qui les fait désigner par les noms de bords très *prononcés*, très *marqués*, *foncés*, mais non *obscurs*. Ce dernier terme, sujet à de fréquentes équivoques, doit être rejeté autant que possible. Les bords sont au contraire *clairs* ou *pâles* sur beaucoup d'éléments, ce qui les rend plus difficiles à apercevoir de prime abord que dans le cas précédent; mais il est toujours possible de s'assurer que, malgré cela, ils ne sont pas moins nets et précis.

Au lieu d'une seule ligne ou bord circulaire dans les cellules, ou sur les côtés d'un élément cylindrique ou aplati, il y en a quelquefois deux, très rapprochées l'une de l'autre et parallèles. Ces lignes, rapprochées et parallèles, indiquent l'existence d'une *paroi de cellule* véritable dans le premier cas, ou de *tube* dans le second, et en marquent l'épaisseur. La ligne externe limite la face externe de la paroi; la ligne

---

(1) Le tissu appelé *cellulaire*, chez les animaux, étant composé de fibres plus que de cellules, doit en réalité recevoir un autre nom. Celui de *tissu lamineux* me paraît devoir être adopté, bien que son exactitude ne soit pas absolue, le tissu dit cellulaire n'étant pas partout en lames ou lamelles; mais ce nom est très ancien, et surtout il permet de désigner ses éléments par le terme *fibres lamineuses* comme on dit *fibres musculaires*, tandis que l'expression employée habituellement, *fibres du tissu cellulaire*, outre qu'elle est toute une phrase, renferme en même temps un non-sens anatomique. Celui de *tissu fibrillaire* (Ordonez) est également exact. Ce tissu, servant plus encore à séparer qu'à joindre les organes formés d'autres tissus, est mal nommé *conjonctif* ou *connectif*. Ses usages sont surtout de faciliter le glissement réciproque des parties et de servir de support, si l'on peut dire ainsi, pour la distribution des vaisseaux.

interne borde la face correspondante et dénote le point de contact entre le contenant et le contenu.

Le volume des éléments qui sont globuleux ou polyédriques varie depuis 4 millièmes de millimètre ($0^{mm},004$) jusqu'à 1 dixième de millimètre environ ($0^{mm},100$) pour les plus grands. Ceux-là sont nettement séparables les uns des autres et isolables dans toute leur étendue. Ceux qui ont la forme de fibres cylindriques ou aplaties ne sont pas toujours dans le même cas. Toujours très étroites entre des limites qui varient de $0^{mm},001$ jusqu'à $0^{mm},020$ ou environ, elles ont une longueur qui oscille entre quelques centièmes de millimètre et quelques dixièmes; telles sont les fibres-cellules, etc. D'autres éléments ont une largeur analogue, mais une longueur qui ne saurait être précisée, variable de l'un à l'autre des éléments; bien qu'on ne parvienne pas à les isoler dans toute leur étendue, on peut pourtant se faire une idée de leur longueur, en se fondant sur l'examen des dimensions des régions de l'économie qu'ils occupent : telles sont les fibrilles musculaires de la vie animale et les tubes nerveux.

Si l'on excepte la substance fondamentale des os, des cartilages, des dents, des tests, des éléments élastiques et des poils, les éléments anatomiques présentent une certaine mollesse. Ainsi les fibres et les tubes se ploient et se tordent facilement, même sous l'influence seule d'un courant d'eau établi entre les plaques de verre du microscope. Les cellules s'aplatissent en général un peu dans les points où elles se touchent, et deviennent polyédriques si elles sont accumulées de manière à se toucher toutes et à se presser réciproquement. Elles s'affaissent plus ou moins quand, n'étant pas suspendues et garanties de toutes parts dans un liquide, elles s'appliquent contre les parois des lamelles de verre. Les moins consistants de ces éléments sont rarement assez mous pour devenir cohérents entre eux, de se fondre ou de se souder ensemble par simple pression l'un contre l'autre; ils restent au contraire le plus souvent distincts et se séparent au moindre effort.

La plupart des éléments jouissent d'une certaine élasticité. Elle est très manifeste dans l'espèce d'élément qui en a tiré son nom; elle l'est également, mais moins, dans celui du cartilage et seulement lorsqu'on l'a courbé, tandis que dans les fibres dites élastiques, c'est lorsqu'elles ont été soumises à l'extension que l'élasticité se montre. La remarque précédente s'applique également aux cellules épithéliales, surtout aux pavimenteuses; mais c'est en étudiant les tissus que ces caractères mériteront d'être pris en considération, car observés sur les éléments isolés, on ne peut les constater que d'une manière imparfaite. Cependant il faut en signaler l'existence et le degré, parce que la texture les modifie, les fait paraître plus ou moins prononcés.

On ne saurait étudier convenablement un élément anatomique, fibres ou cellules, si l'on n'apprend d'abord, au moins approximativement, quels sont les principes immédiats dont il est composé et les caractères de ces principes. Comment, en effet, sans cela, juger convenablement l'action des réactifs sur ce corps, la nature des principes qu'il est susceptible d'assimiler, etc.

Cette nécessité se fait sentir sous un point de vue plus important encore, qui est le suivant : lorsqu'on vient à comparer entre eux les éléments anatomiques sous le rapport de leur composition par tels et tels principes immédiats, on reconnaît qu'il existe une certaine relation entre leur forme et composition, fait qui a son analogue dans la relation qui existe entre la forme cristalline des composés chimiques et leur composition élémentaire. Il y a analogie, mais nullement identité; car dans les formes cristallines, aux variations de formes de chaque cristal s'ajoutent celles du groupement de ceux-ci et de leur volume, auxquelles on ne connaît pas de limite; ce fait est en rapport avec la simplicité de composition élémentaire des composés chimiques, comparativement à la complexité de la composition immédiate des éléments anatomiques, corps dont le volume, toujours très petit, n'oscille qu'entre des limites assez restreintes. Malgré cela, la connaissance de la composition immédiate des éléments anatomiques nous rend compte de leurs variations de forme, en ce que ces dernières se trouvent être en rapport avec le fait de tégères variations de cette composition immédiate, jointe à diverses particularités des conditions physiques de pression et d'humidité, de température, etc. Mais ces variations sont légères, elles portent sur la proportion des principes des trois classes, et elles ne varient pas jusqu'à déterminer le changement des espèces chimiques qui forment la masse principale de l'élément. Comme, de plus, dans les éléments anatomiques constituant les tissus essentiels des animaux, on ne voit jamais cette composition immédiate changer complétement avec conservation de la forme ; comme, aussi, on ne voit jamais des éléments de même composition immédiate avoir une structure différente, etc., l'étude de cette composition nous rend compte de ce fait physiologique, savoir : que jamais l'un quelconque d'entre eux ne se transforme en élément d'une autre espèce. Au lieu de changer de composition, sans changer de forme, de structure, etc., l'élément disparaît, et c'en est un d'une autre composition, avec autre forme et autre volume, qui naît à la place du premier.

Quelles que soient les variations que présentent les divers individus d'une même espèce d'éléments, au point de vue de l'ensemble de leurs caractères extérieurs, les phénomènes qu'ils offrent au contact des réactifs et leur composition fondamentale sont les mêmes dans toutes les parties du corps, chez tous les animaux vertébrés, et même chez tous les invertébrés dont l'organisme est encore séparable en un certain nombre d'éléments. Ainsi, la constance et l'uniformité des caractères chimiques sont bien plus grandes que celles des caractères physiques, et la distinction des éléments anatomiques en plusieurs espèces n'est pas basée seulement sur l'examen des caractères physiques. La connaissance de l'action des réactifs chimiques est très utile sous ce rapport, sans parler des circonstances dans lesquelles on se sert de ces agents pour dissoudre les éléments qui nuisent à l'observation d'autres espèces, ou pour colorer et rendre facilement visibles ceux qui sont trop pâles, etc.

Presque tous les éléments pâlissent ou se dissolvent dans les solutions de soude et de potasse concentrées. Les corps gras sont saponifiés par ces substances, ainsi que par l'ammoniaque, et comme dans ce cas elles n'ont pas besoin d'être très concentrées, elles deviennent un moyen de les séparer de quelques éléments. L'essence de térébenthine et l'éther les dissolvent également. Les globules du sang, les fibrilles musculaires et autres sont dissoutes par l'acide acétique, etc. L'eau est osmosée plus ou moins rapidement par quelques espèces de cellules et les goufle ; elle peut même, par suite, en déterminer la rupture ; elle dissout les globules rouges du sang, elle rend turgescents les leucocytes, etc.

La solubilité ou l'insolubilité dans tel ou tel réactif marque une différence de composition immédiate entre les espèces de fibres ou de cellules qu'il est important de constater. Outre les caractères spécifiques et distinctifs qu'on tire de cette connaissance, ces différences de composition indiquent d'avance des différences dans les propriétés spéciales de ces éléments, dans leur mode de nutrition et dans celui de leurs altérations.

Il entre dans la composition des substances organiques, qui constituent essentiellement la matière organisée, une grande quantité d'eau. C'est à ces substances qu'appartient toute celle qu'on retire de chaque tissu par évaporation, à l'exception de l'eau des humeurs. La matière organisée lui doit sa mollesse, et les éléments, en partie, leur transparence. En effet, la dessiccation par une douce chaleur, ou à l'air, en fait diminuer beaucoup le volume ; en même temps ils se déforment considérablement, perdent leur mollesse, leur élasticité, et deviennent beaucoup moins transparents.

Au contact des solutions de bichlorure de mercure, de perchlorure de fer, des chromates de potasse, d'acide chromique étendu, de l'alcool et d'autres substances avides d'eau, on les voit se resserrer, revenir sur eux-mêmes, diminuer de volume et se déformer plus ou moins ; toutefois il en est qui, même après cela, ne cessent pas d'être reconnaissables par leur structure, même après un séjour prolongé dans ces liquides employés comme moyens de conservation, surtout quand on les gonfle de nouveau, par addition d'eau et d'acide acétique et en leur rendant leur transparence au contact de la glycérine. On constate ainsi qu'ils renferment peu de matière solide proportionnellement à la quantité d'eau qui entre dans leur constitution. Privés de cette eau, ils perdent en outre leur élasticité et toutes leurs autres propriétés physiques et dynamiques d'ordre organique. Cette eau est en quelque sorte, pour les substances albuminoïdes, ce qu'est l'eau de constitution de certains sels, comme le phosphate de soude, laquelle ne peut être enlevée sans que le sel décompose ou perde les propriétés qu'il avait antérieurement. On peut bien, dans ces substances, faire varier les proportions de l'eau, mais dans des limites qu'on ne saurait dépasser sans voir disparaître les propriétés caractéristiques des éléments anatomiques.

La *structure des éléments anatomiques* est, avec leur complication immédiate, ainsi que nous l'avons vu, ce qu'il y a d'essentiel à étudier en eux ; c'est elle qui les différencie le mieux les uns des autres, plus encore que la forme ou le volume, car nous verrons ces derniers caractères changer à mesure qu'ont lieu les progrès de l'âge. Avec une structure différente, la nature des propriétés est différente aussi, c'est-à-dire que, suivant ce qu'elle est et suivant la composition immédiate de chaque espèce d'élément anatomique, chacun a son mode particulier de se nourrir, de se développer, de naître, de se contracter ou d'innervation. Chacun prend dans les plasmas ce qui est en rapport avec sa constitution moléculaire pour se l'assimiler chimiquement, le garder ou le rejeter ensuite. On ne saurait donc mettre en doute l'importance de ce sujet, puisque la plupart des tissus étant constitués d'éléments anatomiques très différents, l'idée de la vie propre, du mode d'agir spécial de chaque organe ne peut s'appliquer qu'aux éléments eux-mêmes et non aux organes ; puisque l'ensemble des propriétés vitales qui distingue un tissu ou un organe de l'ensemble des propriétés vitales d'un autre, doit être rapporté aux divers éléments anatomiques qui le composent, et non confusément à la masse de l'organe ; puisque, d'une manière corrélative, les éléments anatomiques de chaque espèce peuvent être trouvés altérés, indépendamment des autres, selon la structure et les propriétés qui lui sont inhérentes,

ainsi que les muscles, les glandes, etc., le montrent souvent.

Beaucoup d'éléments anatomiques ayant une forme globulaire, ovoïde, fusiforme même ou polyédrique, à bords généralement réguliers, ont reçu le nom de *cellules* en raison de leur structure ; celle-ci conserve, en effet, une assez grande analogie avec celle des *cellules* végétales. Aussi l'étude des éléments des plantes est-elle un préliminaire indispensable pour bien comprendre la description de certaines espèces d'éléments anatomiques animaux.

Ainsi il y a des éléments anatomiques des animaux qui offrent une *paroi* ou *enveloppe* distincte, et une *cavité* contenant un *liquide* ou des *granulations*. La plupart ont en outre un ou plusieurs *noyaux* également pourvus d'un ou deux *nucléoles* et de granulations. Souvent ils ont des formes analogues à celles des cellules végétales, en sorte que l'analogie entre les uns et les autres est incontestable, lorsqu'on les a étudiés comparativement. Cependant il y en a beaucoup plus, principalement chez les vertébrés adultes, qui, tout en conservant des analogies très grandes quant à la disposition du noyau, quant à la forme, etc., ne sont pourtant pas des *cellules* dans le sens propre de ce mot, c'est-à-dire pourvus d'une paroi et d'une cavité distinctes. Ces éléments sont composés d'une masse d'égale densité au centre et à la circonférence, pourvue ou non de prolongements divers, contenant un ou plusieurs noyaux et parsemée de granulations placées entre le noyau et la périphérie de l'élément. On leur a néanmoins maintenu le nom de *cellules*, lors même que le noyau manque dès l'origine ou disparaît par les progrès du développement, parce qu'ils conservent encore des analogies avec les *cellules* proprement dites, végétales et animales, tant par leur conformation générale que par certaines particularités de leur structure.

Les éléments anatomiques qui se présentent à l'état de noyaux libres ne constituent jamais d'espèce distincte d'éléments ; ils ne sont que des variétés de diverses espèces, dont le type offre l'état de cellule tel que je viens de le décrire, par exemple des espèces épithélium, médullocelle, etc. On les rapproche de ces cellules, parce que, quoique libres, ils ont tous les caractères des noyaux que possèdent ces dernières. Ainsi, l'observation montre que l'espèce se compose d'individus dont les uns ont la structure des cellules et les autres la structure des noyaux de celle-ci, mais qui, au lieu d'être inclus dans la cellule, sont libres. Peu importe du reste le nombre des uns et des autres appartenant à chacune de ces formes, car souvent les noyaux libres sont plus abondants que les cellules. L'espèce comprend quelquefois aussi des individus ayant les caractères des cellules manquant de noyaux; mais en général ils sont peu abondants.

Les noyaux qui sont adhérents ou inclus dans les parois de certains éléments tubuleux, etc., ne sont pas des espèces ou variétés distinctes de noyaux, ils font partie constituante des espèces que caractérise leur forme de tube, etc.

Qu'ils soient libres ou adhérents, les noyaux ont la structure suivante :

Le noyau est un petit corps ordinairement sphérique, ovoïde ou lenticulaire, à bords nets et bien déterminés. On distingue dans le noyau la *masse* du noyau et le *nucléole*. Ce dernier est un corpuscule contenu dans la masse du noyau; il est quelquefois double, triple, etc. D'autres fois il n'y en a pas : cette absence du nucléole est constante dans quelques espèces. Dans tous les cas, le nucléole n'apparaît que plus ou moins longtemps après le noyau, lorsque celui-ci a atteint un certain degré de développement.

La masse du noyau est formée par une substance gélatiniforme, transparente; dans beaucoup de noyaux celle-ci est parsemée de granulations moléculaires, plus petites que le nucléole et plus ou moins abondantes; elles sont généralement grisâtres.

Les éléments anatomiques que leurs dimensions et leur forme allongée ont fait appeler des *fibres* ont une structure très peu compliquée. Elles sont simples, c'est-à-dire sans subdivisions, ou ramifiées avec ou sans anastomoses, constituées de substances tout à fait homogènes; d'autres fois la substance contient des granulations moléculaires, quelques-unes enfin peuvent être dues à la réunion de parties alternativement incolores et colorées (fibrilles musculaires).

Il est d'autres éléments anatomiques qui sont formés de substance organisée disposée en *tubes* plus ou moins longs, filamenteux. Tout *tube* a une paroi et une cavité. Tantôt la paroi de ces éléments est composée de *substance organisée* tout à fait homogène ou simplement striée, comme le montre celle des tubes nerveux, ou bien elle est parsemée de granulations ou de noyaux inclus dans sa substance; telle est celle des cellules ganglionnaires, du *sarcolemme*, etc.

Quant au contenu des éléments qui offrent l'état ou la structure de *tubes*, il est des cas dans lesquels il fait partie du tube, comme le contenu cellulaire fait partie de la cellule. D'autres fois le contenu peut être représenté par d'autres éléments anatomiques, ayant une existence bien distincte de celle du tube proprement dit : tel est le cas des *tubes propres glandulaires*. Enfin le contenu peut être représenté seulement par des éléments anatomiques qui, chez quelques animaux, ne sont pas enfermés dans un tube comme ils le sont chez les mammifères, les oiseaux, etc. Tel est le cas du *sarcolemme* ou tube enveloppant les *faisceaux de fibrilles musculaires* de la vie animale dont il vient d'être question ; sarcolemme qui manque chez les Cyclostomes, les Crustacés, etc., où les fibrilles existent seules et dans le cœur de tous les animaux.

Parmi les éléments ayant forme de tubes, il en est qui renferment dans l'épaisseur de leur paroi des noyaux dits *adhérents* ou *inclus ;* c'est ce qu'on voit, par exemple : 1° dans l'épaisseur de l'enveloppe extérieure des cellules ganglionnaires des nerfs; 2° dans le myolemme; 3° dans l'épaisseur de la gaîne extérieure des tubes nerveux périphériques pendant la vie intra-utérine ; 4° c'est ce qu'on voit aussi, pendant toute la vie, dans les fibres de Remak.

Il est enfin des éléments anatomiques qui ont pour caractère d'être composés d'une masse tout à fait homogène, ou granuleuse, ou même striée et fibroïde sans être fibreuse à proprement parler; masse creusée de cavités qui contiennent un liquide ou des cellules dont l'existence n'est pas indépendante de celle de la substance fondamentale, bien qu'on puisse artificiellement les faire sortir de leurs cavités. Telle est la substance des os pour le premier cas, telle est celle des cartilages et celle des disques des appareils électriques pour le second.

Tous les éléments anatomiques de même espèce ne sont pas absolument identiques, absolument semblables les uns aux autres sous tous les rapports. Il n'y a pas similitude absolue, identité parfaite entre un individu et un autre individu de même espèce. On peut constater, au contraire, qu'ils présentent des différences de volume, de forme, d'aspect, etc., suivant les parties de l'économie où on les prend pour sujet d'étude. Mais ces variations ne portent que sur des faits de détail et non sur les caractères d'une grande valeur par leur généralité. De plus, il n'y a qu'un certain nombre de ces caractères qui varient à la fois, en sorte que ces éléments ne cessent jamais d'être reconnaissables, ne perdent jamais les caractères types qui les font déterminer comme appartenant à tel ou tel genre d'éléments. Ces variétés oscillent, en quelque sorte, autour d'un type constant sans qu'on puisse jamais confondre une espèce avec une autre

Les cellules épithéliales, par exemple, offrent, d'après leur forme, trois variétés principales : les pavimenteuses, les prismatiques et les sphériques. Chacune de ces variétés présente des différences suivant la partie du corps où on l'étudie : ainsi, pour les premières, les cellules de l'épiderme du bras diffèrent un peu de celles du cuir chevelu, celles-ci de l'épithélium de la conjonctive, qui à leur tour diffèrent de l'épithélium buccal, vésical, vaginal, et de l'épithélium des séreuses. Pour l'épithélium prismatique, les cellules de la trachée diffèrent de celles de l'estomac, celles-là de l'épithélium intestinal, etc. Néanmoins, jamais ces modifications que l'on s'habitue à constater facilement ne sont telles, qu'elles fassent disparaître les caractères fondamentaux qui donnent à toutes ces cellules un air de famille.

Que l'on prenne maintenant les épithéliums pavimenteux et cylindrique successivement : 1° à la surface des diverses membranes qu'ils tapissent, et surtout dans les points où ils passent de la forme prismatique à la forme pavimenteuse, comme au col de l'utérus, vers l'épiglotte, le cardia, l'anus, etc.; 2° qu'on les prenne surtout

dans les conduits excréteurs des glandes, dans les points où ils perdent les caractères qu'ils avaient dans ce canal pour acquérir les caractères de l'épithélium des culs-de-sac glandulaires, et l'on verra bientôt qu'il faut renoncer à décrire les milliers de formes qu'on rencontre. Mais en même temps on reconnaîtra que ces variétés tournent toujours autour d'un type sans sortir de certaines limites, c'est-à-dire qu'elles conservent toujours les caractères, l'aspect général des cellules épithéliales, sans que jamais elles tendent à établir une transition entre elles et tout autre élément que ce soit.

Les fibres musculaires striées et lisses présentent également des différences secondaires dans les différents organes qu'elles constituent.

Parmi les premières on trouve des différences très marquées entre celles des muscles du tronc ou des membres et celles de l'orbiculaire des lèvres et des autres muscles de la face, des sphincters de l'anus et du vagin ; les fibres striées du cœur à leur tour diffèrent des précédentes par plusieurs caractères. Parmi les secondes on trouve que les fibres des uretères diffèrent de celles de la vessie, celles-ci des fibres de l'estomac et de celles de l'utérus développé. Mais cependant, quoique différents les uns des autres, ces éléments conservent toujours un ensemble de caractères qui les font reconnaître immédiatement comme étant de simples variétés des deux espèces de fibres contractiles, et qui les font distinguer de toutes les autres espèces d'éléments.

Les corps fibro-plastiques fusiformes ou étoilés sont aussi dans le même cas ; ceux de la muqueuse du corps de l'utérus diffèrent par le volume, la teinte générale, etc., de ceux de la muqueuse du col, qui n'est pas caduque ; les uns et les autres diffèrent sous plusieurs rapports tout à fait secondaires de ceux du foie, de la thyréoïde, qui à leur tour sont plus étroits, plus foncés, moins volumineux que ceux de beaucoup de fongosités des tumeurs blanches.

Les leucocytes présentent des modifications de leurs caractères, suivant les organes où ils siègent, analogues à celles que nous venons de signaler pour les épithéliums, les fibres musculaires, etc.

Voilà autant de faits que l'observation

fait reconnaître avec une grande précision, et elle seule peut donner une idée juste des limites entre lesquelles les individus d'une espèce d'élément anatomique sont susceptibles de varier sans perdre la structure ni les réactions qui les caractérisent. A cet égard rien ne peut remplacer l'observation et l'expérience qu'elle donne. C'est là un fait intéressant que cette absence d'identité absolue des éléments anatomiques d'une même espèce, comparée, par exemple, à l'égalité des angles des cristaux d'un composé chimique, sans que pourtant les propriétés essentielles de ces éléments varient d'une manière appréciable. C'est un fait qui ne se voit que dans les corps formés de matière organisée. Les variétés qu'on observe d'un individu à l'autre dans la constitution des organes en particulier, de l'économie en général, ne sont que la conséquence, la résultante commune de ces variétés de configuration des éléments anatomiques de chaque espèce. Ce sont là deux faits solidaires et corrélatifs, car il serait aussi singulier de voir l'économie totale offrir des différences individuelles, sans que les parties élémentaires dont elle est composée en offrissent, que l'inverse serait choquant. En un mot, c'est l'observation de ces variétés individuelles dans les éléments anatomiques qui vient nous expliquer celles qui nous frappent à chaque instant dans l'examen des *organes*, sans que rien à l'extérieur ne semble d'abord devoir en rendre compte.

Plus les propriétés d'un élément anatomique sont complexes, élevées, importantes, plus elles présentent les caractères de l'animalité, plus aussi sa structure est compliquée ; ou réciproquement, plus un élément est simple, homogène, moins les actes sont importants, moins ils possèdent les caractères complexes de l'animalité, plus ses propriétés sont bornées aux purs actes de nutrition. Il existe sous ce rapport une corrélation intime, nécessaire, constante, entre l'agent et l'acte. Ce qui le prouve, c'est que l'on constate une complication croissante dans la constitution de chaque espèce d'élément anatomique, depuis ceux qui concourent plus spécialement à former les organes de reproduction de la vie organique jusqu'à ceux qui jouissent des propriétés de la vie animale.

Ainsi, par exemple, on peut voir combien est simple la structure des hématies, des leucocytes, qui jouissent de propriétés purement végétatives. Quoi de plus simple que les cellules médullaires des os, dont les usages sont directement en rapport avec la nutrition ? Quoi de plus simple que la substance fondamentale des os, des cartilages et de leurs cellules, que les fibres lamineuses, éléments dont, en dehors de la nutrition, le rôle est purement passif, si l'on peut ainsi dire, ou physique ? Il ne faut pas perdre de vue qu'il s'agit ici de l'élément pris en lui-même et non du tissu qu'il forme. Les fibres du tissu jaune élastique, qui ont un rôle mieux déterminé, sont ramifiées, etc. C'est là un premier degré de complication, rudimentaire, il est vrai, mais réel.

Arrivons maintenant aux éléments doués de propriétés de la vie animale. Les fibres des muscles volontaires ou de la vie animale sont des fibrilles composées dans toute leur longueur de parties alternativement foncées et transparentes. Ces fibrilles sont elles-mêmes réunies l'une à côté de l'autre, les parties obscures à côté des parties obscures, les parties claires à côté des parties claires, et elles présentent ainsi des faisceaux primitifs striés en travers, entourés d'une membrane d'enveloppe assez complexe elle-même ; ces faisceaux se contractent, agissent et se nourrissent comme une fibre simple, car il ne pénètre pas de vaisseaux dans leur épaisseur. Puis viennent les éléments du tissu nerveux remplissant le rôle le plus élevé, le plus éloigné, des phénomènes physico-chimiques. Ici ce ne sont plus de simples fibres, pleines et d'égale consistance dans toute leur épaisseur, ce sont des tubes ayant un contenant plus ou moins complexe et un contenu sirupeux. Ces tubes portent en outre sur leur trajet des cellules qui sont en continuité de substance avec eux. Ainsi les éléments nerveux les plus élevés par la complication de leurs actions, par leurs propriétés spéciales, dont ni la chimie, ni la physique ne nous donnent l'explication, sont aussi les plus compliqués par leur structure. En un mot, en même temps que les conditions anatomiques changent, les propriétés se modifient, et cette corrélation intime, constante, nécessaire, entre l'instrument et l'action, peut être poursuivie depuis les éléments les plus simples jusqu'aux plus compliqués.

Différences que présentent les éléments de même espèce comparés dans divers genres d'animaux. — Outre les différences que présentent les mêmes espèces d'éléments anatomiques comparés dans chaque individu, d'un organe à l'autre, comme les épithéliums ou les fibres élastiques de la peau rapprochés de ceux des muqueuses, etc., on en reconnaît d'analogues lorsqu'on vient à les comparer dans les mêmes organes sur des animaux de divers genres, ordres et classes. Ainsi, il y a de légères différences de forme et de volume entre les épithéliums de l'homme, du chien et du chat, de ceux-ci et du cheval ou du bœuf, etc. Il en est de même pour leurs fibres musculaires, pour les éléments élastiques. Les leucocytes normaux et ceux du pus du chien et du cheval diffèrent un peu les uns des autres et de ceux de l'homme, tant par le volume que par le nombre ou la forme des noyaux, et surtout par la quantité et l'aspect de granulations moléculaires qu'ils contiennent.

Les différences entre ces divers éléments sont plus grandes lorsqu'on passe d'une classe à une autre, comme des mammifères aux oiseaux, de ceux-ci aux reptiles, etc., et des vertébrés aux invertébrés. Mais ces variations, dans ce cas, comme dans le précédent, ne portent que sur des caractères secondaires de forme, de transparence, et non sur les caractères distinctifs tirés de leurs réactions et de leur structure, de sorte que ces éléments ne cessent jamais d'être reconnaissables, comme épithélium, fibres musculaires, tubes nerveux, etc.

Nous avons vu que les éléments anatomiques, considérés séparément dans chaque individu, présentent une complication de leur constitution qui est en rapport avec la complexité des actes qu'ils exécutent. Plus les propriétés de cet élément organique s'éloignent des propriétés des corps bruts, plus les phénomènes qu'ils offrent sont différents des phénomènes physico-chimiques qui caractérisent la vie de nutrition, plus est compliquée la structure de l'élément. Ces faits doivent être rapprochés, en se plaçant à un point de vue plus élevé, plus général, de cet autre non moins frappant, que plus l'organisation d'un animal prise dans son ensemble est simple, plus simple est aussi la constitution de chacun des ordres d'éléments anatomiques dont ses tissus sont formés. Les fibres des muscles volontaires, par exemple, sont, chez les Rayonnés et la plupart des Mollusques, des fibres lisses, homogènes, ainsi que dans beaucoup d'Annelés inférieurs. C'est dans ces deux derniers embranchements que, pour la première fois, apparaissent les stries transversales, mais les fibrilles ne sont pas encore réunies en faisceaux primitifs. Ce n'est que dans les Articulés qu'elles se présentent sous cet aspect. Les tubes nerveux et les cellules ganglionnaires qu'ils portent manifestent une semblable complication croissante de leur structure, depuis les premiers êtres où ils apparaissent jusqu'aux vertébrés.

Les espèces animales placées dans les derniers rangs d'un groupe sont ainsi classées en raison de leur organisation plus simple que celles des êtres placés en tête d'une division d'ordre inférieur à la précédente, mais pourtant constitués évidemment sur un type différent. Dans ce cas aussi, le fait général que nous venons de signaler dans le paragraphe précédent se vérifie également. Ainsi, par exemple, les tubes nerveux et leurs cellules ganglionnaires ont chez les Lamproies une structure plus simple que les mêmes éléments pris dans les ganglions de la chaîne nerveuse des écrevisses, l'une des espèces les plus élevées dans la classe des Crustacés, et par suite l'une des plus élevées par son organisation dans l'embranchement des Annelés.

Altérations cadavériques des éléments. — Après la mort, divers éléments offrent des changements qu'il faut connaître :

1° Leur contenu peut s'être solidifié, comme on le voit pour le contenu des vésicules adipeuses des Vertébrés ou des Insectes.

2° La masse des cellules peut avoir subi un phénomène de coagulation spontanée, dans lequel leur substance, de pâle, transparente, à peine grenue qu'elle était, devient plus foncée et quelquefois très granuleuse.

La plupart des espèces de cellules sont dans ce cas ; elles manifestent ainsi un phénomène analogue à celui dont beaucoup de substances organiques sont le siége lorsqu'elles se coagulent, c'est-à-dire qu'elles deviennent alors finement granuleuses, d'homogènes qu'elles étaient. Ce phénomène est très frappant ; il est très important aussi de le signaler, car il change notablement l'aspect général des cellules qui en sont le siége. Lorsque, par exemple, on examine les cellules de l'épithélium sur un animal vivant ou qu'on vient de tuer, on est frappé de leur transparence, de leur état comme turgescent. On est frappé en même temps de leur mollesse, de la facilité avec laquelle la compression des unes contre les autres en fait une masse homogène et uniformément granuleuse, dans laquelle on ne peut plus distinguer les lignes de contact de ces éléments qui indiquaient leurs surfaces limitantes. Au contraire, après dix ou douze heures, plus ou moins, selon les espèces de cellules ou la température extérieure, les cellules sont devenues plus fermes, s'isolent plus facilement les unes des autres, leurs bords sont aussi plus nets et plus foncés. Leur masse semble alors pourvue de granulations un peu plus grosses, et surtout bien plus nombreuses, par un phénomène analogue à ce qu'on voit pour l'albumine d'œuf ou la caséine que l'on coagule sous le microscope. Le contour du noyau paraît également plus foncé, et sa masse moins transparente qu'elle n'était auparavant. Toutes les espèces de cellules offrent des particularités analogues, si ce n'est les hématies, chez lesquelles ces modifications cadavériques sont autres.

Les fibres-cellules, les fibrilles musculaires striées, les fibres lamineuses, sans devenir granuleuses après la mort, montrent pourtant un certain degré de coagulation qui les rend plus fermes, plus roides. C'est ce phénomène élémentaire qui, envisagé dans la totalité du tissu de chaque système anatomique, devient la cause de la rigidité cadavérique. Mais dans le cas de ces éléments, il ne va pas jusqu'à les faire devenir finement et uniformément granuleux, comme cela a lieu dans les précédents.

On a parlé quelquefois de la coagulation du contenu des tubes nerveux, mais ils ne présentent aucun phénomène de ce genre, ni dans les tubes des centres, ni dans les tubes périphériques. **Leur substance graisseuse** ou médullaire (*myéline*) est aussi homogène dix-huit ou vingt-quatre heures après la mort que sur l'animal vivant ou qui vient d'être tué. Cette substance se ramollit de plus en plus à partir du moment de la mort, et d'autant plus vite que la température est plus élevée. Loin de se coaguler et de se durcir, elle se réduit au moindre contact en gouttelettes de formes et de dimensions variables, dont la présence indique un mode d'altération cadavérique ou un accident de préparation des tubes nerveux qui change beaucoup l'aspect extérieur et la structure normale de ces éléments.

La plupart des espèces d'éléments anatomiques portent en eux les conditions d'humidité nécessaire pour que la putréfaction s'établisse dans leur substance même, dès que les conditions de température convenables viennent s'y joindre. Aussi elle se manifeste inévitablement plus ou moins tôt, selon la nature même des éléments anatomiques et selon l'état de la température. Les éléments anatomiques offrent alors peu à peu des modifications correspondantes à ces phénomènes, et dont il est utile de connaître les principales. Mais avant d'en arriver là, avant d'entrer en putréfaction proprement dite, ils présentent des degrés intermédiaires entre cet état et l'état normal ; ces phases donnent lieu à la formation de diverses productions dont il importe d'autant plus de signaler l'existence qu'elles se montrent avant que le reste de la structure des éléments soit notablement modifié. Ils peuvent, en effet, laisser exsuder une portion de leur substance altérée, soit sous l'aspect de *matière muqueuse*, sous la forme de globules particuliers dits de *sarcode*, ou même d'*aspect graisseux ;* d'autres fois ils se réduisent en *détritus* d'aspect finement granuleux.

Exsudations d'aspect muqueux se produisant pendant l'altération cadavérique des éléments anatomiques. — Le premier degré d'altération cadavérique, consécutif à ceux dont il vient d'être question, se manifeste plus ou moins tôt, selon le degré d'humidité ou de sécheresse des éléments anatomiques. C'est ainsi que les cellules épithéliales de l'intestin le présentent de très bonne heure, tandis que les cellules de l'épiderme cutané ne l'offrent pas. L'état alcalin des liquides qui baignent ou humectent les éléments favorisent cette altération ; mais on l'observe aussi avec un léger degré d'acidité de ceux-là. Elle consiste en la production d'une matière fluide, incolore, très transparente, qui exsude de la surface de l'élément anatomique : celui-ci semble alors en être enduit. Cette matière peut exsuder de toute la surface à la fois ou de quelques points seulement de l'élément anatomique. Elle n'est pas toujours apercevable par transparence, sous le microscope, en raison de sa petite quantité ; mais sa présence est démontrée par l'adhérence qu'elle établit entre certains éléments ou entre des corpuscules divers qui flottaient dans le champ du microscope.

C'est ainsi, par exemple, que dans les hématies, cette exsudation qui se manifeste presque instantanément, dès que le sang est sorti des vaisseaux depuis quelques moments, détermine l'adhérence de ces éléments les uns aux autres. On peut, dans les conditions de ce genre, l'apercevoir lorsqu'on sépare les deux hématies qu'elle fait adhérer ; elle se présente sous forme de légers tractus pâles, transparents, visqueux, extensibles par la traction du globule qui s'éloigne de l'autre ; dès que ce tractus est rompu ses deux moitiés reviennent sur elles-mêmes.

Gouttes ou globules de sarcode. — A mesure que la putréfaction des éléments anatomiques s'avance, cette exsudation devient de plus en plus abondante, et constitue un des modes de destruction de la substance organisée, par liquéfaction qui accompagne la période moyenne de la putréfaction. Cette altération dite *sarcodique* est fréquemment subie par les fibres lamineuses encore à l'état de corps fibro-plastiques, fusiformes ou étoilés, des vertébrés et des invertébrés, adultes ou surtout encore jeunes, ainsi que M. Magitot et moi l'avons montré. (*Mémoire sur la genèse et le développement des follicules dentaires.* — *Journal de la physiologie.* Paris, 1861 ; in-8°, p. 68 et pl. VI, fig. 1.) Ces éléments devenus ainsi vésiculeux, soit sphériques, soit polyédriques, par pression réciproque, ont été pris pour des cellules diverses normales ou altérées par des auteurs encore peu pénétrés de la nécessité de connaître les éléments

anatomiques à leurs divers âges, avant d'étudier les tissus.

Dans des conditions d'altération un peu plus avancées que celles dont il a été question précédemment, on voit se produire à la surface de presque toutes les espèces de cellules une, deux ou plusieurs gouttes d'une substance diaphane, limitée par un contour très pâle, très net, qui ont été appelées *gouttes* ou *globules de sarcode* (1). Elles sont d'abord peu élevées, comme un verre de montre sur son anneau. Puis elles s'agrandissent peu à peu, entourent une partie plus ou moins considérable de la cellule ; quelquefois même elles deviennent plus grosses que celle-ci, l'enveloppent presque entièrement ou bien lui adhèrent par une portion plus étroite de leur circonférence, qui représente une sorte de pédicule par rapport au reste de la masse.

Ces gouttes deviennent souvent libres une fois qu'elles ont atteint un certain volume ou par suite de tractions exercées sur elles par les éléments qui sont entraînés dans le champ du microscope. Elles se présentent alors sous formes de gouttes diaphanes, glutineuses, d'une extrême transparence, à contour très net, très régulier, de dimensions naturellement variables, mais oscillant pourtant en général entre 1 et 4 centièmes de millimètre. Ces gouttes sont d'une parfaite homogénéité, sans granulations à l'intérieur, molles, compressibles, visqueuses, faciles à déformer par la compression, s'étirant par les tractions accidentelles, et reprenant ensuite leur forme, ce qui, joint à leur volume variable, empêche de les confondre avec quelque élément anatomique que ce soit.

La régularité et la diaphanéité de ces gouttes leur donnent une grande élégance d'aspect, tant lorsqu'elles sont encore appliquées à la surface de quelque cellule sous forme de saillie hémisphérique, que lorsqu'elles sont libres.

Les cellules de la notocorde, de la moelle des os, les corps fibro-plastiquse, les cellules

(1) Σαρκώδης charnu. Dujardin, *Recherches sur les organismes inférieurs* (*Annales des sciences naturelles*, Paris, 1833, in-8, t. X, p. 354, pl. 10, fig. A et B), et *Sur les prétendus estomacs des animalcules infusoires et sur une substance appelée* SARCODE (*ibid.*, 1835, t. IV, p. 364, pl. 11, fig. L. et S).

épithéliales des muqueuses, les leucocytes, etc., offrent souvent des exemples d'exsudation de globules sarcodiques. Les tubes de la surface du cristallin et les cellules du cristallin laissent encore exsuder plus facilement ces gouttes diaphanes et en nombre plus considérable. Plus on s'éloigne du moment de la mort, plus la quantité de ces gouttes amorphes augmente. Il en est de même lorsqu'on laisse le cristallin dans l'eau. On en voit encore des exemples dans le tissu de la rate, de la thyréoïde, du thymus, des ganglions lymphatiques, des capsules surrénales, dans la substance cérébrale grise, dans la rétine, dans tous les tissus mous des invertébrés et des vertébrés, dans toutes les espèces de matières amorphes. Elle se présente sous forme de gouttes ou globules, pouvant atteindre jusqu'à 8 ou 9 centièmes de millimètre. La figure en est très variable : généralement sphérique ou ovoïde, elle peut être réniforme, en bissac, sous forme de biscuit, etc. Elles se groupent souvent d'une manière régulière autour de certains éléments ou des organes chromatophores des Céphalopodes. Ces gouttes ou globules, à bords nets ou pâles, sont tout à fait incolores ou d'une teinte à peine bleuâtre ou rosée. Ceux qui sont sphériques ou ovoïdes pourraient être comparés à certains grains de fécule sans hile ni cercles concentriques, si ces grains n'étaient solides et ne réfractaient plus fortement la lumière que les corps dont il s'agit. Ces gouttelettes sont visqueuses, élastiques, s'étirant en forme de bouteille ou de fuseau lorsqu'elles rencontrent un obstacle, et sont entraînées par un courant de liquide, mais une fois libres elles reprennent en général lentement leur forme. Leur étude est importante à faire en raison de ce qu'elles englobent fréquemment des granulations moléculaires, tantôt très fines et grisâtres, d'autres fois graisseuses et même pigmentaires. Elles peuvent aussi englober un ou deux noyaux d'épithélium ; dans les glandes sans conduits excréteurs, telles que la rate, la thyréoïde, etc., elles englobent aussi des hématies, fait que j'ai observé souvent dans la rate des Lézards (*Lacerta viridis*, L.). Au bout d'un certain nombre d'heures ou de jours, selon l'état de la température, les globules sarcodiques finissent eux-mêmes par se gonfler, puis par se liquéfier tout à fait. Ils se mélangent ainsi au liquide dans lequel ils flottent. C'est là encore un des modes de destruction de la substance organisée par liquéfaction à mesure que se passent en elle les phénomènes moléculaires de la putréfaction.

Exsudation cadavérique de gouttes d'aspect graisseux. — Outre les globules sarcodiques, certains éléments laissent exsuder, à mesure qu'a lieu leur altération, des gouttes de nature graisseuse ; ce sont surtout les éléments du cristallin qui sont dans ce cas, soit dans les conditions de putréfaction, soit à l'état morbide. Ce sont des gouttelettes ressemblant à de la matière graisseuse quant à l'aspect, au pouvoir réfringent et à la manière dont elles s'englobent les unes dans les autres, bien qu'elles n'offrent pas la coloration jaune aussi foncée que dans les corps gras ordinaires. Elles réfractent faiblement la lumière, en lui donnant une teinte légèrement rosée ; leurs contours sont assez nets et foncés, presque toujours sinueux. Ces gouttes, d'aspect huileux, dont le volume varie de 5 à 35/1000es de millimètre, en général, en renferment souvent d'autres dans leur épaisseur, qui, elles-mêmes en emboîtent successivement plusieurs autres, de manière à donner un aspect très remarquable à ces séries de lignes sinueuses concentriques. Sauf le pouvoir réfringent beaucoup moindre, ces gouttes ressemblent à celles que donne la substance dite médullaire des tubes nerveux, lorsqu'elle se réduit en gouttelette, dans l'eau. Ces gouttes arrondies ou à contours sinueux, à lignes ou stries intérieures concentriques, sont molles, se déforment lorsqu'elles se compriment réciproquement ou rencontrent un obstacle. Il n'est pas rare, lorsqu'on les observe pendant un temps suffisant, de les voir changer de figure sous ses yeux à mesure que le liquide dans lequel elles flottent s'évapore, lors même qu'elles restent immobiles dans ce liquide.

Détritus granuleux des éléments en voie d'altération cadavérique. — Une autre particularité très importante que présentent les éléments anatomiques à mesure de leur putréfaction, c'est leur réduction en granulations moléculaires très fines, grisâtres, fort nombreuses et douées d'un mouvement brownien très vif. La production de ces fines granulations est un phénomène postérieur à celui de l'exsudation des gouttes sarcodiques et autres décrites plus haut ; elle ne se montre qu'alors que l'odeur de substances animales putréfiées est déjà manifeste. Les éléments anatomiques demi-solides, quels qu'ils soient, tant fibres que cellules, s'ils étaient homogènes, sans granulations, deviennent finement granuleux, d'une manière uniforme dans toute leur épaisseur. En même temps, les contours des éléments deviennent pâles, mal déterminés, et le nombre des fines granulations moléculaires flottant dans le liquide devient de plus en plus abondant à mesure que ces particularités se prononcent davantage.

Classification des éléments anatomiques figurés. — La spécificité d'un élément anatomique consiste en ce qu'il offre des caractères que ne possèdent pas certains autres éléments, analogues pourtant, ou dissemblables, ce qui par conséquent fait de lui une *espèce* distincte. Or, comme à toute disposition anatomique ou statique spéciale est inhérente quelque particularité physiologique ou dynamique correspondante, on comprend combien il importe de distinguer exactement les uns les autres des éléments qui diffèrent entre eux, bien qu'ils puissent rentrer dans un même groupe comme celui des cellules, des fibres, etc.

En aucune circonstance on n'a mis en doute l'existence dans les tissus normaux de plusieurs sortes d'éléments anatomiques parfaitement distincts et ne pouvant pas être confondus ensemble, tant à cause de leurs caractères extérieurs et de structure, qu'en raison de leurs différentes manières de se comporter au contact des réactifs chimiques. Il y a, par exemple, plusieurs espèces de cellules ; telles sont les cellules de la notocorde, les cellules épithéliales, les cellules rouges du sang, les cellules médullaires des os, les cellules blanches du sang, etc. Il y a diverses espèces de fibres, telles sont celles du tissu lamineux, celles du tissu élastique, des muscles, etc. ; il y a aussi plusieurs sortes de tubes nerveux, etc. Et pourtant quelles que soient les différences que les divers individus de ces éléments présentent selon leurs âges, les régions du corps, les espèces et les classes animales, on n'hésite pas à les reconnaître, comme formant autant d'espèces d'éléments distinctes les unes des autres. Il n'en est pas une qu'on doive confondre avec quelque autre que ce soit, pas une qu'on ne puisse distinguer des autres lors même qu'elles se trouvent mélangées ensemble dans un tissu. Un fait non moins bien constaté, c'est que chaque espèce possède des propriétés physiologiques qui diffèrent de celles des espèces voisines. Aussi le nom de chacune de ces fibres, cellules, etc., nous représente-t-il autant d'espèces d'éléments distincts qu'on ne peut réunir sans confusion erronée.

Si l'on envisage chaque espèce à part, on y reconnaîtra que chacune d'elles renferme des individus de plusieurs *variétés*. Il n'y a pas un seul tissu qui, différant d'un autre par ses caractères extérieurs et ses propriétés végétatives ou animales, ne donne à l'analyse anatomique un élément particulier qui forme à lui seul au moins la plus grande partie de sa substance, élément dont les propriétés spéciales sont les mêmes que celles du tissu pris en masse, sauf les modifications que peuvent y apporter la texture ou la présence d'éléments accessoires qui sont mêlés à lui. Nous avons vu aussi que les éléments anatomiques, outre de légères différences entre eux, dans les divers organes d'un même individu d'une espèce donnée, outre leurs différences plus ou moins marquées suivant les genres et les classes animales, peuvent encore varier dans un même organe suivant les conditions dynamiques ou physiologiques, normales ou morbides, de cet organe. Mais ces variations des caractères des éléments, qu'on peut poursuivre successivement depuis la classe animale jusqu'aux simples modifications physiologiques d'un organe, ne portent jamais sur tous les caractères simultanément. Jamais ces modifications ne sont telles qu'on puisse dire qu'un élément possède à la fois les caractères de deux espèces normales au point de pouvoir confondre l'une avec l'autre. Ces éléments peuvent bien offrir des anomalies particulières, des aberrations de forme et de volume ; mais en dernière analyse, jamais ils ne se transforment, ni même ne tendent à se métamorphoser en quelque autre élément anatomique que ce soit.

De la rencontre dans le champ du microscope d'un grand nombre d'éléments qui ont des formes et un volume très variés, lorsque, d'un autre côté, tout doit porter à croire qu'ils sont de même espèce, il peut certainement résulter de l'incertitude dans les premiers temps : 1° soit sur la question de savoir si l'on a une ou plusieurs espèces sous les yeux ; 2° soit même sur celle de savoir s'il est possible de reconnaître et de déterminer les espèces d'une manière précise. Mais, d'un examen répété il résulte aussi qu'au bout de peu de temps on voit que ces espèces sont bien déterminables, que leurs variations ont lieu entre des limites faciles à constater pour chaque espèce, quelles que soient ces variations. On reconnaît également que les incertitudes viennent souvent de ce qu'on s'est vivement préoccupé des formes singulières, bien que leur nombre soit petit, et qu'on a fixé sur elles son attention beaucoup plus que sur les formes les plus nombreuses dont la configuration et le volume sont bien plus uniformes et bien plus réguliers.

Division des éléments anatomiques figurés en groupes ou sections distincts. — Le premier fait qui frappe au milieu de tous les caractères que viennent de nous offrir les éléments anatomiques, c'est de voir quelques espèces d'entre eux, situées normalement d'une manière constante à la surface de certaines des parties que constituent les autres espèces, lesquelles se trouvent ainsi *profondes* par rapport aux premières qui sont au contraire *superficielles*.

Avec ce caractère de situation superficielle, coïncident des particularités extrêmement tranchées dans les propriétés physiologiques, comparativement aux autres, particularités qu'on n'observe pas sur les éléments qui manquent du caractère que je viens de rappeler. Ces propriétés deviennent plus évidentes encore dans les tissus dont ces éléments sont les parties fondamentales. Aussi est-ce en partant de ces propriétés qu'a d'abord été établie la division dans les éléments anatomiques à laquelle le caractère précédent sert de base. C'est enfin dans l'étude des tissus principalement que cette distinction prend toute sa valeur, parce que, à ces caractères, les seuls qu'on observe sur les éléments ana-

tomiques, il s'en joint d'autres très importants, relatifs à la texture de chaque tissu.

Il faut noter que c'est normalement que les éléments dont il s'agit offrent ce caractère ; car, dans certaines conditions morbides qui comptent parmi les plus fréquentes, ils cessent de le présenter. Ce changement est par lui-même un fait anormal, sans parler des autres modifications pathologiques qui en résultent.

Ce caractère si simple, mais si général, et bien confirmé dans sa valeur intrinsèque par une foule de particularités morbides, etc., sert de base à la formation d'un des groupes principaux d'éléments anatomiques. Sur lui repose la division la plus naturelle des éléments anatomiques en deux groupes, dont l'un comprend les éléments anatomiques qui sont profonds, enchevêtrés les uns avec les autres, et le second des éléments superficiels qui, généralement, sont seulement juxtaposés. Le premier groupe renferme les *éléments constituants*, le second les éléments *produits* (1) ou simplement les *constituants* et les *produits* ; telles sont les expressions par lesquelles on les désigne.

Chacune de ces deux tribus se subdivise en plusieurs sections très naturelles, suivant qu'elles ont la forme et la structure : 1° de cellules ; 2° de fibres ; 3° de tubes ; 4° de substances amorphes creusées de cavités, avec ou sans cellules.

Coordination des différents groupes d'éléments anatomiques figurés. — La coordination des groupes d'éléments est des plus naturelles. En premier lieu, se placent les *constituants*, qui doivent être connus pour pouvoir bien étudier les *produits* ; et on les examine les premiers, bien que leur structure soit généralement plus complexe que celle de ces derniers, parce qu'ils sont plus nombreux que ceux-ci et surtout parce que leurs caractères sont plus stables ; les espèces des constituants ne présentent pas, comme les produits, des variations de leurs carac-

(1) De Blainville, *Cours de physiologie générale et comparée.* Paris, 1829, in-8, t. 1, p. 119 et t. III, p. 1 et suivantes. Les différences physiologiques qui séparent ces groupes d'éléments sont si tranchées, que ce sont elles qui ont frappé d'abord, et c'est d'après l'une d'elles qu'ils ont été nommés ; c'est ce que montre l'expression qui sert à les désigner.

tères dans des limites aussi étendues ni sous d'aussi faibles influences.

Quant aux diverses sections de chacune de ces tribus, elles se placent naturellement à la suite l'une de l'autre, d'après le degré de simplicité de la structure des diverses espèces d'éléments qu'elles embrassent. Ces sections sont nettement tranchées, et il ne faudrait pas croire qu'on observe une transition graduelle de l'une à l'autre; que, par exemple, les derniers éléments de l'une et les premiers de l'autre offrent quelques caractères communs qui les rapprochent. Ceci s'applique également à chacune des espèces qui rentrent dans chaque section.

Rien d'aussi dissemblable souvent que deux espèces qu'on décrit à la suite l'une de l'autre, bien que toutes deux présentent les caractères de *cellules*, de *fibres*, etc. Il faut se garder de croire qu'il y ait une transition graduelle d'une espèce d'élément à l'autre. Il y a, au contraire, fort peu de rapports entre les espèces qu'on est forcé d'étudier à la suite l'une de l'autre, elles semblent alors disposées de la manière la plus disparate. Les espèces qui paraissent se rapprocher par quelques caractères de forme ou de volume, parce que certains individus semblent être une transition d'une forme à l'autre, conservent toujours, au milieu de leurs variations, des différences caractéristiques qui n'échappent que faute d'attention ou par l'emploi d'instruments insuffisants.

C'est donc à tort qu'on a cherché à faire une série des éléments anatomiques en prenant un point de départ absolu, un type abstrait, la cellule idéale, sorte de radical, à partir duquel on aurait établi une échelle ascendante graduelle, sans transition brusque, dont chaque élément n'eût été qu'un échelon, ne différant pas plus du suivant que de celui qui précède. L'observation montre qu'il n'en est pas ainsi. On comprend du reste que si cette prétendue série d'éléments anatomiques eût existé, on aurait trouvé, non plus des propriétés physiologiques distinctes plus ou moins nombreuses, mais une seule propriété physiologique, se manifestant d'une manière de plus en plus prononcée. On voit comment cette hypothèse d'une transition insensible entre les diverses espèces

d'éléments anatomiques a été émise sans qu'on se rendît compte de ce qu'est un organisme; car un organisme est un corps formé de parties distinctes mais solidaires, et non de parties semblables; celles-ci, en effet, ne formeraient qu'un tout homogène, mais confus, au lieu d'un ensemble où tout se tient, tout se lie, tout conspire à une même action, par suite même de la solidarité de choses diverses, remplaçant l'homogénéité du cristal ou de la roche. On voit aussi comment cette hypothèse inévitablement étendue aux actes d'ordre organique mettrait à néant la physiologie. Ne cherchez donc pas, ainsi que l'a dit M. Chevreul, à constituer une échelle des éléments anatomiques ou des tissus, d'après une prétendue supériorité des uns sur les autres; car ils ne valent quelque chose dans l'économie animale que par leur coordination, et chacun est *facteur de quelque chose*, chacun a son rôle physiologique particulier qu'un autre ne peut pas remplir.

C'est précisément cet état disparate des éléments anatomiques, comparés les uns aux autres, qui rend moins difficile leur distinction lorsque sont mélangés des individus d'espèces différentes.

Les éléments anatomiques figurés à étudier sont :

1ʳᵉ Tribu. *Éléments constituants.* 1ʳᵉ Section. Éléments ayant la forme de cellules et de noyaux libres. 1. Cellules embryonnaires des ovules végétaux : *a*. mâles, passant à l'état: 1° de grains de pollen, 2° de spermatozoïdes des algues, des fougères, etc.; *b*. femelles. 2. Cellules embryonnaires des ovules animaux : *a*. mâles, passant à l'état de spermatozoïdes; *b*. femelles (cellules de la cicatricule, etc.). 3. Cellules de la corde dorsale; 4. Hématies; 5. Leucocytes; 6. Myélocytes; 7. Cellules nerveuses; 8. Médullocelles; 9. Myéloplaxes; 10. Éléments embryo-plastiques; 11. Cônes et bâtonnets de la rétine; 12. Substance du tissu phanérophore; amorphe, granuleuse quelquefois, avec de petits noyaux particuliers (matrice des ongles, bulbes dentaires et des poils, etc.).— 2ᵉ Section. Éléments ayant forme de fibres : 13. Fibres lamineuses, soit à l'état de corps fibro-plastiques fusiformes ou étoilés, soit à celui de complet développement fibrillaire, soit à l'état de corps fibro-plastiques devenus vésiculeux par réplétion plus ou moins complète de gouttes adipeuses (vésicules adipeuses); 14. Eléments ou fibres élastiques; 15. Fibres-cellules; 16. Fibres musculaires lisses de la vie animale de quelques invertébrés; 17. Fibrilles musculaires striées de la vie animale, réunies en faisceaux striés. — 3° Section. Éléments tubuleux: 18. Tubes larges des nerfs moteurs, ou sans cellules; 19. Tubes larges des nerfs sensitifs, ou à cellules ganglionnaires; 20. Tubes minces ou sympathiques, à cellules; 21. Tubes minces ou sympathiques moteurs, sans cellules; 22. Tubes des vaisseaux capillaires; 23. Myolemme. — 4° Section. Éléments formés de substances amorphes creusées de cavités avec un liquide, des noyaux ou des cellules; 24. Substance des disques du tissu électrique; 25. Substance des cartilages; 26. Substance des os.

2° Tribu. *Éléments produits* ou *Éléments des produits.* — A. Transitoires ou temporaires. 1. Ovules : 1° du mâle; 2° de la femelle ; 2. Spermatozoïdes (dérivant des cellules embryonnaires de l'ovule mâle); 3. Cellules du jaune de l'œuf.— B. Profonds ou permanents intérieurs; 4. Cellules dites de l'ivoire ou de la dentine. 5. Cellules du cristallin ; 6. Fibres à noyaux du cristallin (tubes?); 7. Fibres dentelées sans noyaux; 8. Substance propre des canaux demi-circulaires et de leurs ampoules; 9. Substance de la capsule du cristallin et de la membrane de Demours; 10. Spicules siliceuses des éponges; 11. Spicules calcaires des éponges; 12. Substance des coraux et des polypiers ;13. Substance du tissu squelettique des échinodermes. C. Produits superficiels ou caducs; 14. Cellules épithéliales (*Voy.* Épithélium); 15. Substance des ongles et cornes (dérivant des cellules épithéliales soudées); 16. Substance des poils et fanons (*id.*); 17. Substance des écailles de poissons; 18. Substance du tissu chitonéal, encroûté ou non de calcaire (*Voy.* Histologie et Hygrologie); 19. Prismes du tissu ostréal; 20. Substance de l'ivoire dentaire ou dentine; 21. Prismes de l'émail.

Après avoir montré que l'embryon dans l'ovule est d'abord formé d'éléments ayant la forme de cellules et quelles sont les analogies de ces dernières avec celles des végé-

taux (surtout au point de vue du mode de leur production (car l'analogie de structure avait été signalée déjà par Turpin, Dutrochet, Raspail, Müller et Valentin), Schwann admit que les tissus de l'animal parfait sont composés par des éléments qu'il classe ainsi qu'il suit : 1° par des cellules isolées, indépendantes (globules de la lymphe, du sang, etc.); 2° par des cellules indépendantes, mais réunies, adhérentes ensemble (épiderme, corne, cristallin); 3° par des cellules dans lesquelles les parois seules sont soudées et confondues les unes avec les autres (cartilage, os, dents); 4° par des *fibres-cellules*, où les cellules indépendantes s'allongeant en un ou plusieurs faisceaux de fibres (tissu cellulaire, tissu des tendons, tissu élastique); 5° cellules dans lesquelles la paroi de la cellule et la cavité sont confondues chacune l'une avec l'autre : tels seraient les tissus nerveux, les muscles, les vaisseaux capillaires (Schwann, 1838). L'animal se serait ainsi trouvé formé entièrement de cellules comme le végétal, mais seulement métamorphosées plus ou moins (*théorie cellulaire*); c'est ce que Dutrochet avait admis, mais sans passer en revue tous les tissus comme Schwann, ni s'appuyer sur un aussi grand nombre d'observations exactes, capables d'étayer son hypothèse et de la rendre aussi probable qu'a pu nécessairement le paraître pendant longtemps celle de Schwann. Cette hypothèse, qui assimilait les animaux aux plantes, même en ce qui concerne les éléments anatomiques doués de propriétés animales, telles que la contractilité et l'innervation, ramenait toute naissance des éléments à une production de cellules; l'examen des métamorphoses consécutives ou phénomènes de développement de ces dernières semblait pouvoir suffire à lui seul pour en compléter l'étude, sans qu'il y eût besoin de se préoccuper du mode de genèse et de développement de chaque espèce. L'hypothèse de Schwann, admise généralement sans plus ample examen, a été longuement développée par Henle (*Anatomie générale*, Paris, 1843, trad. fr., in-8, t. I, p. 110 et suiv.), qui, à la transformation des cellules en fibres, a ajouté celle des noyaux en *fibres*, distinctes de celles que donne la substance du corps de la cellule. De là l'expression de *fibres de noyaux*, appliquée aux fibres élastiques, supposées, d'après leur insolubilité dans l'acide acétique, provenir des noyaux. Ces idées théoriques, d'autant plus nettement exposées que le nombre des faits connus était moindre, ce qui conduisait naturellement à négliger les plus complexes qui contredisent plusieurs des premières, sont encore adoptées en Allemagne où par suite le mot *cellule* est habituellement employé à la place des termes *éléments anatomiques*, ce qui est donner à l'ensemble le nom d'une de ses formes.

De la vie des éléments anatomiques. — Au point de vue dynamique, physiologique ou fonctionnel, à l'idée d'élément anatomique se rattache celle de propriétés, soit d'ordre physique comme l'élasticité, la résistance, soit d'ordre chimique, soit d'ordre organique que l'élément emporte avec lui partout où il se trouve.

1° Toute substance organisée, tout élément anatomique, amorphe ou figuré, végétal ou animal, placé dans des conditions de milieu en rapport avec sa constitution immédiate et moléculaire, présente continûment, et sans se détruire, un double mouvement de combinaison et de décombinaison simultanées, d'où résulte sa rénovation moléculaire incessante.

Cet acte a reçu le nom de *nutrition*. C'est la moins dépendante et la plus générale de toutes les qualités élémentaires inhérentes à la substance organisée.

Pour les parties directement actives en nous, c'est-à-dire pour les éléments anatomiques, le milieu qui se prête à l'accomplissement de cet acte est le plasma sanguin; véritable *milieu intérieur* (1) dans lequel les éléments anatomiques, ces *facteurs individuels* des phénomènes complexes de l'économie, prennent des principes immédiats selon ce que permet leur composition et rejettent ceux dont la présence tend à changer les rapports moléculaires de leurs parties constitutives. En un mot, chaque élément anatomique se comporte à l'égard du sang comme l'organisme entier par rapport aux milieux ambiants, où il puise ses aliments et où il rejette ses excrétions. Dans les végétaux c'est de cellule à cellule

(1) Voy. Robin et Verdeil, *Chimie anatomique.* Paris, 1853, in-8, t. I, p. 13 à 14.

que se fait cet emprunt intérieur des principes nutritifs.

Cet acte nous offre, comme on voit, deux phénomènes moléculaires distincts, mais s'accomplissant simultanément. Chacun d'eux considéré isolément, c'est-à-dire d'une manière abstraite, peut être envisagé comme un phénomène chimique. Mais leur simultanéité est un fait d'ordre organique. Le premier a reçu le nom d'*assimilation*, l'autre celui de *désassimilation* dont les phénomènes essentiels sont : 1° d'une part, pour certains des principes qui entrent, l'acte de combinaison chimique aux principes déjà existant; celui de catalyse isomérique pour d'autres; 2° et, d'autre part, l'acte de dissolution de certains des principes cristallisables qui étaient combinés; puis de dédoublement des substances organiques coagulables passant à l'état de principes cristallisables, ce qui caractérise particulièrement la désassimilation. De ces phénomènes résulte le renouvellement moléculaire incessant de la substance des éléments anatomiques de tous les tissus.

Dans les éléments anatomiques, l'*assimilation* et la *désassimilation* nous dévoilent les conditions d'existence et d'accomplissement de deux actes, dont on ne peut observer le plein développement que dans les *tissus :* ce sont, d'une part, l'*absorption*, dont l'assimilation est en quelque sorte l'ébauche; et, d'autre part, la *sécrétion*, qui est plus nettement esquissée encore par la désassimilation. Car c'est dans cette propriété du renouvellement moléculaire incessant de la substance des éléments anatomiques, ayant, dans l'entrée comme dans la sortie des matières, la production de principes immédiats nouveaux pour condition, que se trouve la raison d'être des *sécrétions*, ou *production de principes immédiats spéciaux*, s'opérant dans les cellules épithéliales surtout. Les cellules sont, en effet, de tous les éléments, ceux qui jouissent des propriétés végétatives les plus énergiques, celles qui appartiennent aux *produits* plus encore que toutes les autres.

Dans ce que disent de la nutrition la plupart des auteurs, ils prennent en considération les aliments qui entrent d'une part, les produits d'excrétion de l'autre, comme agents, et ensuite l'organisme ou quelques tissus séparément comme siége du phénomène. Bichat rattachait la nutrition tantôt aux humeurs et aux tissus, tantôt aux organes. Schwann paraît être le premier qui l'ait rapportée réellement aux éléments anatomiques, en ce qui concerne l'anatomie des animaux, lorsqu'il dit que *puisque les cellules sont les formes élémentaires primaires de tous les organismes, la force fondamentale des organismes se réduit à la force fondamentale des cellules* (Schwann, *Mikroskopische Untersuchungen*, 1838, in-8, p. 221 à 233). Depuis lors, tous ses successeurs ont suivi cet exemple. Ce n'était là, du reste, qu'une application aux animaux de ce que de Mirbel avait fait depuis longtemps pour les plantes, en montrant : 1° que leur tissu est composé d'*utricules* ou *cellules* (*Recherches anatomiques sur le Marchantia polymorpha*. Paris, 1831-1832, in-4, p. 16), que les *tubes et vaisseaux des plantes ne sont que des cellules très-allongées* (*Exposition de la théorie de l'organisation végétale*; Paris, 1809, in-8, p. 124); 2° que *toute partie nouvelle, tout accroissement dans une partie ancienne, étant occasionnés par la nutrition, s'annoncent nécessairement par un dépôt de cambium* (matière mucilagineuse *formatrice* pour Grew, Malpighi et ordinairement pour Mirbel aussi, qui, d'autres fois, donne encore ce nom au tissu cellulaire récemment produit aux dépens de cette matière); et, selon la loi constante de la *génération*, ce produit est de même essence que la matière organisée qui l'a engendré. (Mirbel, *Cours complet d'agriculture* ; Paris, 1834, in-8, t. V, p. 85); 3° que le végétal se compose tout entier d'une masse utriculaire, l'*utricule* étant le seul élément constitutif dont nous puissions reconnaître l'existence au moyen de l'observation directe (Mirbel, *Examen critique*, etc., et *Comptes rendus des séances de l'Académie des sciences*; Paris, 1835, in-4, t. I, p. 151); 4° que *ces cellules ou utricules sont autant d'individus vivants, jouissant chacun de la propriété de croître, de se multiplier, de se modifier dans certaines limites, travaillant en commun à l'édification de la plante, dont elles deviennent elles-mêmes les matériaux constituants. La plante est donc un être collectif.* (Mirbel, *Nouvelles notes sur le cambium. Comptes rendus des*

séances ae l'Académie des sciences. **Paris,** 1839, in-4, t. VIII, p. 649.) Schleiden avait dit aussi : la cellule est un petit organisme ; chaque plante, même la plus élevée, est un agrégat de cellules complétement individualisées et d'une existence distincte en soi (*Beitræge zur Phytogenesis*, in *Archiv für Anat. und Physiologie*. Berlin, 1838, in-8, p. 137 et 138).

2° Toute substance organisée qui se nourrit, grandit, s'accroît dans les trois dimensions, avec ou sans changements graduels de sa constitution moléculaire, de sa forme, de sa structure et a une fin, mort ou décomposition. Cet acte élémentaire, envisagé dans son ensemble, a reçu le nom de *développement* ou d'*évolution*.

3° Toute substance organisée qui se nourrit et se développe, détermine dans son voisinage la *genèse* molécule à molécule, d'une matière analogue ou semblable à elle, et peut même se reproduire directement quand elle est figurée. Cet acte reçoit le nom de *genèse*, ou de *naissance*, lorsqu'il est considéré en lui-même, et ceux de *génération* et de *production* lorsqu'on envisage à la fois son résultat et la manière dont il s'est opéré ; puis enfin il prend celui de *reproduction*, lorsque la substance d'un élément anatomique figuré ou de quelque organisme complexe se prolonge ou se divise directement en un corps semblable à celui dont il dérive, en ayant ainsi avec ce dernier une liaison généalogique directe des plus évidentes.

Les trois actes d'ordre organique qui précèdent sont les seuls que manifeste la substance organisée végétale, et on les y observe à l'exclusion de tous ceux dont il va être question. De là les noms d'*actes végétatifs*, de la *vie végétative* et de *propriétés végétatives*, qui leur sont donnés lors même qu'on les décrit chez les animaux; car là tous les éléments sans exception possèdent cette propriété, y compris ceux qui jouissent de propriétés spéciales, dites *animales*. Les propriétés végétatives sont même spécialement une condition d'existence de ces dernières. Il y a sur les animaux des éléments anatomiques qui ne jouissent que de propriétés végétatives; les espèces qui sont dans ce cas sont même bien plus nombreuses que celles qui, en outre, possèdent une propriété de la vie animale. Les éléments nerveux et les deux sortes de fibres musculaires sont les seuls éléments qui, aux propriétés végétatives, joignent l'une ou l'autre des deux propriétés de la vie animale.

On emploie souvent d'une manière générale, d'après ce qui précède, le nom d'*éléments végétatifs* pour désigner collectivement l'ensemble des nombreux éléments qui ne sont doués que des propriétés de nutrition, de développement et de génération, par opposition à ceux qui sont doués des propriétés animales (les éléments nerveux et les éléments musculaires).

Il est inutile de dire que ces mots, *éléments végétatifs*, ne désignent pas en anatomie une classe naturelle d'éléments; ils servent seulement, en physiologie, à indiquer un ensemble d'éléments appartenant à des sections diverses, mais doués exclusivement des mêmes propriétés fondamentales, avec des différences d'intensité très-marquées d'une espèce à l'autre. Ce fait a pour conséquence que malgré cette communauté, chacun joue un rôle particulier relatif à la nutrition ou au développement du tissu qu'il concourt à former.

Outre les actes que nous venons de mentionner la substance organisée des *animaux* est le siége de phénomènes qu'on n'observe que là. Les éléments anatomiques végétaux ne sont pas doués des propriétés dont il s'agit ici, bien que chez les animaux ces dernières aient pour condition d'existence des propriétés végétatives. Ce sont la *contractilité* et l'*innervation*.

4° La *contractilité* est caractérisée par ce fait, que la substance qui en est douée se raccourcit dans un sens et augmente de diamètre dans l'autre, alternativement.

La contractilité offre deux modes fondamentaux, chacun inhérent à une espèce distincte d'éléments anatomiques.

Dans le premier, elle est brusque et rapide : c'est le mode de contractilité qui est propre aux fibrilles musculaires striées (dites aussi de la vie animale). C'est ce mode de contractilité appelé *contractilité animale* par Bichat. Mais cette expression n'est pas entièrement exacte, parce que tout ce qui est animal est d'ordre organique, et de plus les fibres striées du cœur, apparte-

nant à l'un des appareils de la vie végétative (dits quelquefois appareils de la vie *organique*, mais à tort, toute vie étant nécessairement et uniquement un fait d'ordre *organique*), sont douées de ce mode de contractilité.

Le deuxième mode de contractilité est caractérisé par la lenteur avec laquelle il s'accomplit, ce qui n'implique nullement une absence d'énergie. Il est inhérent aux fibres-cellules. Cette étude n'est pas moins importante que la précédente. C'est le mode de contractilité appelé *contractilité organique sensible* par Bichat. Cette expression n'est pas non plus exacte, surtout opposée à celle de *contractilité animale*, parce que toute contractilité est animale (sauf celle des spermatozoïdes des algues, etc.), et par suite d'ordre organique.

5° La seconde des propriétés animales est l'*innervation*, acte complexe, propre aux éléments anatomiques nerveux, et dont la définition, peu nécessaire ici, n'est guère possible avant l'étude complète des éléments auxquels elle est inhérente ; car, selon la nature de ceux-ci, elle se divise en *sensibilité*, *pensée* ou *volition*, et *motricité*.

Ces deux séries d'actes élémentaires, ne s'observant que chez les animaux, ont, par suite, reçu les noms d'*actes de la vie animale*, *propriétés de la vie animale*, ou simplement *propriétés animales*. Ces propriétés n'appartiennent qu'à un certain ordre d'éléments, à certaines formes spéciales de la substance organisée. Ces formes mêmes ne présentent pas ces propriétés dès le moment de leur apparition dans l'économie, dès leur genèse ou naissance, mais seulement lorsqu'elles ont atteint déjà tel ou tel degré de leur développement. Il faut en outre, pour que ces propriétés se manifestent, que les éléments qui les possèdent se *nourrissent*. En un mot, tous les actes de l'innervation sont subordonnés à ceux de la vie végétative. Aussi, est-ce par l'étude des propriétés végétatives que nous devons nous préparer à celle des phénomènes de contractilité et d'innervation.

Les actes que nous venons de passer en revue, considérés dans leur ensemble et d'une manière abstraite, ont été synthétiquement désignés sous le nom de *vie*. La vie est donc la manifestation d'*une ou de plusieurs de ces cinq* propriétés élémentaires immanentes à la matière organisée; car leur manifestation simultanée n'est pas constante. Il n'en est qu'une, la *nutrition*, qui ne présente jamais de suspension temporaire, en dehors des êtres d'organisation très-simples tels que certains infusoires et quelques Articulés dits *réviviscents*; ici par modification du milieu dans lequel ils vivent, elle peut être interrompue longtemps et recommencer ensuite, si ces modifications n'ont pas été poussées au point de changer l'état moléculaire de la substance de leurs éléments anatomiques. Il est rare de voir le *développement* s'arrêter sans que la mort s'ensuive. Ce cas se présente pourtant quelquefois. Quant à la *genèse* ou *naissance* des éléments anatomiques, elle est souvent interrompue normalement. Pour la *contractilité* et l'*innervation*, l'intermittence est non-seulement un fait normal, mais un caractère essentiel.

La vie ne se manifeste donc, comme on le voit, que dans certaines conditions particulières de la substance organisée; elle représente un ensemble de qualités dont l'immanence est relative. Dans sa manifestation la plus complète, *nutrition, développement, génération, contractilité, innervation*, tels sont ses caractères fondamentaux et irréductibles. Sur les éléments anatomiques des végétaux, elle est constamment bornée aux trois premiers de ces actes élémentaires. Il en est aussi de même, par moment, chez les animaux, bien que le propre de ces derniers soit de les manifester tous. Dans tous les cas, il suffit que l'une d'entre ces propriétés persiste pour qu'il y ait encore vie et pour qu'on ne puisse pas dire, d'une façon absolue, que l'animal ou le végétal sont morts. Celle qui persiste la dernière est toujours la nutrition.

De la génération des éléments anatomiques. — C'est par la naissance des éléments anatomiques dans l'ovule qu'a lieu la génération d'un nouvel organisme; c'est par la *naissance* des éléments anatomiques dans l'être dérivant de l'ovule, combinée avec le développement individuel de chacun de tous ces éléments, qu'a lieu l'*accroissement* de chacun des organes de l'économie et de celle-ci considérée dans son entier. L'organisme étant composé d'éléments anatomiques, on voit que son apparition consiste essentielle-

ment en cette génération d'éléments anatomiques. C'est ainsi que l'étude de la naissance des éléments anatomiques et la production de l'être nouveau se confondent en un point. C'est ainsi que dans l'étude des actes élémentaires nous trouvons la base et l'ébauche des actes les plus complexes qu'il faut étudier dans leur état de pleine expansion à l'autre extrémité de la physiologie.

Pour tous les éléments qui n'ont pu dériver du vitellus même, par segmentation de celui-ci, une fois la substance vitelline individualisée, il naît des éléments à l'aide et aux dépens de matériaux empruntés molécule à molécule à la mère ou au milieu ambiant; donc au mode d'apparition d'éléments figurés aux dépens du vitellus directement, succèdent d'autres modes.; car nul élément déjà formé n'entre de toutes pièces dans l'œuf au travers de ses enveloppes. Ainsi, aux éléments provenant directement du vitellus s'ajoutent graduellement entre eux tous ceux des diverses autres espèces qu'on trouve sur l'être au moment où il quitte sa mère ou la cavité de l'œuf.

Cette apparition graduelle de nouveaux éléments anatomiques continue chez les *animaux* et les *végétaux* déjà formés, adultes ou du moins vivant d'une manière indépendante, de même qu'il en naît chez l'embryon. C'est ce qu'on voit à la surface de la peau et des muqueuses, où elle suffit à la rénovation des épithéliums, des poils, etc., qui se desquament et tombent incessamment.

On constate, d'autre part, la naissance d'éléments anatomiques dans les *tissus constituants*, tels que les tissus musculaires tendineux, fibreux, etc., sur l'animal déjà avancé en âge, sans être pourtant encore adulte. Elle a lieu encore toutes les fois qu'il y a production d'une cicatrice ou d'un tissu pathologique. Ainsi les conditions amenant la génération successive des éléments anatomiques ne s'observent pas seulement chez l'embryon et dans les premiers temps de la vie intra ou extra-ovulaire; on les retrouve en outre chez l'adulte dans des circonstances tant normales que morbides.

Ce fait, on le comprend facilement, est des plus importants; c'est sur sa connaissance que repose l'étude entière du mode de génération et d'accroissement des tissus, d'autant plus que cette étude des tissus nous montre que la propriété que possèdent les éléments anatomiques, de naître chez l'adulte, est, comme chez l'embryon, connexe avec celle de présenter, dès leur origine, un arrangement réciproque, ou texture spéciale, en rapport avec leur nature de tubes propres glandulaires, de cellules épithéliales ou autres, de fibres, etc.

Partout où existent des éléments anatomiques végétaux ou animaux en voie de rénovation moléculaire active, on peut saisir sur le fait l'apparition ou génération d'autres éléments anatomiques. On n'a encore vu cette génération que là ; par suite, si la *genèse* des éléments anatomiques est une *génération spontanée*, en ce qu'elle consiste en une apparition de particules formées de substance organisée, alors qu'elles n'existaient pas là quelques instants auparavant, on voit aussi que par les conditions dans lesquelles a lieu cette apparition aujourd'hui bien connue, cette genèse est nettement distincte de l'*hétérogénie* dite génération d'êtres dans des milieux cosmologiques et non organisés.

Dans la rénovation moléculaire continue et nutrition, l'acte d'assimilation consiste, comme on le sait, en une formation, dans l'intimité de chaque élément anatomique, de principes immédiats qui sont semblables à ceux de la substance même de ce dernier ; ils sont pourtant différents de ceux du plasma sanguin, ou du contenu des cellules végétales ambiantes, qui en a fourni les matériaux avec transmission endosmo-exosmotique de chaque élément à ceux qui l'avoisinent et réciproquement. Alors que cette formation l'emporte sur la décomposition désassimilatrice, elle amène l'augmentation de masse de l'élément ; mais, fait capital, cette formation de principes s'étend bientôt au delà, au dehors même de cet élément, dès qu'il a atteint un certain degré de développement ; ce sont là ces principes immédiats qui, envisagés synthétiquement dans leur ensemble, comme un tout temporairement distinct des parties ambiantes, reçoivent le nom de *blastème*. A mesure qu'a lieu leur formation, ces principes ne peuvent pas ne pas s'associer moléculairement en une substance amorphe ou figurée, sem-

blable à celle de composition immédiate analogue, qui a été la condition essentielle de la formation de ces mêmes principes.

Telle est la cause directe de cette formation des principes constitutifs du nouvel individu élémentaire, formation qui elle-même est chimiquement la cause inévitable de leur réunion ou groupement moléculaire (1) ; car, formation et association sont choses simultanées ou à peu près, en raison même des lois de l'affinité chimique, qui là, non plus qu'ailleurs, ne perd aucun droit. Tel est le mécanisme intime d'après lequel la nutrition d'une part, et l'arrivée du développement de chaque élément jusqu'à un certain degré d'autre part, deviennent les conditions nécessaires de l'accomplissement de la genèse ou génération de nouvelles particules élémentaires de substance organisée amorphe ou figurée.

Il y a là, comme on le comprend facilement, tout un ordre de notions dont on ne saurait trop se pénétrer par un examen approfondi de la nutrition et du développement, si l'on veut comprendre quoi que ce soit à l'étude de la génération des éléments, notions dont la méconnaisance est la source des erreurs systématiques et des hypothèses contradictoires qui partagent tant d'observateurs et jettent le trouble dans bien des esprits en ce qui touche ces problèmes.

(1) Tous ces faits concernant la genèse des éléments anatomiques sont de même ordre que ceux qui, les confirmant en tous points, ont été découverts par M. Trécul (*Comptes rendus des séances de l'Académie des sciences*. 1865, t. 61, 432.). A part les différences qui séparent les conditions dans lesquelles s'accomplit le phénomène, il n'y a pas de dissemblance essentielle, d'une part, entre la *genèse* de noyaux, de cellules, etc., soit dans la cavité d'autres cellules, soit dans les interstices d'éléments divers et, d'autre part, l'apparition de végétaux microscopiques dans des *cellules fermées* et à parois épaisses de la moelle, du liber, etc., ainsi que dans les *méa's intercellulaires* sur des fragments de plantes placées dans certaines conditions de fermentation ; *corps vivants de nature très-différente des cellules dans le contenu ou dans les interstices desquelles ils sont nés.* Ces plantules (nées ainsi sans avoir de lien généalogique avec quelque partie que ce soit ayant forme et volume saisissables) sont remarquables par la constance avec laquelle elles offrent des formes de *têtard*, de fuseau ou de cylindre lorsque les conditions dans lesquelles elles apparaissent sont semblables, puis par les différences constantes qu'offre en même temps leur constitution intime d'une de ces formes à l'autre. Comme pour les éléments anatomiques proprement dits des tissus, on peut suivre toutes les phases de leur apparition, jusqu'à leur entier développement dans le contenu parfaitement homogène de cellules occupant leurs siége naturel au milieu des autres dans tels ou tels tissus.

Toute apparition de substance organisée, amorphe ou figurée, est caractérisée par ce fait que rien n'existant que des éléments anatomiques dont la substance est en voie de rénovation moléculaire continue, des éléments de même espèce ou d'espèce différente apparaissent de toutes pièces, par genèse ou génération nouvelle, à l'aide et aux dépens des principes immédiats fournis par les premiers ; principes qui s'associent moléculairement en une masse de figure déterminée, ou pour quelques-uns sans autre forme que celle que lui permettent de prendre les interstices qu'elle occupe lors de son apparition. Cette apparition a lieu ainsi sans qu'il y ait de lieu généalogique substantiel direct de l'individu élémentaire nouveau avec les éléments préexistants, soit de même espèce, soit d'espèces différentes.

Ce sont, comme on le voit, des éléments qui n'existaient pas et qui apparaissent ; c'est une génération d'individus nouveaux qui ne dérivent d'aucun autre directement. Ces éléments nouveaux, pour naître, n'ont besoin de ceux qui les précèdent ou les entourent au moment de leur apparition que comme condition d'existence et de production ou d'apport des principes qui s'associent entre eux ; d'où les termes genèse, naissance, etc. Tout élément anatomique qui est né devient ainsi, par le fait même de son apparition, de son développement et de sa nutrition, la condition de la genèse d'un élément anatomique, d'espèce semblable ou différente, et par suite de l'apparition ou de l'accroissement d'un tissu, d'un organe, etc.; il devient même, à certaines périodes, la condition de l'atrophie de quelque autre partie. C'est de la sorte que les éléments anatomiques deviennent successivement générateurs les uns des autres, sans qu'il y ait un lieu généalogique direct entre la substance de celui qui apparaît avec celle des éléments de même espèce ou d'une autre espèce entre lesquels il naît. C'est par cette série de conditions survenant successivement que s'établit la connexité qui existe entre l'apparition constante de plusieurs éléments à la fois, se montrant aussitôt avec une forme spécifique et leur réunion suivant un arrangement réciproque déterminé, conduisant ainsi pas à pas l'organisme à présenter les dispositions qui entraînent l'accomplissement de chaque fonction.

On observe la genèse des éléments sur l'embryon, le fœtus et l'adulte, tant chez les animaux que dans les plantes. Dans aucune de ces circonstances, les éléments ne sont, au moment de leur apparition, semblables à ce qu'ils seront plus tard. Quelques-uns, en petit nombre, peuvent rester pendant plus ou moins longtemps, ou toute la vie, tels qu'ils étaient lors de leur genèse, mais le plus grand nombre est *consécutivement* le siége des phénomènes du *développement ;* ces derniers consistent en une augmentation de masse en même temps qu'en une succession d'apparitions de parties nouvelles, par génération au sein de cette masse de divers granules, nucléoles, etc... Ces phénomènes primitifs de la genèse vont donc se répétant durant le développement en même temps que la masse augmente, et c'est ainsi que chaque élément atteint peu à peu les caractères qu'il offre chez l'adulte. Ces caractères ne peuvent pourtant pas être dits *définitifs,* car, par les progrès de l'âge ou pathologiquement, les éléments anatomiques peuvent s'atrophier, s'hypertrophier ou être le siége de déformations diverses avec des modifications presque constantes dans leur structure. Mais chez les animaux particulièrement et pour certains éléments, chez les plantes, toute espèce qui naît par genèse, prise au moment de son apparition, diffère des autres espèces quelconques prises à la période correspondante, et nulle, dans son évolution, ne devient semblable temporairement ou d'une manière permanente à quelque autre espèce. Il importe de connaître ce fait, car la plupart des espèces d'éléments anatomiques animaux qui ont forme de fibre ou de tube ont un noyau pour centre de génération dans leur genèse (mais qui souvent s'atrophie et disparaît par la suite du développement), ce qui donne temporairement, à quelques-uns, une ressemblance avec les éléments appelés cellules, au moins quant à leur structure générale.

La genèse des éléments anatomiques des plantes a lieu de la manière précédente dans les circonstances que voici : « Au milieu d'une substance mucilagineuse, dit M. Trécul, que l'on a appelée *cambium,* ou entre les cellules préexistantes dans le liquide mucilagineux qui les sépare quelquefois et qui a été nommé, pour cette raison, *matière intercellulaire*, se développent dans certains cas des utricules tout à fait indépendants les uns des autres, ou de ceux qui les environnent.

» Dans l'intérieur des premières cellules formées, on voit quelquefois naître des utricules nouveaux ; ceux-ci sont d'abord renfermés dans la membrane des cellules mères, et elles deviennent libres par la résorption de cette membrane. » (Trécul, *Origine et développement des fibres ligneuses. Annales des sc. nat.* Paris, 1853, in-8, t. XIX, p. 63.)

Dans ces conditions, on voit apparaître un liquide incolore mucilagineux, comme une solution de gomme arabique. Ce liquide est le *blastème* des plantes. Bientôt ce liquide devient plus dense et gélatineux dans certaines places que dans les autres. Dans ces parties plus denses à l'extrémité des radicules, on aperçoit de petits points ou taches plus transparentes. Ce sont autant de très petites cavités qui s'agrandissent peu à peu et semblent refouler, amincir la substance gélatineuse qui les entoure encore et paraît leur servir de paroi (Mirbel, *Archives du Muséum d'hist. nat.* Paris, 1839, in-4°). Dès leur apparition, ces cavités ont chacune leur paroi distincte formée de cellulose (Unger, 1844), tapissée par un utricule primordial, dans lequel le noyau apparaît de très bonne heure et que l'iode fait voir avant que son opacité permette de l'apercevoir à l'œil nu (H. Mohl) ; mais cependant on ne peut admettre que la formation de l'utricule primordial soit toujours liée à celle d'un noyau, comme le soutient H. Mohl. Cette paroi des cellules est d'abord molle et assez épaisse, et la ligne de contact de celles qui se pressent l'une contre l'autre n'est pas visible, quoiqu'on puisse les isoler et montrer que leurs enveloppes sont distinctes les unes des autres dès leur origine. Ces parois deviennent plus minces, plus fermes, mieux limitées, à mesure que la cellule grandit ; en même temps chaque cellule, de sphérique qu'elle était, devient polyédrique par suite de la compression qu'elles se font éprouver mutuellement. Plus tard apparaissent des granulations dans leur contenu qui d'abord est très transparent et homogène.

Lors de la production des bourgeons et des racines, le phénomène se passe de cette manière. On voit d'abord, entre l'écorce et l'aubier, un épanchement de matière gélatiniforme, constituant un petit amas ou mamelon. Dans le principe, on n'aperçoit pas d'organisation bien manifeste dans cette masse ; ce n'est qu'insensiblement que des cellules y deviennent bien évidentes, de la manière que nous venons de décrire, et constituent un tissu cellulaire, mais à cellules très petites, uniforme dans le principe. (Trécul, *Extrait d'un mémoire sur l'origine des racines*, lu à l'Académie des sciences de Paris le 15 juin 1846. — *Annales des sciences naturelles.* Paris, 1846, *Bot.*, t. V, **p.** 349 ; — Même recueil, *Recherches sur l'origine des racines.* Paris, 1846, *Bot.*, t. VI, p. 303 et suiv. ; — Même recueil, *Recherches sur l'origine des bourgeons adventifs*, Paris, 1847, *Bot.*, t. VIII, p. 268.)

Il naît, en outre, des cellules de toutes pièces, de la manière que nous venons d'indiquer pour les bourgeons, dans l'embryon des plantes ou dans la graine ; il prend déjà un grand accroissement et possède des trachées lors de la maturité de celle-ci. Il s'en forme dans la tigelle qui se disposent en une couche circulaire plus ou moins continue, circonscrivant un cylindre central de tissu cellulaire ; elles représentent, à l'état rudimentaire, la couche ligneuse vasculaire du bois, et le cylindre du tissu cellulaire central représente le tissu médullaire, une ébauche de la moelle, etc.

Dans la formation du bourgeon, au centre du mamelon celluleux, de la production duquel nous venons de parler, naissent de toutes pièces, contre l'aubier, des cellules ovoïdes, disposées en un faisceau unique, lesquelles, dès leur apparition, présentent l'aspect réticulé ; quelque petites qu'elles soient à l'instant de leur naissance, elles ont déjà la disposition réticulée. Quand le bourgeon s'allonge, de nouvelles cellules très petites naissent à la suite des autres, et bientôt des cellules à fil spiral naissent à la suite des réticulées ; quand les rudiments cellulaires des feuilles apparaissent, le faisceau unique s'élargit et se divise pour envoyer de petits faisceaux dans chacune d'elles. Par cette subdivision en plusieurs petits faisceaux se trouve circonscrit un cylindre de tissu cellulaire qui est la moelle à l'état d'ébauche, comme ces faisceaux, et les cellules allongées qui les accompagnent, représentent l'ébauche des couches ligneuses. C'est ainsi que déjà l'étude de la naissance des éléments anatomiques conduit à une esquisse de la théorie réelle de l'accroissement des tiges.

Ce ne sont pas seulement les cellules de certaines parties des plantes qui apparaissent par genèse dans l'individu déjà formé (naissance dite autrefois par *interposition*, ou *interutriculaire*) à l'aide et aux dépens d'un blastème fourni par les cellules voisines, et possédent, dès leur apparition, leur cachet spécial. Le sac embryonnaire chez les plantes phanérogames et la cellule mère des Archégones sont dans le même cas. Au centre de la masse de tissu cellulaire, qui constitue le nucelle, apparaît, avant la fécondation, une cellule qui, dès l'instant où on l'aperçoit, se distingue déjà par sa forme ovale ou quelquefois sphérique des cellules polyédriques de l'organe dans lequel elle naît. Elle s'en distingue, en outre, par son contenu plus granuleux et grisâtre qui, si petite que soit cette cellule, présente déjà un aspect muqueux particulier, différent du liquide homogène ou (dans beaucoup d'espèces) parsemé de grains de chlorophylle que renferment les cellules du nucelle. J'ai vu cette différence lors de l'apparition du sac embryonnaire dans le nucelle des *Ruta* et de quelques Saxifrages. On ne saurait donc dire d'une manière absolue que le sac embryonnaire ou *ovule* véritable des plantes n'est autre chose qu'une cellule centrale du nucelle démesurément accrue. C'est bien par un élément anatomique ayant la structure des *cellules*, en général, que commence l'ovule ; mais ce n'est pas par une cellule quelconque du nucelle, c'est par une cellule qui, dès son apparition, présente, dans sa disposition anatomique, quelque chose que n'ont pas les autres éléments du nucelle.

Cette différence entre la cellule qui, par suite de son développement va constituer l'œuf, est, du reste, plus ou moins marquée, suivant les genres de plantes. Elle l'est peu dans les Scrofularinées ; c'est ce qui a fait dire à M. Tulasne que le sac embryonnaire de ces plantes n'est qu'une cellule embryonnaire démesurément accrue. Dans les Crucifères, au contraire, il a observé que : « De bonne heure et successivement, au sein du nucelle, vers sa partie moyenne ou au delà, il se forme des cellules particulières d'une grande diaphanéité, dont le contenu liquide et incolore tient des matières granuleuses ou grumeleuses; il les a plusieurs fois vues animées du mouvement brownien. Ces cellules s'allongent assez irrégulièrement en tubes de divers diamètres et d'inégales longueurs. On se aurait se méprendre sur la nature de ces cellules tubuleuses et sur le rôle qu'elles ont à remplir. Ce sont, évidemment, des sacs embryonnaires, et leur pluralité ici est sans doute un fait nouveau pour l'histoire de la génération végétale. Leur nombre, du reste, n'a rien de constant, tantôt, mais assez rarement, on n'en trouve qu'une seule, très grande ; le plus souvent cinq ou six, très inégales, sont réunies dans le même ovule. » (TULASNE, *Études d'embryologie végétale. Annales des sciences naturelles*, 1847, t. XII, p. 60 et p. 81-82.)

Ces données sur l'aspect spécial de la cellule naissante qui, en se développant, va constituer l'ovule ou sac embryonnaire, s'appliquent aussi aux *utricules mères polliniques* (qui sont des *ovules mâles* ainsi que je l'ai montré ailleurs). Ces cellules, par segmentation du contenu desquelles se forment les grains de pollen, naissent au nombre de deux à six, ou quelquefois plus, au centre de chaque moitié de l'anthère. Elles sont généralement regardées comme n'étant autre chose que des cellules quelconques du tissu cellulaire de l'anthère, qui se sont métamorphosées en cellules spéciales ; pourtant on peut constater, comme pour le sac embryonnaire, que dès leur apparition, ces cellules, quoique se comprimant par leurs faces contiguës, diffèrent (par la coloration grisâtre et l'aspect muqueux de leur contenu) des autres éléments de l'anthère. De plus, comme le sac embryonnaire, ces cellules sont, en général, plus grandes au moment de leur naissance que les cellules du tissu ambiant.

Ce que je viens de dire pour les ovules

mâles et femelles des Phanérogames, sur l'aspect particulier, dès l'instant de sa naissance, de la cellule qui va les former par suite de son évolution, est encore bien plus évident pour les cellules qui vont constituer, en se développant, les *sporanges* (spores de quelques auteurs), et les anthéridies (ovules mâles) des Fucacées, la cellule mère des Archégones du prothallium des Cryptogames vasculaires. Ces cellules, dès leur apparition, diffèrent, en effet, beaucoup par leur forme et leur couleur grisâtre, des cellules paraphysaires environnantes, ou de celles du tissu cellulaire au milieu desquelles elles sont nées.

Dans quelques végétaux unicellulaires (Protococcacées), on voit naître de toutes pièces, dans leur contenu muqueux, de petites cellules sphériques, incolores, qui grandissent ensuite et se colorent (*naissance par accrémentition, formation libre* de Nægeli). A mesure que se développent les jeunes cellules, le contenu de la cellule mère disparaît. Si le contenu de la cellule mère est solide (*Chlorococcum*) les jeunes se produisent dans toute l'épaisseur du contenu ; si le contenu est en partie liquide, et que sa portion solide ne forme qu'une couche périphérique (*Endococcus*, *Hydrodictyon*) les jeunes naissent seulement à la périphérie. Dans cette production tout le contenu ne sert pas immédiatement à la formation des jeunes cellules ; ce sont seulement des parties de celui-ci qui s'individualisent pendant que le reste du contenu reste encore comme propre à la cellule mère, mais il est principalement employé à la nutrition des jeunes. L'individu, dans ce cas, n'est pas détruit immédiatement au moment de l'apparition des jeunes, mais sa mort est amenée certainement, et en peu de temps, par leur développement. Dans les Valoniacées, les jeunes cellules naissent çà et là dans le contenu de la cellule mère ; d'abord petites, incolores, sphériques, elles se nourrissent aux dépens du contenu, se colorent, et deviennent des cellules qui sont autant de jeunes individus ou germes. La vie de l'individu qui a servi au développement des jeunes n'est, en aucune façon, altérée. (Naegeli, *Gattungen einzeiligen Algen*. Zurich, 1847, in-4°, p. 17-18.)

Examinons maintenant comment a lieu la genèse de cellules végétales dans d'autres cellules. D'après M. Trécul (Formations vésiculaires dans les cellules végétales ; *Annales des sciences naturelles*, 1858, t. X), quand le nucléus sert à la multiplication des cellules, *c'est sa membrane vésiculaire propre qui devient la membrane cellulaire*, en sorte que le nucléus vésiculaire n'est point un centre d'attraction pour le plasma. Voici un des exemples sur lesquels s'appuie cette opinion de l'auteur. Il fut donné par l'albumen du *Sparganium ramosum* en voie de développement, dans lequel albumen on observait toutes les phases de l'évolution des nucléus, depuis l'état de nucléole homogène jusqu'à celui de cellule parfaite. Il existait, entre les cellules internes de cet albumen, un liquide tenant des granules en suspension, et parmi ces granules de très petites cellules munies d'un nucléus, qui lui-même avait un nucléole. Ces cellules étaient si petites qu'elles ressemblaient aux nucléus des cellules plus grandes. Parmi ces jeunes cellules, on en voyait qui montraient dans leur intérieur deux, trois, quatre petites cellules d'inégale grandeur (les plus petites ressemblant aux nucléus des plus âgées). M. Trécul a compté, dans le même utricule, jusqu'à cinq générations, et il a trouvé des cellules mères en voie de résorption et n'entourant plus qu'en partie leur postérité nucléaire ou les jeunes cellules.

Il est une autre sorte de vésicules qui jouent un rôle non moins important que le nucléus dans l'organisation végétale. M. Trécul les appelle *vésicules fausses vacuoles*, parce que longtemps elles furent confondues par la plupart des anatomistes avec les vacuoles qui se forment souvent dans le contenu des cellules. Leur existence n'est ordinairement que temporaire, mais fréquemment aussi une partie seulement de ces vésicules est résorbée ; celles qui restent concourent à la génération utriculaire, et seules ou presque seules l'accomplissent dans certains cas. M. Trécul dit presque seules, parce que souvent le même tissu cellulaire est engendré à la fois par deux modes différents de génération des utricules, ce qui était tout à fait inconnu avant ses observations. Ce mode de production des cellules par les vésicules fausses vacuoles s'unit, en effet, dans divers albumens et dans certains embryons, à celui qui a lieu par les vésicules nucléaires, et ce dernier mode se combine quelquefois dans les mêmes cellules à celui qui résulte de la *division* ou *segmentation des utricules*. Le contenu de ces vésicules est ordinairement incolore ; mais, dans quelques cas, par exemple dans le fruit du *Solanum nigrum*, elles sont souvent pleines d'un liquide rose ou violet, ce qui ne permet plus de douter de leur nature vésiculaire. Dans ce fruit, les vésicules arrivent fréquemment à l'état de grandes cellules contenant de nombreuses vésicules. Quand elles sont parvenues à l'état cellulaire, le liquide rose y est souvent remplacé, dans un âge avancé, par une matière bleue finement granuleuse, au milieu de laquelle nagent parfois de petites vésicules roses et d'autres qui sont vertes. Un changement de couleur analogue a quelquefois lieu aussi dans les vésicules chlorophylliennes de certaines cellules du fruit de la Belladone. La matière verte y est peu à peu remplacée par une matière colorante bleue ; tandis que, dans le fruit de l'Asperge, etc., le plasma vert des vésicules passe au rouge.

A côté de la génération des cellules par les vésicules fausses vacuoles se place un autre mode, qui est dû à la production de vacuoles véritables. Le voici. Pendant l'extension des jeunes cellules, le contenu demi-liquide (dit protoplasma) qui les remplit, ne pouvant suivre cette extension, reste en partie adhérent au pourtour de la cellule, et se retire sur un ou plusieurs points de celle-ci. Il en résulte souvent deux ou plusieurs vacuoles qui s'étendent à mesure que la cellule grandit ; elles sont séparées par des amas ou cloisons de protoplasma plus ou moins épaisses, qui produisent les membranes qui doivent diviser la cellule primitive. Si la couche de ce protoplasma, partageant la cellule en deux parties, est mince, une seule membrane transversale est formée. Cette membrane se dédouble plus tard. Si la couche transversale de protoplasma est très-épaisse, une membrane est produite à chaque face de cette couche protoplasmique. Ce qui, de ce dernier liquide, reste entre ces deux membranes de cellulose, est peu à peu résorbé avec les parties correspondantes des membranes latérales de la cellule mère, lais-

sant ainsi en liberté les nouvelles cellules (*Joliffia africana*, etc.).

Il n'existe en réalité pas d'autre fait de *génération endogène, intra-cellulaire* ou *d'endogenèse* que ceux-là. Du reste, les conditions et les phénomènes essentiels de la genèse sont au fond les mêmes que lorsque les cellules naissent dans une matière mucilagineuse *entre* d'autres cellules et non dans leur cavité même ; il n'y a de différence que quant au lieu précis où se passe le phénomène. Des faits analogues s'observent parfois chez les animaux, mais accidentellement et non comme mode régulier et fréquent de production des cellules. Mirbel a donné le nom de *développement intra-utriculaire* à la production des cellules à la face interne de la paroi d'anciens utricules ; on voit alors, dit-il, l'*utricule mère* s'atrophier lorsque les nouveaux utricules forment dès leur origine un tissu contenu, et au contraire elle sert d'enveloppe à ces dernières lorsqu'elles sont sans continuité les unes avec les autres au moment où elles *naissent* (*loc. cit.*, 1831-1832, in-4, p. 33). Schleiden considérait, mais à tort, ce mode de *production des cellules dans les cellules* comme le seul qu'on observe dans les plantes (Schleiden, 1838). Cette expression a été employée jusqu'à l'époque où Henle, 1841-1843, et Remak (*Jahrbücher der in und auslandischen Medicin*, von C. C. Schmidt, 1841, in-4, t. XXXIII, p. 145) introduisirent l'expression de *génération endogène*. En ce qui touche l'œuf à cet égard, notons que, indépendamment de ce que, à l'époque où a lieu la segmentation dans les ovules, ils ont déjà perdu leurs caractères de cellules proprement dites, il est manifeste que l'expression de *cellule mère* appliquée à l'ovule, et celle de *cellules filles* appliquée aux globes vitellins ou aux cellules embryonnaires provenant de la segmentation du vitellus sont inexactes ; car ces dernières cellules étant d'une espèce entièrement autre que les premières, ne sauraient être nommées comme si elles en représentaient spécifiquement la lignée.

C'est d'une manière analogue à la précédente qu'avant la fécondation naissent dans l'*ovule végétal* la vésicule unique ou les *vésicules germinatives* qui donneront directement naissance par segmentation aux cellules qui vont constituer l'embryon, tandis que le reste du contenu de l'ovule sert à la génération des cellules du *périsperme* ou *endosperme* qu'on trouve avec l'embryon dans la graine mûre de beaucoup de plantes. C'est ce qu'a vu M. Hoffmeister. Dans l'*Orchis morio*, *Monotropa hypopitys*, *Begonia cucullata*, *Elatine alsinastrum*, Ch. Muller décrit la formation de la vésicule préembryonnaire (1) de la même manière que Hoffmeister, si ce n'est qu'il n'en décrit qu'une seule au lieu de trois, qui, d'après celui-ci, est le cas le plus fréquent. Il emploie le nom de *vésicule préembryonnaire*, créé par M. Tulasne, de préférence à celui de *vésicule germinative*, parce que ce terme désigne dans l'ovule animal une cellule qui disparaît, se dissout lors de la segmentation du vitellus et ne concourt pas directement à la formation de l'embryon. Dans les plantes, au contraire, la cellule allongée appelée *vésicule* ou *cellule germinative*, ou mieux, PRÉEMBRYONNAIRE (2), se segmente en grandissant, et ce sont les cellules résultant de sa segmentation qui donnent directement naissance à l'embryon, d'une part, et de l'autre à son filet suspenseur, organe accessoire et temporaire.

Genèse des éléments anatomiques dans les animaux. — Étudions actuellement sur les animaux les phénomènes de l'ordre de ceux dont nous venons de décrire les phases essentielles dans les plantes. Sur l'embryon des vertébrés on voit, entre les feuillets interne et externe de la tache embryonnaire, naître successivement les cellules de la notocorde, la gaine de celle-ci, les premiers corps cartilagineux des vertèbres, les premiers éléments de l'axe nerveux central et les *noyaux embryo-plastiques* des lames dorsales. Les phénomènes de la naissance de ces noyaux embryoplastiques sont les suivants : des corpuscules ovoïdes, larges de 4 à 6 millièmes de millimètre, apparaissent entre les feuillets cellulaires pré-

cédents qu'ils écartent peu à peu l'un de l'autre ; ils sont d'abord pâles, à contours peu foncés, mais pourtant déjà nets, bien délimités. Au moment de leur genèse ils renferment peu de granulations dans leur épaisseur, mais le nombre de celles-ci va graduellement en augmentant ; alors, aussi, tous les noyaux embryoplastiques et autres dont il sera question par la suite manquent de nucléoles. Chez certains individus, presque tous les noyaux, et un petit nombre seulement chez d'autres sujets ou d'autres espèces animales, restent ainsi pendant toute la durée de leur existence ; mais le plus souvent, pendant qu'ils se développent, on voit apparaître un ou deux nucléoles. Ces derniers se montrent sous forme de granulations plus volumineuses que celles qui les entourent, à centre plus brillant, jaunâtre, d'abord difficiles à distinguer des granulations voisines à cause de leur petit volume ; mais ils grandissent un peu au fur et à mesure qu'à lieu l'augmentation de volume des noyaux eux-mêmes. Des phénomènes analogues peuvent être observés (mais sans apparition de nucléole) lors de la genèse des *myélocytes*, ou noyaux de la substance grise qui forme d'abord l'axe cérébro-rachidien, avant l'apparition des cellules nerveuses proprement dites ou multipolaires.

C'est par genèse aussi que naissent, entre les éléments déjà existants et en s'interposant à eux, des éléments qui, soit normalement, soit pathologiquement, concourent à l'accroissement de l'individu en dehors des conditions embryonnaires.

Ce sont ici des matériaux fournis directement par prédominance de l'assimilation nutritive (blastèmes), qui se réunissent, s'assemblent en corpuscules de forme et de structure déterminées ; ces derniers sont d'espèces distinctes, selon la nature de ces matériaux d'une part, et d'autre part selon les conditions dans lesquelles ils s'unissent entre eux.

Parmi les éléments anatomiques appartenant au groupe des produits, les noyaux libres d'épithélium, bien que d'espèce très différente des précédents, naissent aussi par genèse et dans des conditions assez diverses également. Tels sont les épithéliums nucléaires (naissance par *apposition* des anciens auteurs) à la face interne des

---

(1) CH. MULLER, *Recherches sur le développement de l'ovule végétal.* (Ann. des sciences naturelles, Botanique. 1848, t. IX, p. 46, 47.)

(2) *Vésicule germe, V. germinative* des auteurs français ; *Vesichetta embryonale*, Amici ; *Keimblæschen*, Meyer, Schleinder ; *Keimzelle, Keimschlauch*, Meyer ; *Vésicule embryonnaire*, A. de Jussieu ; *Keimblæschen*, Schleiden ; *Embryoblæschen*, Treviranus ; *Eigentiche Keimzelle. Vesicula seu cellula germinativa*, Meyer ; *Vésicule préembryonnaire*, Tulasne.

parois propres des tubes glandulaires, ou les noyaux libres d'épithélium, qui dans les cas d'ulcères et de tumeurs épidermiques se substitue pathologiquement aux éléments des tissus normaux. Ici encore ce sont des noyaux, qui, souvent loin des parties normales qui en contiennent de semblables, apparaissent sous forme de corpuscules ovoïdes dans certains cas, arrondis dans d'autres. Plus petits du quart et plus qu'ils ne le seront normalement plus tard, ils sont nettement délimités dès leur apparition, bien que pâles, sans granulations et sans nucléoles. Ce n'est que postérieurement à la naissance, à mesure que se développent les noyaux, que se montrent les nucléoles ; mais encore, chez des animaux de même espèce, on peut voir sur tel individu des nucléoles naître dans les noyaux et sur tel autre les noyaux de même espèce n'en point présenter, toutes les conditions principales demeurant les mêmes. Ces noyaux peuvent rester libres, comme ils sont nés, ou au contraire devenir le centre de production d'autant de cellules par segmentation intercalaire de la matière amorphe au sein de laquelle ils sont apparus. Une fois nés, ils peuvent se développer plus ou moins, ainsi que leur nucléole, selon les conditions dans lesquelles ils se trouvent.

Rien de plus frappant que de voir un ensemble de noyaux libres apparaître simultanément au sein de la matière amorphe ou entre d'autres éléments, comme autant de corpuscules sphériques ou ovoïdes, pâles, se distinguant à peine de celle-ci ; puis de voir, selon les variétés ou selon les conditions dans lesquelles se trouve cet ensemble de noyaux, se produire plus ou moins tôt dans leur intérieur un nucléole, d'abord petit, mais grandissant peu à peu et à côté duquel en naissent quelquefois un ou deux autres.

Les hématies, les leucocytes, les médullocelles, les myéloplaxes, les myélocytes, etc., naissent par genèse dont les phénomènes sont au fond de même ordre que ceux qui ont été indiqués précédemment.

Le cas le plus ordinaire est de voir le noyau naître le premier, en offrant les phases décrites dans les pages qui précèdent ; le nucléole, lorsque l'espèce dont il s'agit en possède, apparaît seulement alors que le noyau est déjà parfaitement développé, comme une des phases de son évolution en quelque sorte. Autour de ce noyau apparaît le corps de la cellule qui entoure toute sa surface simultanément, par réunion molécule à molécule, sous forme déterminée, des principes (blastème) que fournissent les capillaires. Le corps de la cellule, d'abord petit, offre un contour extérieur qui est très rapproché de celui du noyau qu'il englobe ou le touche même en un point de sa circonférence : mais il grandit peu à peu ; souvent ce n'est que consécutivement à son apparition que s'y produisent des granulations, et quelquefois même c'est alors seulement que le nucléole naît dans le noyau. Le mode de genèse dont il est question est celui qui est habituel aux médullocelles, aux myélocytes, aux cellules de l'oariule, etc. Du reste, dans ces diverses espèces, on voit des noyaux qui ne deviennent jamais le centre de génération du corps de la cellule et restent toujours noyaux libres. C'est encore ainsi que naissent les cellules dans les cavités des cartilages embryonnaires et adultes. Ces cavités ne renferment d'abord qu'un noyau autour duquel se produit peu à peu la masse de cellule légèrement granuleuse, n'entourant souvent, dans le principe du moins, qu'une partie de la circonférence du noyau.

Sur d'autres espèces, le noyau et la masse de la cellule apparaissent simultanément plus petits qu'ils ne seront plus tard, pâles et sans granulations ; ils grandissent peu à peu et deviennent plus ou moins granuleux, selon les espèces, à mesure qu'ils se développent. Telles sont les hématies chez les mammifères dans l'âge embryonnaire, et pendant toute la durée de l'existence chez les ovipares ; tels sont encore les myéloplaxes, quelques leucocytes, etc.

Toutes les hématies qui naissent à compter de l'époque où l'embryon atteint 30 millimètres de long, la plupart des leucocytes, quelques myéloplaxes et médullocelles, mais en petit nombre, offrent cette particularité que le corps de la cellule apparaît seul, d'abord pâle et de petit volume, mais grandissant rapidement et acquérant bientôt les caractères qu'on observe habituellement chez eux. Ils constituent alors la variété sans noyau des éléments de cette espèce. La masse de la cellule seule naît ici, et cet élément reste ainsi dépourvu de noyau pendant toute la durée de son existence ; à l'exception toutefois de certains leucocytes dans lesquels le noyau se forme d'une manière spéciale qui sera décrite plus tard.

Il est certaines espèces de cellules qui, lorsqu'elles offrent un noyau, ne le possèdent normalement que postérieurement à leur naissance. Le corps de la cellule né le premier reste dépourvu de noyau plus ou moins longtemps, suivant les espèces dont il s'agit, et il naît ensuite, d'abord pâle et un peu plus petit qu'il ne sera, puis il grandit et acquiert quelquefois un nucléole. Tel est le cas des cellules du cristallin.

Il résulte des observations qui précèdent que le noyau est généralement le centre, le point de départ de la naissance et de la reproduction des cellules. Ce sont donc les phénomènes de la genèse des noyaux, le lieu et le mode de celle-ci, le nombre et l'espèce de ceux qui apparaissent que l'on doit s'attacher à constater. Cette genèse précède toutes les autres particulariés de la naissance et du développement de la plupart des cellules et de beaucoup d'autres espèces d'éléments ; elle constitue précisément le phénomène primitif de la génération du plus grand nombre des espèces d'éléments anatomiques. D'où les difficultés qui entourent habituellement cette étude.

Or, le noyau une fois né, il peut rester toujours tel ; de là l'existence constante de la variété des noyaux libres dans chacune des espèces de cellules, et la prédominance de cette variété sur celle que représentent les cellules complètes dans beaucoup d'espèces.

Pour les éléments anatomiques ayant forme de fibres de tubes, etc., il est un fait commun relatif au mode de naissance du plus grand nombre d'entre eux.

Ce fait consiste en ce que, pour chaque individu de ces éléments, naissent d'abord, un et plus rarement plusieurs noyaux qui servent de centre à la génération progressive et au développement de chaque individu ; puis, ils disparaissent sur un certain nombre d'espèces une fois que l'élément auquel ils ont servi de centre de génération est arrivé à tel ou tel degré d'évolution.

L'hypothèse d'après laquelle tous les éléments dériveraient de cellules est inexacte, en ce que la substance de ces noyaux ne concourt pas à la génération de l'élément anatomique ; en ce que la substance qui naît autour d'eux, bien qu'offrant, lors de son apparition, des dimensions restreintes, n'a pas la forme des éléments qui conservent l'état de cellule pendant toute la durée de la vie individuelle, et surtout en ce que celle-ci passe graduellement et sans temps d'arrêt à celui d'élément bien caractérisé, ayant forme de fibre de tube, etc.

Enfin, pour les éléments anatomiques doués de propriétés de la vie animale, tels que les tubes nerveux, les faisceaux musculaires du cœur, les tubes du myolemme, les noyaux qui servent de centre à leur génération, diffèrent d'une manière notable des noyaux embryoplastiques. Ce ne sont point les noyaux embryoplastiques qui ont succédé aux cellules nées du vitellus qui, d'une manière commune, servent de point de départ à leur génération ; ce sont des noyaux d'une espèce particulière pour chacun d'eux, des noyaux qu'on peut réellement distinguer des noyaux embryoplastiques.

Individualisation et reproduction des éléments ayant forme de cellules. — Parmi les phénomènes dont, une fois née, la matière organisée sans configuration propre est le siége, les plus remarquables sont ceux qui ont pour résultat son individualisation en éléments anatomiques proprement dits ou figurés, offrant la forme spéciale de cellule dont chacune présente ensuite une évolution normale ou morbide indépendante.

On sait, par exemple, qu'une fois apparu par genèse, puis développé et fécondé, le vitellus devient le siége du phénomène dit de *segmentation*, qui débute après qu'a eu lieu, vers son centre, l'apparition par genèse du *noyau vitellin*.

Un quart d'heure ou vingt minutes après l'achèvement du troisième globule polaire (et par conséquent longtemps après la disparition du noyau dit *vésicule germinative*), on peut saisir au milieu de la partie centrale du vitellus, devenue plus foncée, un petit espace clair circulaire, large d'un centième de millimètre environ. Il se dessine de mieux en mieux et atteint peu à peu une largeur de cinq centièmes de millimètre. Au bout d'une heure environ, ses contours deviennent saisissables par demi-transparence, bien qu'avec difficulté. On peut alors constater qu'il s'agit là d'un corps solide, bien que facile à aplatir, corps séparable du reste du vitellus, qui doit recevoir le nom de *noyau vitellin*. Ce dernier, en se divisant en même temps que la substance même du vitellus, forme les noyaux des cellules blastodermiques ; en naissant par genèse de toutes pièces, molécule à molécule, longtemps après la disparition complète de la *vésicule germinative*, il ne représente plus, quand il existe, le noyau de l'ovule, mais bien celui du vitellus fécondé qui, par la fécondation vient d'acquérir les qualités d'un nouvel être, l'embryon ; qui vient d'acquérir une indépendance qui lui est propre, une indépendance par rapport à la membrane vitelline en particulier, dont auparavant il était solidaire. Ces deux faits de la disparition de l'un de ces noyaux, que suit, après la fécondation, l'apparition d'un noyau différent, caractérisent nettement la succession directe d'une *individualité nouvelle* à une autre (vitellus fécondé), représentée jusque-là par un élément anatomique plus ou moins développé (ovule non encore fécondé). Or, fait capital, ce n'est pas la *segmentation du vitellus* qui est le phénomène initial par lequel débute l'indication de la constitution de cette individualité nouvelle ; celle-ci est, au contraire, annoncée par un acte de genèse, celui de la génération autonome du *noyau vitellin* au sein d'une masse homogène en voie de rénovation moléculaire continue, le vitellus fécondé. Ce n'est que postérieurement à l'autogenèse de ce noyau que commence la la segmentation, tant de ce dernier même que du vitellus, segmentation qui a pour résultat l'individualisation de la masse vitelline en cellules blastodermiques ou embryonnaires.

La segmentation a donc pour résultat la division progressive de la substance vitelline en cellules ; celles-ci se juxtaposent graduellement en membrane blastodermique, grandissent et se divisent elles-mêmes, et l'on arrive ainsi jusqu'à l'apparition des rudiments de l'embryon. C'est de la sorte que

de l'état de masse amorphe le contenu de l'ovule ou vitellus arrive à l'état d'éléments anatomiques d'une configuration déterminée, formant par leur arrangement réciproque les rudiments transitoires d'un nouvel organisme ; car ces cellules disparaissent peu à peu par atrophie à mesure qu'apparaissent entre elles les éléments anatomiques définitifs et permanents du nouvel individu, ou bien elles ne forment que des organes qui lui sont extérieurs et sont caducs, tels que la vésicule ombilicale, le chorion et l'amnios.

Dans l'ovule des insectes et des araignées le vitellus ne se segmente pas, mais c'est par *gemmation* d'une portion seulement de la substance vitelline, la portion superficielle, que cette substance s'individualise en autant de cellules embryonnaires. Celles-ci constituent le blastoderme enveloppant le reste du vitellus, qui ne gemme plus, et qui sert ultérieurement à la nutrition de l'embryon.

Chez les animaux dont le blastoderme se forme par segmentation du vitellus, le point où ce phénomène va commencer est décélé d'avance par la production d'une cellule appelée *globule polaire*. C'est par *gemmation* que s'individualise cette cellule dont le mode d'apparition et la signification physiologique sont restés longtemps ignorés. Le second mode d'apparition du blastoderme est caractérisé par ce fait que cette gemmation s'étend (insectes et araignées) à toute la surface vitelline, au lieu d'être bornée à un seul point comme chez les animaux dont le vitellus se segmente. Le résultat de la gemmation comme celui de la segmentation est d'amener l'*individualisation* de la substance du vitellus en cellules, en éléments anatomiques de configuration et de structure déterminées, juxtaposés en *blastoderme* et en *tache embryonnaire* ; elle conduit par suite la partie principale de l'ovule, le vitellus, à se trouver dans les conditions de rénovation moléculaire continue avec échange des principes immédiats de l'un à l'autre de ces éléments qui sont immédiatement contigus, conditions mentionnées plus haut qui sont celles-là même qui ont pour résultat d'amener la genèse d'éléments anatomiques nouveaux. Ces éléments sont les premiers éléments définitifs du nouvel être (cellules et gaîne de la notocorde, éléments du tissu du cœur de l'axe nerveux, des cartilages verté-braux, etc.). Au point de vue physiologique, la segmentation conduit, en un mot, à l'apparition dans l'ovule des mêmes conditions générales de la genèse que l'on retrouve ensuite pendant toute la durée de l'existence individuelle, pour l'accroissement proprement dit des organes, la régénération des tissus lésés ou la production des éléments des tissus accidentels.

Sur la surface du derme, sur celle des muqueuses à la face interne de la paroi propre des tubes urinipares, de celle des culs-de-sac glandulaires, etc., l'apparition des couches épithéliales (*génération par opposition*, des anciens auteurs) débute aussi par la genèse des noyaux comme la segmentation du vitellus est précédée de celle du noyau vitellin. Ces noyaux d'épithéliums d'abord contigus, très petits et peu à peu grandissant, sont écartés graduellement les uns des autres, par suite de la genèse entre eux d'une couche de matière amorphe. Bientôt, cette substance interposée devient le siége de phénomènes de segmentation qui ont pour résultat son individualisation en cellules. Des plans ou sillons de division, se produisant dans l'intervalle des noyaux, partagent ces couches en autant de cellules prismatiques ou polyédriques qu'il y a de noyaux comme centre de segmentation. Ce n'est que postérieurement à cette individualisation que les cellules et leurs noyaux peuvent s'hypertrophier, se creuser parfois, et par exception aussi, devenir individuellement le siége d'une scission ou d'une gemmation. Dès que leur augmentation de masse dépasse certaines limites, ces dernières ont alors pour résultat la reproduction, par le noyau ou par la cellule divisés, d'un élément semblable à eux-mêmes.

La découverte de ces faits lie entre eux de la manière la plus logique les phénomènes de segmentation et de gemmation quelles que soient les périodes de la vie, où, depuis l'état ovulaire jusqu'à l'âge le plus avancé, on peut les observer. Mais, d'un autre côté, donnée capitale, elle les *subordonne* partout au fait de la *genèse* préalable de la substance dont ils amènent la multiplication par reproduction. Dans le premier

cas, la segmentation comme la gemmation ont pour résultat la *prise de forme* déterminée et individuelle d'une substance déjà née, qui n'avait pas une figure qui lui fût propre (vitellus et couches de matière amorphe épithéliale non encore segmentée). Dans le second cas, elles ont pour résultat l'apparition d'un nouvel individu ayant configuration propre, mais toujours semblable à l'élément figuré dont il dérive de toutes pièces et jamais d'espèce différente. La matière organisée préexistant s'individualise, ou les individus qu'elle constitue se multiplient par scission ou par gemmation, mais ces actes n'ont pas pour résultat la formation d'espèces nouvelles par division d'espèces différentes.

Depuis leur première manifestation dans l'ovule jusqu'à l'âge le plus avancé sur les épithéliums, ces phénomènes ont pour résultat l'individualisation en éléments figurés de substances sans configuration déterminée et cela par fractionnement régulier en cellules nettement délimitées. Les tissus exclusivement formés de cellules, depuis le blastoderme jusqu'aux couches épithéliales, se rapprochent ainsi les uns des autres par le mode d'après lequel leurs éléments constitutifs naissent d'abord et s'individualisent ensuite.

Les phénomènes de segmentation et de gemmation peuvent avoir lieu encore sur les noyaux apparus par genèse ; ils peuvent aussi avoir lieu sur les cellules, soit blastodermiques, soit épithéliales, dont l'individualisation en éléments de forme déterminée résulte de la segmentation de la substance du vitellus ou de celle qui est née par genèse entre les noyaux d'épithélium qu'elle écarte. Ils s'observent même sur un certain nombre de noyaux et de cellules apparus par genèse, ayant pris dès l'apparition première de leur substance, une forme déterminée et ne résultant pas, comme les cellules épithéliales et blastodermiques, d'une individualisation par scission ou par gemmation de couches ou de masses sans configuration spécifique. Tels sont, par exemple, les hématies, les leucocytes, les cellules du *corpus luteum* parmi les cellules, les noyaux embryoplastiques parmi les noyaux libres. Mais beaucoup d'autres cellules comme les cellules nerveuses ganglionnaires et céphalo-rachidiennes, les fibres-cellules, etc., ne sont jamais le siége de cette segmentation ni de cette gemmation, qui sont les phénomènes correspondants à ce qu'en botanique d'abord, puis dans divers écrits médicaux, on a nommé *hyperplasie par prolification, prolifération* ou *proligération* des noyaux et des cellules.

Mais les cellules une fois individualisées de la sorte (et les noyaux et les cellules apparus par genèse, qui peuvent être aussi le siége d'une division par segmentation ou scission, ou par gemmation) ne se segmentent, etc., que lorsqu'ils ont atteint ou dépassé leur entier développement, leurs dimensions les plus habituelles. Ainsi, fait capital, lorsque des cellules et des noyaux reproduisent un élément semblable par suite de cette segmentation, ces phénomènes sont un signe que l'entier accroissement de ces éléments est atteint ou dépassé. En d'autres termes, ces derniers faits ne s'observent que sur les noyaux et les cellules devenus grands, sur ceux de ces éléments qui, nés et doués de leur individualité propre depuis plus ou moins longtemps, dépassent en volume les limites du développement du plus grand nombre. On constate, inversement, que les noyaux et les cellules encore plus petits, nés depuis peu, tant sur l'embryon que dans les cas de régénération sur l'adulte, ne sont pas le siége de ces phénomènes, contrairement à ce qu'admettent implicitement ou explicitement, sans pouvoir le constater formellement, ceux qui, croyant à l'absolue généralité de la scission et de la gemmation comme actes primitifs et essentiels de toute apparition des éléments quelconques, pensent expliquer tout et lever toute difficulté en ces questions par une phrase qui est sacramentelle, dès que s'y trouvent les termes *hyperplasie* ou *prolifération*, que vont répétant de confiance les imitateurs auxquels les mots suffisent en dehors de la trop difficile observation des faits et des trop dures exigences de la logique inductive.

C'est à cette scission des noyaux et des cellules, considérée à tort comme mode général de régénération normale et pathologique des éléments anatomiques, que quelques auteurs modernes ont donné le nom de *prolifération, prolification, proligération*

et d'*hyperplasie* des cellules. Cette expression, empruntée à la tératologie végétale, a été ici détournée de son acception reçue, qui est la désignation de la production d'une fleur, soit stérile, soit féconde, ou d'un bourgeon foliaire par l'axe d'une fleur ou d'un fruit. L'anomalie, une fois produite, s'appelle *prolification* florifère, fructifère ou frondifère. Malgré ce que sembleraient faire croire les descriptions écrites sous la domination des hypothèses d'après lesquelles nul élément ne paraît que par *prolifération*, ou mieux scission continue d'éléments antécédents (dont l'origine, du reste, est passée sous silence), on chercherait en vain des exemples de ces modes de reproduction des éléments sur les cellules nerveuses bipolaires ou multipolaires, sur les fibres-cellules, les fibrilles musculaires striées, les corps fibroplastiques fusiformes ou étoilés, etc. Ce n'est par conséquent pas à ce mode de reproduction des éléments qu'on peut rapporter leur multiplication pendant l'accroissement normal ou morbide. La génération tant embryonnaire qu'accidentelle des tubes propres des parenchymes glandulaires et non glandulaires, dont on peut suivre toutes les phases sur le fœtus, échappe à plus forte raison à ces hypothèses (voy. Ch. Robin, *Mémoire sur le tissu hétéradénique*, Paris, 1856, in-8, p. 8), en tant que provenance de noyaux ou de cellules quelconques par scission, génération endogène ou autrement. Du reste dans les cas décrits et figurés sous les noms de *tissus en voie de prolifération* ou de *proligération des cellules*, on cherche en vain quoi que ce soit qui ressemble aux faits réels de noyaux et de cellules en voie de division tels que les embryogénistes en décrivent et en figurent depuis que Valentin et Henle ont signalé ces phénomènes. On n'y retrouve que d'imparfaites figures et de superficielles descriptions des premières phases de la genèse des éléments du tissu lamineux ou cellulaire.

Ainsi l'apparition des individus nouveaux d'une même espèce d'éléments, tant par la scission que par la gemmation d'éléments déjà individualisés et d'une configuration nettement déterminée, loin d'être un fait général, reste bornée à un nombre restreint d'espèces et de circonstances particulières, en ce qui regarde ces espèces. La segmentation et la gemmation sont donc des actes particuliers subordonnés aux phénomènes d'évolution ou de développement d'une partie existante; ils ont bien pour résultat, soit l'*individualisation* de couches déjà produites, soit la *reproduction* (et par suite la *multiplication*) d'éléments déjà individualisés par scission ou nés par genèse, mais ils ne caractérisent nullement la *production* proprement dite.

A plus forte raison, la naissance, dans l'embryon, d'espèces d'éléments anatomiques qui n'y existaient pas encore, loin d'être la conséquence d'une scission en suite du développement outre-passé d'une autre espèce préexistante, c'est, tout au contraire, le développement qui comprend entre autres choses, pour chaque élément anatomique individuellement, des phénomènes de génération intérieure, amenant successivement l'apparition de granules, de nucléoles, de stries, etc.

L'examen général des résultats auxquels conduit l'observation de tous ces phénomènes montre que la formation de l'organisme est due à une *succession d'épigenèses* d'éléments anatomiques; chaque espèce d'éléments anatomiques définitifs a un lieu, une époque et un mode d'apparition qui lui sont propres, comme chacune est douée de propriétés d'élasticité, de contractilité, d'innervation, etc., que ne possèdent pas les autres. Ce n'est pas par *métamorphose* ou *transformation* d'une seule espèce type d'élément, en plusieurs espèces distinctes, qu'a lieu la formation des fibres lamineuses ici, là des fibres élastiques, des fibres musculaires, des éléments nerveux, etc., pas plus que la contraction n'est une transformation de l'élasticité et l'innervation de la contractilité.

Jamais on ne voit un élément ayant atteint son plein développement présenter une succession de nouvelles modifications qui le font passer à l'état d'espèce différente, comme de l'état de cellule épithéliale à celui de fibre élastique, etc. Quelles que soient les suppositions implicitement ou explicitement admises comme vraies par les fauteurs de l'hypothèse de la métamorphose des éléments d'une espèce en ceux d'une autre espèce, jamais on ne voit un élément venant de naître, ayant les caractères d'une fibre lamineuse, ou d'une fibre élastique, encore aux premières phases de leur évolution, devenir fibres musculaires, cellules épithéliales ou nerveuses, etc., ou réciproquement. Et pendant leur évolution ou après qu'ils ont atteint leur plein développement, les aberrations accidentelles de forme, de structure, etc., que présentent parfois les éléments de telle ou telle de ces espèces, n'amènent en aucune manière l'un d'entre eux à prendre les caractères des éléments de l'une quelconque des autres, ou *vice versâ*. Dans leurs modifications accidentelles, ils oscillent autour d'un type, si l'on peut dire ainsi, sans perdre leurs attributs essentiels pour en acquérir d'autres permanents ou non, mais propres à des éléments doués de propriétés différentes. Ni jeune ni adulte, un élément quelconque n'est *indifférent*, anatomiquement ni dynamiquement parlant, c'est-à-dire apte à rester inerte plus ou moins longtemps, pour devenir, sous des impulsions dont on masque en vain l'état d'indétermination par le nom vague de *besoins fonctionnels des parties*, pour devenir, dis-je, à un moment donné, fibre élastique, musculaire, etc., contrairement à ce qu'admettent explicitement ou implicitement quelques hypothèses. On ne voit pas non plus des éléments adultes émettre par scission ou par gemmation des éléments qui, encore très petits, et avant d'avoir atteint leur développement complet, proliféraient abondamment de là même manière, pour se transformer en individus doués d'attributs anatomiques et physiologiques différents de ceux des éléments qu'on dit avoir été le point de départ de la multiplication ainsi admise.

Reproduction des éléments anatomiques végétaux. — Des phénomènes de même ordre que le précédents s'observent aussi dans les plantes de tous les embranchements; savoir : 1° l'*individualisation* en cellules par segmentation du contenu des ovules (sac embryonnaire, sporanges, vésicules mères polliniques, anthéridies, etc.); 2° la *reproduction* (d'où *multiplication*) de ces cellules par continuation sur elles du fait primitif, soit de *segmentation*, soit de gemmation.

Dans le contenu granuleux des sporanges et les spores des algues, etc., apparaît un noyau analogue au noyau vitellin, et presque en même temps se montre un sillon qui partage en deux ce contenu, et de plus un autre noyau apparaît de l'autre côté de ce sillon; puis ensuite chacune de ces sphères se partage de la même manière en deux, quatre sphères, etc., et toujours naît un noyau central un peu avant l'apparition du sillon. Vient ensuite la production d'une enveloppe de cellulose qui, de cette sphère granuleuse, forme une cellule. Tels sont les phénomènes de l'individualisation des éléments primitifs de l'embryon des algues aux dépens du vitellus ou contenu des sporules. Ce n'est pas seulement dans les algues mais encore dans les *Marchantia*, *Lycopodium*, *Marsilea*, *Pilularia*, *Salvinia* et *Isoëtes* que le contenu des spores se segmente à l'intérieur de celles-ci, de telle sorte que le prothallium (1) se développe jusqu'à un certain degré dans l'intérieur de la spore, où il forme un tissu parenchymateux qui sort de celle-ci par rupture de sa tunique extérieure ou épispore.

Le fait le plus remarquable de cet ensemble de phénomènes, c'est l'apparition d'un point plus opaque ou plus clair, le noyau analogue au noyau vitellin de l'ovule animal fécondé, vers le centre de chacune des portions qui devra constituer une sphère de segmentation; c'est aussi la formation presque simultanée d'un sillon résultant de la concentration du contenu autour du noyau, sillon qui indique la division prochaine de la masse granuleuse *vitelline*. C'est incontestablement là un phénomène du même ordre que celui déjà signalé dans le vitellus de l'œuf animal, quelles que soient, du reste, les variétés du phénomène dont nous n'avons signalé que les *principales* (2). Elles sont plus ou moins grandes dans chaque plante, suivant qu'une partie seulement ou tout le contenu du sac embryonnaire ou ovule, concourt à l'individualisation directe des cellules primitives de l'embryon, avec ou sans

formation d'un endosperme. Ce dernier fait, ainsi que nous l'avons signalé, trouve son analogue chez les animaux (Oiseaux, etc.), où, pas plus que dans les plantes, les phénomènes du développement ne présentent rien d'absolument identique dans tous les groupes, mais où cependant ils ne cessent jamais d'être comparables. Cette analogie entre les animaux et les végétaux est réelle quand on se place à un point de vue suffisamment général, qui, pour cela, n'est cependant pas puéril.

Dans les crucifères et autres plantes vues par M. Tulasne, les matières plastiques accumulées peu à peu dans le long tube de la vésicule préembryonnaire présentent des formations de noyau; et, peu après, se divisent, à un instant donné, en fractions plus ou moins étendues, entre lesquelles s'interposent des cloisons transversales. Dans quelques espèces ce phénomène a lieu avant l'apparition du noyau. Les cellules ainsi formées constituent le *filet suspenseur*. Elles se partagent elles-mêmes de la façon indiquée ci-dessus; il en résulte une série linéaire et simple d'utricules cylindriques dont les inférieurs sont les plus longs (1).

La formation de l'embryon directement aux dépens d'une des cellules du préembryon se fait de la manière suivante : Avant que la génération des cellules du suspenseur dont nous venons de parler ait pris fin, l'utricule terminal, devenu sphéroïdal, représente ce que beaucoup d'auteurs ont appelé la vésicule embryonnaire ou germinative. On voit peu à peu dans le contenu de cette cellule terminale apparaître deux, ou rarement quatre noyaux, sous forme d'une petite masse granuleuse ou au contraire transparente, à contours généralement limités d'une manière nette, quoiqu'ils soient souvent très pâles, ou quelquefois masqués par les granulations voi-

---

(1) On appelle *proembryon*, *prothallium* ou *pseudo-cotylédon*, l'expansion foliacée, oblongue, spatulée, etc., qui résulte de la première génération de cellules à laquelle donne lieu la germination des spores de la plupart des acotylédones acrogènes. (Fougères, Mousses, Hépatiques, Équisétacées, Lycopodiacées, Rhizocarpées.)

(2) Voyez, outre Hoffmeister, 1849, Amici, *Sur la fécondation des Orchidées* (Annales des sciences naturelles, Paris, 1847, Botanique, t. VII, p. 193); H. Mohl, *Sur le développement de l'embryon dans l'O. morio.* (Botan. Zeit. 1847; id., 1848, t. IX, p. 21); Ch. Muller, *Recherches sur le développement de l'embryon végét.* (id., 1848, t. IX, p. 33); Duchartre, *Observ. sur l'organogr. flor. et l'embr. des Nyctaginées*, Paris, 1848, Bot., t. IX, p. 273; Pineau, *Recherches sur la formation de l'embryon chez les Conifères* (Annales des sciences nat., Paris, 1849, Botan., t. XI, p. 3); Gasparrini, *Nouvelles recherches sur quelques points d'anatomie et de physiologie relatifs au Figuier et au Caprifiguier* (id., 1849, Bot., t. IX, p. 365), etc.

(1) Hoffmeister, 1849. — Tulasne, *Études d'embryogénie végétale.* (Annales des sciences naturelles, Botanique, Paris, 1849, t. XII, p. 21 et suiv., pl. III et IV).

sines. Un peu après l'apparition de chaque noyau, autour de chacun d'eux s'amasse une portion du contenu granuleux. En même temps, un sillon plus transparent que le reste de la masse sépare chacune de ces accumulations granuleuses. La formation de cet intervalle plus clair, ayant l'apparence d'un sillon, résulte de ce que les granulations concentrées autour du noyau laissent, entre chacun des amas qu'elles forment, une portion du liquide qui les tient en suspension presque dépourvue de particules solides.

Une fois les premières cellules ainsi individualisées par cette scission de celles du proembryon (ou bien, pour l'endosperme, par segmentation du contenu du sac embryonnaire, ou ovule), toutes les autres cellules de l'embryon dérivent de celles-ci de la manière suivante :

Dans le contenu des cellules qui ont dépassé le volume que la plupart d'entre elles possèdent ou doivent conserver toute leur vie, on voit apparaître le noyau de la même manière que dans l'ovule. Autour de ce noyau se concentre aussi une partie du contenu granuleux de la cellule mère, tandis que le reste s'amasse autour du noyau propre à celle-ci. Quelquefois le noyau de la cellule mère se résorbe, et il naît deux noyaux nouveaux. Un sillon apparaît en même temps entre ces deux amas granuleux ; à ce sillon succède une mince cloison de cellulose qui se produit de toutes pièces ; d'abord commune aux deux amas, elle est adhérente et confondue par sa circonférence avec la paroi de la cellule mère, dont l'utricule primitif azoté s'est résorbé à ce niveau en même temps que se formait le sillon, résorption qui peut simuler un étranglement de cet utricule. En même temps qu'apparaît le sillon et que l'utricule primordial se divise par résorption, le liquide albumineux tenant en suspension les granules dans chaque sphère granuleuse ou contenu de la cellule nouvelle, prend à sa surface, dans sa partie qui correspondra à la cloison future, la même consistance que le reste de l'utricule primordial, se continue avec elle et la complète de ce côté. La mince cloison de cellulose dont nous avons parlé, qui remplace le sillon et s'interpose entre

les deux portions d'utricule primordial nouvellement produites (*reproduction par scission ou cloisonnement*), à la surface des deux sphères granuleuses contiguës, est d'abord simple et commune aux deux nouvelles cellules ; mais peu à peu la paroi de la cellule mère s'étrangle au niveau de la cloison nouvelle, de manière à amener ici une formation de méats intercellulaires. Souvent le phénomène se borne là, et la cloison reste commune aux deux cellules nouvelles. Alors elles ne peuvent être isolées de toutes parts, séparées l'une de l'autre ; ou bien une ligne placée au milieu de la cloison indique sa division en deux feuillets ; dans ce cas, on peut isoler tout à fait chaque cellule de ses voisines. Cet isolement est du reste possible sur l'embryon dans des cas où cette ligne n'est pas visible.

Des phénomènes entièrement semblables s'observent aussi sur la longueur ou à l'extrémité des cellules pileuses, etc., de beaucoup de plantes.

Sur les phanérogames adultes ou non, les cellules ligneuses qui amènent la formation des couches, des faisceaux fibreux, etc., sont également engendrées par des cellules qui se divisent en plusieurs autres à l'aide de cloisons développées dans leur intérieur.

Les cellules corticales les plus internes s'étendent horizontalement et se divisent par des cloisons verticales, de manière à former des séries rayonnantes de cellules rectangulaires (*reproduction mérismatique ou scission par cloisonnement*), ces dernières, d'abord intimement unies entre elles, s'isolent peu à peu, et s'allongent alors en pointe par leurs extrémités. Ces pointes s'introduisent et glissent entre les cellules qui sont placées au-dessus et au-dessous d'elles ; ces cellules acquièrent de la sorte une longueur quelquefois beaucoup plus considérable que celle qu'elles avaient dans l'origine. Les fibres ligneuses, ainsi formées, se sont aussi dilatées en largeur, d'où il résulte que l'accroissement du tronc est dû à leur multiplication et à leur dilatation. Ce n'est qu'après s'être ainsi dilatées que leurs parois prennent une plus grande épaisseur (Trécul).

Il y a un autre mode de production des cellules fibreuses. M. Trécul avait déjà remarqué, sur un *Robinia*, des cellules superposées se réunissant par la destruction des parois transversales, pour former des tubes analogues à de longues fibres ligneuses. Il a reconnu depuis, chez divers végétaux, et en particulier dans le *Rhizophora Mangle*, des fibres libériennes qui, ayant la même dimension que les voisines et le même épaississement, étant aussi très-graduellement atténuées aux deux bouts, étaient cependant encore composées des cellules non soudées ensemble par leurs parois épaissies, bien que la cavité fût continue, les membranes transversales ayant été résorbées.

Dans les Champignons microscopiques formés simplement de cellules superposées et articulées les unes avec les autres, l'individualisation de la première cellule du nouvel individu a lieu par un prolongement direct de la spore. Ce prolongement, qui se cloisonne ensuite au point de contiguïté avec la cellule d'où il part, est tubuleux, piliforme, très allongé, très transparent, etc.

Il se segmente ensuite par scission transversale (*division mérismatique*), laquelle s'opère ainsi pour toutes les cellules qui prennent un certain degré d'allongement, d'où l'accroissement du végétal. Dans toutes ces plantes (Champignons et Algues), pendant leur développement, et aussi lorsqu'elles sont adultes, on voit, à l'extrémité supérieure ou sur le côté des cellules, se former une bosselure qui s'allonge peu à peu, puis, ayant atteint à peu près la longueur de la cellule dont elle émane, elle s'en sépare au point même, ou presque au point où elle communique avec l'autre par la production d'une cloison, d'après le mécanisme décrit en parlant de la segmentation par scission et cloisonnement (*reproduction par gemmation*, ou *gemmipare par surculation* ou *surculaire*, *par bourgeonnement* ou *propagules*).

C'est par cette *gemmation* que s'individualisent les *sporanges* dans les Algues du genre *Derbesia*, les oogones et oospores des Porenosporés, des Cystopus, etc. Au lieu d'une cloison proprement dite, se formant entre la cellule mère et l'élément qui vient de naître ainsi, c'est par étranglement ou rétrécissement graduel jusqu'à oblitération de celui-ci qu'il se sépare de l'autre, et non par production d'une *cloison* proprement

dite. C'est également ainsi que naissent les sporanges et les anthréridies de beaucoup de Fucacées et autres Algues. Ils se séparent de la cellule mère de la même manière et non par formation d'une cloison circulaire qui, de la face interne de la nouvelle cellule à son point de jonction avec l'ancienne, gagne jusqu'au centre de manière à établir une séparation complète.

Dans quelques plantes unicellulaires la reproduction a lieu par gemmation. La cellule donne naissance à un rameau plus ou moins long; s'il est court, il sert à la génération d'une cellule par production d'une membrane enveloppante; s'il est long, toute la partie terminale de son contenu se change en une cellule par formation d'une paroi enveloppante (c'est ce qu'on voit assez souvent sur les *Vaucheria*). Ces cellules tombent ordinairement avec la membrane de la cellule mère qui les entoure, plus rarement elles en sont expulsées (*Vaucheria clavata*). La gemmation s'observe aussi chez les animaux infusoires unicellulaires, mais elle est plus rare que sur les plantes, elle a lieu pourtant dans les *Epistylis*, les *Carchesium* et les *Vorticelles*.

Le phénomène appelé *copulation* ou *conjugaison* des filaments (*trichoma*) des Algues conjuguées (*Zygnema*, *Vaucheria*, *Tyndaridea*, *Staurocarpus*, etc.), est une variété de la *reproduction* par gemmation plutôt qu'un mode spécial et distinct. Les cellules placées parallèlement l'une à côté de l'autre envoient, chacune par le côté correspondant, un petit prolongement en cul-de-sac, chacun de ces prolongements rencontre l'autre, et la double paroi de séparation à leur point de contact se résorbe, d'où alors résulte une communication entre ces deux tubes, et leurs contenus se mélangent. C'est à ce moment que se forme, dans une des deux cellules ainsi mises en communication, une masse granuleuse qui s'entoure d'une paroi de cellulose et constitue alors une spore; quelques auteurs croient que c'est plutôt un sporange qui naît ainsi, car on n'a pas vu germer ces corps. Il en naît quelquefois de semblables dans des cellules non copulées. C'est aussi d'une manière analogue à la précédente qu'a lieu la copulation des spores ou des gemmes de l'endospore avec les *paracystes* et les anthéridies des Champignons des genres *Mucor*, *Peziza*, *Py-*

ronema, Erysiphe, Porenospora et *Rhizopus*, ainsi que l'ont vu MM. de Bary et Tulasne, etc.

Les Diatomées (*Gomphonema, Cocconema, Eunotia, Fragilaria*) se multiplient par *conjugaison* (1). Le phénomène a lieu ainsi qu'il suit. Dans les premiers temps, les surfaces concaves des frustules conjugués sont presque immédiatement appliquées l'une contre l'autre. De chacune de ces surfaces s'élèvent peu à peu deux petits mamelons, qui se rencontrent avec deux mamelons semblables émanant du frustule opposé. Ces mamelons sont l'origine de deux tubes de communication qui se forment par abouchement des extrémités qui se rencontrent. Une fois cet abouchement opéré, le contenu (endochrome) des deux frustrules se mélange et forme deux masses, d'abord irrégulières, placées entre les frustules. Bientôt ces masses se recouvrent chacune d'une membrane lisse et cylindrique. Ce sont alors de jeunes sporanges qui s'allongent peu à peu en conservant une forme à peu près cylindrique, jusqu'à ce que leur dimension excède de beaucoup celle des frustules qui leur ont donné naissance. Lorsque enfin ces organes sont arrivés à maturité, leur surface devient striée transversalement comme celle des frustules. Vers l'époque où a lieu le mélange du contenu des deux frustules conjugués, ceux-ci se divisent longitudinalement en deux moitiés, au niveau de deux mamelons qui sont l'origine des tubes de communication des endochromes. Ils restent d'abord réunis par une membrane très délicate, qui ne tarde pas à disparaître.

Parmi les plantes unicellulaires, les Chroococcacées, Palmellacées, Diatomacées et Desmidiacées se reproduisent par segmentation ou cloisonnement. Tout le contenu de la cellule qui représente chaque individu se sépare peu à peu en deux, rarement en quatre parties ; une ou deux cloisons, selon les cas, se forment et partagent la cellule en deux ou quatre nouvelles cellules ; la cellule mère cesse d'exister au moment où se séparent celles qui en dérivent.

(1) THWAITES, *Sur la conjugaison des Diatomées* (*Annales des sciences naturelles*, 1847, t. VII, p. 374), et *Deuxième note sur la conjugaison des Diatomées* (ibid., 1848, t. IX, p. 60, pl. II et III).

C'est par le mode secondaire de segmentation dit *scission* ou reproduction fissipare et fissiparité que se multiplient beaucoup d'Infusoires, animaux unicellulaires, comme le font les plantes ci-dessus. Cette scission est longitudinale chez les *Carchesium* et les *Vorticelles* ; elle est transversale chez les *Stentor*, *Leucophrys*, *Bursaria*, *Loxodes*, etc. Chez beaucoup, la scission peut se faire à la fois transversalement et longitudinalement, tels sont les *Bursaria*, *Opalina*, *Glaucoma*, *Chilodon*, *Paramœcies*, *Stylonochia*, *Euplotes*, etc. Beaucoup de ces Infusoires renferment, comme les cellules proprement dites, un noyau. Quel que soit le sens de la scission, le noyau placé au milieu du corps se divise également, de sorte qu'à la fin du phénomène chaque animal nouveau possède un noyau. Souvent (*Paramœcium*, *Bursaria*, etc.) le noyau commence à se segmenter avant la partie périphérique du corps. (Voyez sur ces questions, Ch. Robin, *Hist. natur. des végétaux parasites*, 1853, in-8°, et Atlas.)

Développement des éléments anatomiques. — La paroi de cellulose des jeunes cellules de l'embryon végétal est très mince, homogène, transparente, sans perforations de quelque nature que ce soit. Elles bleuissent directement par la teinture d'iode ou par l'action préalable peu prolongée de l'acide sulfurique qui suffit pour déterminer cette coloration.

Mais elles ne conservent pas ces caractères pendant toute leur vie ; elles subissent divers changements dans la paroi et dans leur contenu.

Dans les parties du végétal dont les cellules constituent les éléments anatomiques définitifs, telles que la moelle, les rayons médullaires, la couche herbacée, la surface des tiges des cryptogames cellulaires et leurs expansions foliacées, etc., les cellules conservent leurs formes polygonales et leurs dimensions. Dans quelques parties cependant, elles s'aplatissent beaucoup, tels sont les rayons médullaires.

Les cellules qui arrivent à l'état de fibres à parois homogènes s'allongent considérablement, deviennent très étroites, et leurs extrémités se soudent carrément (fibres textiles) ou obliquement (clostres du tissu fibreux des couches ligneuses). Les parois, d'abord minces, s'épaississent peu à peu par dépôt de couches concentriques qui, dans le principe, sont plus sensibles à l'action de l'iode que la paroi externe ou primaire, laquelle, au contraire, se charge de plus en plus de lignine. Leur cavité devient de plus en plus étroite; l'utricule primordial disparaît peu à peu, d'abord on ne le voit plus que comme un réseau irrégulier, puis il manque tout à fait.

Les cellules et les fibres ponctuées, rayées, réticulées, scalariformes, annulaires ou à spiricule, se produisent toutes par des changements analogues qui se passent dans les cellules qui les précèdent.

Pour chacun de ces éléments, bien longtemps avant que les cellules aient atteint leur volume total, les dépôts qui se font à leur face interne et leur donnent les caractères de cellules rayées, ponctuées, etc., sont déjà formés. En même temps que commencent ces dépôts, le noyau disparaît lorsqu'il existait, ce qui est rare; mais ce n'est qu'après le développement à peu près parfait que l'utricule azoté est entièrement résorbé.

Le développement des cellules et des fibres ponctuées, rayées ou autres, met hors de doute que la couche extérieure et tout à fait close de ces éléments est bien la couche primitive. Il montre que les couches internes dans lesquelles sont creusés les canaux des ponctuations, des raies, etc., ne se déposent que postérieurement à la face intérieure de la couche primitive. Ainsi, dans le *Pinus sylvestris*, l'écartement entre les parois des cellules contiguës qui forme le creux lenticulaire, auquel sont dues les aréoles caractéristiques de leurs fibres ou vaisseaux ponctués, est déjà produit à l'époque où il n'existe encore aucun indice des ponctuations qui naîtront bientôt au niveau de chacun de ces écartements. Peu après on voit la paroi s'épaissir, et au fur et à mesure du dépôt des couches secondaires, les fentes ou les petits canaux qu'elles laissent par places déterminées deviennent de plus en plus profonds.

Parmi les phénomènes de développement succédant à la naissance des éléments anatomiques dans les Cryptogames, il faut signaler des changements de forme analogue à ceux dont nous venons de parler dans les Phanérogames. Après la naissance des spores, il faut mentionner, chez la plupart des espèces, la production d'une deuxième membrane, sorte de cuticule qui est comme sécrétée par la membrane de cellulose, qui, primitivement externe, devient alors interne. Souvent cette couche extérieure est chargée de pointes ou de dessins variés formés par des saillies, comme dans les grains de pollen; c'est elle qui se brise pour laisser saillir l'autre lors de la germination.

Les *éléments anatomiques des animaux*, au moment de leur apparition, ne sont également pas semblables à ce qu'ils seront plus tard. A mesure qu'on s'éloigne de l'instant de leur naissance, on voit qu'ils offrent un aspect un peu différent de celui qu'ils avaient antérieurement. Ces changements consistent en ce qu'ils acquièrent un volume de plus en plus considérable (*développement*) sur la plupart des espèces; en même temps des parties nouvelles naissent successivement dans leur épaisseur, au sein de la masse individualisée la première, par genèse ou par segmentation, et cela par un véritable phénomène de génération intime qui va ainsi se continuant pendant plus ou moins longtemps; telles sont des granulations moléculaires azotées, des granulations graisseuses et nucléoles dans toutes les parties qui en présentent, ou d'autres parties encore, comme on le constate sur les fibres élastiques, dans les tubes nerveux en particulier, etc. Sur d'autres éléments ce sont des stries ou une cavité avec son contenu qui se produisent. Il est des espèces, au contraire, sur lesquelles des parties qui existaient au moment de leur naissance disparaissent plus tard, comme le noyau dans certaines cellules épithéliales et autres, etc. Ce sont là autant d'états différents, caractérisant autant d'âges, si l'on peut ainsi dire, que viennent offrir les individus de chacune des *espèces d'éléments* prises *à des époques diverses*, à partir de celle de leur apparition. Ces particularités varient tant d'une espèce à l'autre, que c'est à la description de quelques-unes d'elles spécialement qu'il faut recourir pour s'en faire une idée. Mais, d'une manière générale, on peut dire que chacune trace en quelque sorte une courbe évolutive pendant la durée de son existence; courbe dont le sommet représentant l'état adulte est atteint plus ou moins tôt par chaque espèce. Cette courbe est telle, que son sommet est plus éloigné de son point de départ que de son extrémité ; en d'autres termes, il y a plus de différence entre un élément anatomique pris à l'époque de son apparition et le même élément à l'état adulte, qu'il n'y en a entre cet état adulte d'une part et le dernier degré de l'état sénile. Certaines modifications pathologiques de structure amènent seules des différences plus tranchées dans les cas dits d'*évolution aberrante* et surtout de *superfétations morbides granuleuses* ou autres. Mais, dans aucun cas, l'une quelconque des phases de cette évolution descendante, ou de ces modifications accidentelles ne reproduit l'une de celles de l'évolution ascendante ; en d'autres termes, l'élément ne revient jamais alors à l'un des états embryonnaires qu'il a possédés ; aucune des parties de la portion descendante de la courbe d'évolution n'en vient à être superposable à celles de sa portion ascendante.

A un autre point de vue, quelques auteurs ont pensé que les éléments d'une même espèce restaient d'une manière permanente, dans les organismes peu compliqués, à l'un des états qu'ils offrent temporairement sur le fœtus ou dans le jeune âge des animaux supérieurs en complication. Mais cette sorte d'arrêt naturel du développement des éléments anatomiques n'existe pas. D'après cela, ces auteurs avaient pensé qu'on pouvait éviter d'étudier chaque élément anatomique dans la série des phases de son évolution naturelle, et qu'il suffisait de considérer ces organismes élémentaires dans la série des êtres ; c'est-à-dire, qu'au lieu d'observer toutes les périodes d'évolution embryonnaire d'une fibre musculaire, on pouvait, par exemple, se contenter de l'étudier chez les Mollusques, chez les Articulés, puis sur les Poissons et enfin chez les Oiseaux et les Mammifères. Quelques-uns disent même que tel élément anatomique n'est que la modification d'une autre espèce, parce qu'en étudiant cet élément dans les Mollusques et chez les Articulés, puis dans les Poissons, par exemple, ils peuvent voir une transition insensible de l'un à l'autre. Or, cette manière de procé-

der est complétement illogique ; car il est impossible de trouver, dans un animal invertébré adulte, quel qu'il soit, une fibre musculaire qui corresponde à l'une quelconque des phases embryonnaires de la fibre musculaire de l'homme ou de quelque autre mammifère. Ainsi jamais l'étude d'un élément anatomique faite sur les animaux inférieurs ne peut remplacer l'examen embryogénique de ce même élément chez l'homme ou chez tout autre mammifère. On ne peut non plus substituer l'étude embryogénique des éléments et des tissus à l'examen de ces parties dans la succession des êtres. L'observation montre que ces deux ordres d'investigations doivent être suivis parallèlement, en quelque sorte, mais qu'ils ne peuvent se superposer l'un à l'autre, qu'ils ne peuvent se remplacer, en un mot. La raison en est facile à saisir ; un élément anatomique, à partir du moment de sa naissance, est, en effet, continu en quelque sorte avec lui-même pendant toute sa vie, durant laquelle il subit une succession de changements sans interruption. Or, pour qu'on pût remplacer cet ordre d'observations par l'examen comparatif de ces parties dans la succession des êtres, il faudrait qu'entre chacun de ces êtres il y eût une infinité d'animaux représentant l'infinité des variétés qui se trouvent entre deux points pris arbitrairement sur la courbe par laquelle on représente ce développement. Mais entre deux organismes, quelque voisins qu'ils soient, on ne peut pas placer une *infinité* d'êtres analogues, tandis que, lorsque nous suivons l'évolution d'une cellule épithéliale, d'une fibre élastique, d'une fibre musculaire, par exemple, nous avons d'une manière continue sous les yeux la même espèce d'élément anatomique. Il est donc impossible de remplacer l'examen direct de l'évolution d'un élément anatomique quelconque par l'étude de ce même élément sur une succession d'êtres, depuis les plus simples, comme les Infusoires et les polypes ou les Échinodermes, jusqu'aux plus complexes, comme les Vertébrés.

Il importe d'avoir toujours présent à l'esprit que les phénomènes de développement, quels qu'ils soient, ou de changements incessants dans les éléments anatomiques, etc., pendant toute la durée de leur existence, restent incompréhensibles si l'on cesse un instant de se rappeler que le développement est subordonné à la nutrition. On entend par là que la nutrition, par la rénovation continue des principes immédiats, fournit ou enlève incessamment des matériaux à chaque élément et devient ainsi la condition d'accomplissement de ces changements de forme, de volume et de structure qui caractérisent l'évolution. Quelles que soient les variétés secondaires que présente le phénomène du fractionnement chez les mammifères, les oiseaux, les reptiles écailleux, les mol-mollusques, les radiaires, etc., quand il est arrivé à un certain terme, quand chaque sphère est réduite à un certain volume, variable suivant les groupes d'êtres entre $0^{mm},010$ et $0^{mm},009$ ou environ, chacune des sphères passe ainsi à l'état de cellule proprement dite par formation d'une paroi ou enveloppe homogène, transparente. Cette paroi naît par solidification de la couche superficielle de la substance visqueuse qui maintient réunies les granulations des sphères de segmentation, substance qui devient de plus en plus dense et cohérente à sa surface, en sorte que bientôt il en résulte une membrane transparente bien distincte des granulations vitellines, et qu'on peut rompre et séparer du contenu qui s'échappe. Dès ce moment les cellules sont nées et ne sont plus des sphères de fractionnement, mais des éléments anatomiques de l'embryon qui ont atteint leur dernier degré de développement.

A mesure que les cellules se produisent, elles se rangent l'une à côté de l'autre, constituent ainsi le blastoderme ou vésicule blastodermique, et prennent, par la pression réciproque qu'elles exercent l'une contre l'autre, la forme polyédrique. En même temps, leur contenu granuleux, d'abord évidemment semblable aux granulations du vitellus entier, devient plus diffluent et plus transparent par diminution de nombre et de volume des granules moléculaires.

Quant au noyau, il reste tel qu'il était dans les globes vitellins : clair, transparent, dépourvu de granulations et contenant de un à quatre et même cinq nucléoles brillants, à contours nets et foncés, qui, quelquefois pourtant, sont accompagnés de quelques petites granulations moléculaires en très petit nombre.

Les phénomènes décrits plus haut, savoir, le durcissement ou condensation de la partie superficielle des globes vitellins, avec ramollissement de la partie centrale, sont ce qu'on a désigné en disant que les globes vitellins *s'entourent* d'une membrane ou enveloppe de cellule. Mais il importe de noter ici d'une manière précise que le développement de cette paroi de cellule est un phénomène qui s'opère sur place, molécule à molécule, dans le globe vitellin, aux dépens de sa matière, à laquelle s'ajoutent et dont s'éliminent certains principes immédiats par suite des actes nutritifs. Les espèces de ceux-ci ne sont pas déterminées encore, mais cet échange de principes immédiats amène un changement de nature de la substance, changement démontré par les différences de réactions des globes vitellins comparées à celles des cellules qui viennent de naître.

Ainsi la structure de chaque élément n'est pas la même, d'une manière absolue, à toutes les périodes de son existence. Mais il ne faudrait pas croire que le point de départ des éléments est le même pour toutes les espèces, c'est-à-dire qu'ils commencent par être tous identiques en naissant, quelle que soit l'espèce à laquelle ils appartiennent, et que ce sont ces changements graduels qui établissent les différences spécifiques qu'on observe de l'un à l'autre à leur période dite de plein développement ou adulte.

Si les individus de chaque espèce au moment de leur naissance ne sont pas tels qu'ils seront plus tard, il faut reconnaître aussi qu'à l'instant de leur apparition les éléments d'espèces diverses sont déjà différents les uns des autres ; que chaque espèce, dès son apparition, peut être distinguée de toute autre à la même période ou à une période plus avancée. Chacune donc, au moment de sa genèse, est bien distincte des autres en même temps qu'elle diffère notablement de ce qu'elle sera plus tard.

En résumé, on trouve dans l'organisme des parties constituantes solides, élémentaires, qui ont une configuration individuelle déterminée, et d'autres qui n'ont pas d'autre forme que celle des interstices qu'elles comblent entre les parties figurées ou les surfaces tégumentaires, glandulaires, etc., qu'elles tapissent. Celles-ci ne sont pas une provenance substantielle directe, ou proligération immédiate des éléments anatomiques figurés, mais apparaissent par genèse. Arrivées à un certain degré de développement avec ou sans genèse de noyaux dans leur épaisseur, quelques-unes d'entre elles (vitellus, couches épithéliales encore amorphes, etc.) peuvent secondairement gemmer ou se segmenter en corpuscules d'une forme et d'une structure déterminées, celles dites de cellules, qui ultérieurement s'accroissent individuellement plus ou moins, et chacune à leur manière, selon la composition immédiate de leur substance et leur siége, et par suite, selon la nature et la quantité des principes qu'elles reçoivent et assimilent. Arrivées à un certain degré de développement, ces cellules ou les noyaux peuvent se diviser également; chacun se double ainsi, pour chacun se doubler ou non de nouveau à son tour en un semblable et nullement en un dissemblable, c'est-à-dire nullement de manière que tant dans l'ovule, après la segmentation vitelline, que sur l'adulte, un élément non contractile, non doué d'innervation, etc., puisse, par exemple, émettre un corpuscule devenant peu à peu fibre musculaire, cellule ou tube nerveux, etc. C'est entre d'autres éléments ou des éléments semblables en voie de rénovation moléculaire continue que naissent par genèse, et en prenant chacun, dès l'origine, une forme et une structure spécifiques distinctes, modifiées, mais jamais renversées par l'évolution, que naissent, dis-je, ces éléments et tant d'autres, tels que les éléments élastiques, cartilagineux, osseux, etc.

Un élément anatomique ne saurait *se développer* s'il n'était déjà né; par conséquent se servir du terme *développement* comme synonyme de *naissance* constitue une erreur, dès l'instant du moins qu'il est reconnu qu'à chaque mot se rattache la notion d'un objet ou d'un phénomène, et que les mots entraînent avec eux l'idée correspondante à ces derniers. L'hypothèse de *l'emboîtement des germes* a pu seule conduire à désigner indifféremment par le même mot deux phénomènes aussi radicalement distincts que ceux de naître et de croître; elle seule a pu les faire considérer comme n'en constituant qu'un. Que l'on réfléchisse

d'autre part à la comparaison non moins vicieuse de la *sécrétion* avec la *naissance*, à l'emploi de ce terme-là comme synonyme de ce dernier que l'on retrouve souvent, et l'on verra quel trouble des idées doit résulter de cette triple confusion des notions de *génération*, de *développement* et de *sécrétion*. On ne s'étonnera plus dès lors du vague qui règne encore sur ces questions dans plus d'un écrit.

Du rôle spécial rempli par chaque espèce d'élément. — Rien de plus manifeste que le rôle particulier que sont appelés à remplir les éléments auxquels sont inhérentes, la *contractilité* chez les uns, l'*innervation* chez les autres, propriétés spéciales, surajoutées en quelque sorte chacune de son côté aux propriétés végétatives ou communes. Ils remplissent ce rôle directement en vertu même de leurs attributs spéciaux. Rien de plus tranché par conséquent que ce dont ces éléments sont facteurs, si l'on peut ainsi dire. Mais les éléments qui sont dans ce cas sont peu nombreux. Reste le nombre bien plus considérable de ceux qui ne jouissent pas de propriétés animales, et n'ont d'autres qualités d'ordre vital que les propriétés végétatives fondamentales.

Peut-être pourrait-on croire d'après cela que ces éléments remplissent tous un même rôle physiologique et peuvent, sous ce rapport, être rapprochés ou confondus sans inconvénient. Ce serait là commettre une grave erreur.

D'abord chaque espèce se nourrit, se développe et se reproduit avec des degrés différents d'énergie et de rapidité, tant à l'état normal qu'à l'état pathologique, et ce fait devient surtout manifeste dans ces dernières conditions.

Mais pourtant là n'est pas encore le rôle que chacun doit remplir. Ce rôle consiste en un mode spécial d'activité surajouté en quelque sorte à ces propriétés végétatives qui lui sont inhérentes, qui sont les conditions de son existence au point de vue dynamique sans lesquelles en un mot il n'existerait pas.

Il est des éléments chez lesquels le rôle particulier qu'ils remplissent dans l'économie repose sur quelqu'une des qualités d'ordre physique qu'il présente, à un haut degré d'exagération en quelque sorte, par rapport aux autres espèces d'éléments anatomiques. C'est ainsi, par exemple, que le rôle spécial que jouent les fibres élastiques dans beaucoup de tissus, et dans celui de ce nom en particulier, reconnaît pour condition l'exagération, par rapport aux autres espèces d'éléments, de son élasticité, l'une de ses propriétés d'ordre physique.

La propriété de former des organes de sustentation résistants, peu élastiques, que possède le tissu osseux, reconnaît pour cause le haut degré de consistance que possède l'élément osseux par rapport à la plupart des autres espèces d'éléments. C'est en raison de cette particularité d'ordre physique, que le tissu composé principalement par cet élément est doué de cette résistance qui en forme le principal attribut caractéristique au point de vue des usages du système osseux.

Le rôle particulier de l'élément cartilagineux ne repose pas sur l'une de ses qualités végétatives, mais sur sa consistance et son élasticité à la fois, propriétés physiques qu'il possède à un degré à peu près égal, mais bien plus prononcé que beaucoup d'autres espèces à l'exception des deux précédentes.

Toujours du reste ces particularités caractéristiques du rôle spécial rempli par les éléments anatomiques se trouvent subordonnées aussi, dans de certaines limites, à leur forme, à leur volume et à d'autres caractères d'ordre mathématique.

Nous verrons chemin faisant les attributs physiologiques spéciaux des éléments dépendre de ce que quelques-unes de leurs propriétés hygrométriques ou d'ordre chimique sont très prononcées chez eux, plus que sur les autres espèces, soit au point de vue de la résistance à l'influence de beaucoup d'agents, soit au point de vue de leur facilité à se combiner avec eux. Ils dépendent aussi fréquemment de ce qu'ils présentent quelques particularités de structure caractéristiques. C'est ainsi que le rôle de conduit vecteur des fluides est, dans les capillaires, dû à leur disposition tubuleuse; que celui de protection que jouent le myolemme et le périnèvre est dû à cette même disposition associée à un certain degré de résistance et d'élasticité.

Mais pour la plupart des espèces d'éléments qui, en fait de propriétés d'ordre vital,

ne possèdent que les végétatives, le rôle spécial que remplit chacune d'elles est la conséquence de ce que l'une ou l'autre de ces trois qualités élémentaires s'y manifeste sous quelque rapport remarquable, soit d'une manière absolue, soit comparativement aux autres espèces d'éléments qui l'accompagnent dans un tissu.

Plusieurs, par exemple, remplissent un rôle spécial par suite de particularités relatives à la nutrition qu'elles présentent; soit parce que par suite de leur composition propre, elles assimilent certains principes immédiats à l'exclusion des autres, ou au contraire parce que, une fois formés dans l'épaisseur de ces éléments il est de ces principes qui sont désassimilés aussitôt, ou du moins en proportion considérable comparativement à ce qui a lieu dans les autres espèces d'éléments. Il en résulte qu'indépendamment de leur nutrition propre, ces éléments remplissent un rôle particulier qui a cette propriété pour condition d'existence, et qui se rapporte à la nutrition générale du tissu dont ils font partie.

C'est ainsi que les cellules qui entrent dans la composition de la moelle des os jouent un rôle spécial qui se rapporte à la nutrition du tissu osseux ; acte qui dans ce dernier est solidaire de celle du tissu médullaire, en raison des principes qu'assimilent et désassimilent ses éléments.

C'est ainsi, d'autre part, que le rôle si tranché des hématies dans le sang, par rapport à la dissolution des gaz destinés à être assimilés et de ceux qui, désassimilés, doivent être expulsés, repose sur une sorte d'exagération de leurs qualités dissolvantes relativement aux gaz en particulier, comparativement à ce que nous offrent les autres éléments placés dans des conditions analogues.

D'autres espèces, comme les vésicules adipeuses, s'assimilent les principes gras plus que les autres. Quelques-unes, douées surtout de qualités assimilatrices par rapport à certains principes ou à la plupart d'entre eux, comme les cellules épithéliales prismatiques, jouent un rôle important dans les tissus où ont lieu d'actifs phénomènes d'absorption.

D'autres, douées d'une exagération des qualités élémentaires de désassimilation, remplissent surtout un rôle dans les parenchymes glandulaires, pour les actions sécrétoires en un mot, actes qui se trouvent à l'état d'ébauche dans la désassimilation en général de chaque espèce d'élément.

Des particularités analogues, plus tranchées encore, se rattachant à la propriété de naissance, à son mode dit de reproduction surtout, s'observent sur les ovules et les spermatozoïdes spécialement, et sont la condition d'existence de leur rôle caractéristique dans la fonction de génération.

C'est de la sorte que repose sur ces faits élémentaires toute l'interprétation de la nature de certaines fonctions, comme la respiration, l'urination, la reproduction, etc., et celle des propriétés d'un grand nombre de tissus.

On voit donc, d'après le succinct exposé précédent, comment la nutrition générale résulte de l'exagération de l'assimilation par un élément anatomique relativement à un principe immédiat déterminé comme tel ou tel gaz, ou comme les principes gras, les sucres, certains sels, etc., etc., quand il s'agit d'éléments de quelque autre espèce. De là résultent d'autre part, soit l'absorption, les sécrétions, selon que l'acte d'assimilation pour tel principe, ou la propriété de formation désassimilatrice pour tel autre, l'emporte au sein des éléments anatomiques qui composent principalement les tissus dans lesquels ont lieu ces phénomènes.

Mais à l'exception des hématies, cette étude reste encore à faire pour toutes les espèces d'éléments anatomiques. Ce fait ne doit pas surprendre, puisque la question est posée pour la première fois, et puisque l'histoire des éléments anatomiques est à peine reconnue comme distincte de l'*histologie*.

Des moyens d'observation employés pour l'étude des éléments anatomiques. — Chaque élément présentant une composition moléculaire spéciale, l'expérience a conduit à découvrir un ou plusieurs agents en rapport avec celle-ci, qui dissolvent l'élément ou le laissent intact, de manière à mettre en évidence ses caractères essentiels ou ses altérations, de manière à l'isoler de ceux qui l'entourent, etc. Il y a donc là, comme on le voit, tout un ordre d'enseignement, qui consiste à voir à propos de chaque élément, de chaque tissu sain ou malade, quels sont les réactifs qui doivent

être employés dans leur étude, puis en quelle proportion il faut en user, de quelle manière et combien de temps il faut les faire agir sur chacun d'eux.

Les parties élémentaires, directement actives dans chaque animal ou végétal dont la réunion dans un ordre déterminé a pour résultat la formation des tissus et par suite des organes, étant trop petites pour être perceptibles à l'œil nu, le moyen principal d'étude en anatomie générale est le microscope. Lui seul peut nous déceler la présence de ces corps, et son emploi est inévitable dès qu'il s'agit de leur examen. Cet instrument faisant voir des objets dont il était impossible de découvrir l'existence avant qu'il fût connu, nous a révélé comme parties constituantes de nos tissus tout un ordre de corps dont jusqu'alors on n'avait pas d'idée ; et de cet ordre de particules il ne montre pas seulement l'existence, la forme, la superficie ; mais par la nature même de sa construction, il nous permet d'examiner à la fois leur surface et leur profondeur, leur structure intime.

En même temps ce mode d'examen nécessite tout un nouvel ordre d'interprétations, parce qeu les objets découverts à l'aide de cet instrument sont vus par transparence, à l'aide de la lumière transmise et réfractée au travers de leur épaisseur. De là ressort la nécessité d'une éducation expérimentale telle que celle exigée par tout instrument de précision, car les éléments des tissus, les principes cristallins ou non, déposés par certaines humeurs excrétées, ne sont pas vus à l'aide de la lumière réfléchie par leur surface seulement, comme le sont les corps que nous avons communément sous les yeux ; aussi serait-on conduit à des erreurs, attribuées à tort à l'instrument même sous le nom d'*illusions d'optique*, si sans cette éducation préalable on venait à vouloir interpréter les impressions causées par les objets microscopiques de la même manière que celles que nous devons aux corps visibles à l'œil nu. De là vient enfin que l'anatomie générale, plus encore que l'anatomie descriptive, ne peut pas être entièrement apprise dans les livres seulement, sans observer directement les éléments anatomiques et les tissus, tellement est spécial l'aspect de ces corps vraiment nouveaux et dont l'examen de ceux qui sont visibles à l'œil nu ne donne aucune idée.

Une fois les éléments anatomiques isolés, mis en évidence sous le microscope, il faut étudier leurs caractères d'ordre physique relatifs à leur consistance, à leur élasticité, à leur couleur et leurs caractères d'ordre chimique relatifs aux actions colorantes, coagulantes ou dissolvantes des agents physiques et chimiques. L'importance pratique de la connaissance de chacun de ces ordres de caractères devient particulièrement prédominante lorsqu'on arrive à l'examen des réactions décelant les analogies et les différences de la composition immédiate de chaque espèce. La raison de ce fait est que la connaissance de ces données nous place plus près des conditions moléculaires des actions exercées par chacune d'elles, et elle nous rapproche davantage des notions relatives à leur état d'organisation, c'est-à-dire des conditions les plus directes de leur activité organique. Ce qui rend la connaissance de ces caractères plus importante encore que celle des caractères d'ordre physique, ou de ceux de forme et de volume, lorsqu'il s'agit de distinguer les éléments anatomiques d'une espèce de ceux d'une autre espèce, c'est que, par exemple, deux éléments de même forme, de même dimension, de même consistance, etc., ne peuvent être considérés comme étant de même espèce s'ils réagissent différemment, si l'un, par exemple, est attaqué par l'acide acétique lorsque l'autre ne l'est pas. Aussi nulle description des éléments n'est-elle acceptable, quand il s'agit de déterminer une espèce de l'un d'eux, si l'indication comparative des caractères de cet ordre a été omise. On *détermine ainsi la nature* d'un élément anatomique en tant qu'appartenant à telle ou telle espèce, par la détermination de son siége, de sa forme, de son volume, de sa consistance, de ses réactions chimiques et de sa structure, comparés entre eux dans le plus grand nombre possible des phases de son évolution, soit normale, soit même pathologique. C'est ainsi que les épithéliums nucléaires sphériques sans nucléoles des vésicules closes des glandes ou ganglions lymphatiques ont été déterminées, comme appartenant à l'espèce *épithélium* non-seulement en raison de leur disposition intra-

glandulaire, de leurs caractères individuels, mais encore parce que dans certaines conditions accidentelles on les voit passer à l'état de cellules épithéliales polyédriques, de la même manière que le font normalement les épithéliums de cette variété dans les organes qu'ils concourent à former. Dans d'autres circonstances ils s'hypertrophient et leur structure se modifie accidentellement comme le fait dans de semblables circonstances celle des noyaux d'épithéliums du testicule, des muqueuses, etc., et non comme le fait celle des autres espèces d'éléments cellulaires, tels que les leucocytes, les médullocelles, etc.

On sait que, dans toute étude, les procédés à employer doivent indispensablement être corrélatifs à la nature des objets, c'est-à-dire de leurs divers ordres de caractères. Les difficultés de toute investigation se réduisent en effet à l'incertitude dans laquelle on se trouve nécessairement touchant le genre et la délicatesse des moyens à employer pour constater les caractères sus-indiqués, dès qu'il s'agit de corps qu'on n'a pas encore observé.

On comprend facilement, d'après ce qui précède, que les procédés destinés à faire connaître les éléments anatomiques doivent différer sous plusieurs rapports fondamentaux de ceux qui ont pour but l'examen des tissus, c'est-à-dire l'arrangement réciproque et l'intrication d'éléments anatomiques, le plus souvent de plusieurs espèces.

Lorsque les éléments anatomiques sont très transparents, leurs divers caractères peuvent être constatés lors même qu'ils restent juxtaposés sur un fragment de tissu enlevé à l'aide d'une coupe pratiquée avec des ciseaux, un rasoir ou un scalpel. Mais le plus souvent il est nécessaire pour les bien examiner de les isoler tout à fait; ordinairement on doit le faire par la dilacération de ce fragment pratiquée dans l'eau, un sérum, etc., avec des aiguilles inflexibles, droites ou courbes. Plus rarement il faut racler directement le tissu qui donne alors une pulpe composée d'éléments dont quelques-uns sont brisés, mais qui, vu leur petit volume, restent la plupart entiers et peuvent alors être soumis aux réactifs, et mis en mouvement pour voir successivement leur épaisseur et leur largeur. Dans l'un et l'autre cas, mais surtout dans le premier, il peut être nécessaire de rendre la séparation des éléments plus facile par le séjour de l'organe dans l'acide azotique ou dans l'acide chlorhydrique très étendus, dans l'acide acétique, etc. Lorsque les tissus sont durs et transparents comme la corne, le cartilage, etc.; lorsqu'ils sont durs et opaques comme les os, les dents, les diverses variétés de test, de carapace, etc., des coupes amincies permettent seules d'en observer les éléments. Le problème à résoudre est au contraire fort différent lorsqu'il s'agit d'étudier l'arrangement *réciproque* des tubes nerveux, des vaisseaux, etc., entre eux et par rapport à d'autres éléments, la disposition des tubes ou des vésicules glandulaires entre et dans la trame ambiante, l'ordre de superposition des membranes formées d'éléments divers, comme dans les artères, les veines, l'intestin, etc., le mode de groupement d'organes de petit volume, comme les glandes et les follicules pileux, les ovisacs, etc.; alors il faut agir, non plus par dilacération, raclage, etc., comme dans le cas où il faut voir leurs parties constituantes, élémentaires même, mais pratiquer des coupes assez minces pour être transparentes et permettre de voir les éléments, soit entiers, soit le plus souvent tronqués par la section, mais reconnaissables quand on les a d'abord étudiés individuellement avant d'observer et de vouloir interpréter leur arrangement par rapport aux autres. Dans cet ordre d'études, si les tissus ne sont pas naturellement durs, il faut les ramener aux tissus résistants, bien qu'encore susceptibles d'être tranchés, durcissement que l'on obtient à l'aide de divers réactifs coagulants, durcissants, aidés ou non de l'emploi de ceux qui sont colorants. Voy. HISTOLOGIE.

Les moyens d'observation des éléments anatomiques diffèrent trop du reste de l'un à l'autre pour qu'il soit possible ici de sortir de ces indications générales, et d'entrer dans les détails qu'exigerait l'exposé des moyens d'examen de chacun d'eux.

De la nutrition des éléments anatomiques. — Aux données exposées plus haut touchant la génération des éléments anatomiques, il importe d'ajouter les suivantes qui concernent leur *nutrition*, afin de rendre complète leur étude physiologique.

On donne le nom de nutrition à cette propriété de la substance organisée qui est caractérisée par le double acte de *composition* et de *décomposition* simultanées que présente, d'une manière continue et sans se détruire, toute substance organisée, tant amorphe que figurée, placée dans des conditions convenables, tant intimes qu'extérieures.

La nutrition s'accomplit dans les éléments anatomiques, tant amorphes que figurés, dans les blastèmes et dans les plasmas. C'est à ces parties élémentaires que ce phénomène fondamental de l'économie doit être rapporté dans ce qu'il a d'essentiel ou de moléculaire, et non aux tissus, ou encore moins aux organes ou à l'économie prise en masse. En parlant de la nutrition, beaucoup d'auteurs n'ont pas eu en vue les *principes immédiats* qu'ils ne connaissaient pas encore, en tant qu'agents directs de la rénovation continue de la substance organisée; ils prenaient en considération les aliments qui entrent d'une part, les produits d'excrétion de l'autre, comme agents, et ensuite l'organisme ou quelques tissus séparément, comme siége du phénomène. Bichat rattache la nutrition tantôt aux humeurs et aux tissus, tantôt aux organes. Schwann paraît être le premier qui l'ait rapportée réellement aux éléments anatomiques, en ce qui concerne l'anatomie des animaux, lorsqu'il dit que *puisque les cellules sont les formes élémentaires primaires de tous les organismes, la force fondamentale des organismes se réduit à la force fondamentale des cellules* (Schwann, *Mikroskopische Untersuchungen*, 1838, in-8°, p. 221 à 233). Depuis lors, tous ses successeurs ont suivi cet exemple. Ce n'était là, du reste, qu'une application, aux animaux, de ce que de Mirbel avait fait depuis longtemps pour les plantes, en montrant: 1° que leur tissu est composé d'*utricules* ou *cellules* (*Recherches anatomiques sur le Marchantia polymorpha*; Paris, 1831-1832, in-4°, p. 16), que les *tubes et vaisseaux des plantes ne sont que des cellules très allongées* (*Exposition de la théorie de l'organisation végétale*; Paris, 1809, in-8°, p. 124); 2° que toute *partie nouvelle*, tout *accroissement* dans une partie ancienne, étant occasionnés par la *nutrition*, s'annoncent nécessairement par un dépôt de *cambium* (*matière mucilagineuse formatrice* pour Grew, Malpighi et ordinairement pour Mirbel aussi, qui d'autres fois donne encore ce nom au tissu cellulaire récemment produit aux dépens de cette matière) ; et, selon la loi constante de la *génération*, ce produit est de même essence que la matière organisée qui l'a engendré (Mirbel, *Cours complet d'agriculture;* Paris, 1834, in-8°, t. V, p. 85) ; 3° que le végétal se compose tout entier d'une masse utriculaire, l'*utricule* étant le seul élément constitutif dont nous puissions reconnaître l'existence au moyen de l'observation directe (Mirbel, *Examen critique, etc.*, in *Comptes rendus des séances de l'Académie des sciences;* Paris, 1835, in-4°, t. I, p. 151); 4° que *ces cellules ou utricules sont autant d'individus vivants, jouissant chacun de la propriété de croître, de se multiplier, de se modifier dans certaines limites, travaillant en commun à l'édification de la plante, dont elles deviennent elles-mêmes les matériaux constituants. La plante est donc un être collectif* (Mirbel, *Nouvelles notes sur le cambium,* in *Comptes rendus des séances de l'Académie des sciences;* Paris, 1839, in-4°, t. VIII, p. 649). Schleiden avait dit aussi : la cellule est un petit organisme ; chaque plante, même la plus élevée, est un agrégat de cellules complétement individualisées et d'une existence distincte en soi (*Beitræge zur Phytogenesis,* in *Archiv für Anat. und Physiologie.* Berlin, 1838, in-8°, p. 137 et 138).

Ce sont, en fait, les *propriétés végétatives* de la substance organisée que les anciens désignaient sous les noms d'ANIMA VEGETATIVA et de VEGETATIO : *ita vocatur proprie illa actio naturalis, qua omnia corpora vere viventia gaudentium a* PRIMO ORTU NUTRIUNTUR et AUGMENTANTUR, *debitamque magnitudinem adepta in vigore proprio vitali conservantur.* C'est, en particulier, la propriété de *donner naissance,* qu'ils appelaient à juste titre *force plastique* et *plasticité,* ἡ δύναμις πλαστική, *ita dicitur vis plastica sive facultas formatrix, quæ eadem est cum anima vegetativa, sive principium illud vitale activum, inesse semini masculo in generationis negotio, e motu intrinseco et locali resultans, ovuli feminei corpusculum fecundans et ex illius materia corpusculum cum suis membris et partibus efformans.* (Castelli, *Lexicon medicum.* Genevæ 1746,

in-4° p. 276). On voit que, dans l'état actuel de la science, on ne peut considérer ces qualités de la substance organisée comme séparables de celle-ci, et que les mots précédents ne désignent nullement une force spéciale, différente des propriétés connues de la substance organisée. On voit également par quelle erreur de logique, ayant sa source dans l'ignorance où l'on était de ces propriétés, l'épithète de *plastique (plasticus,* πλαστικός, *id est formans)* a été appliquée *aux organes* qui préparent les matériaux qui, plus tard, servent à la nutrition, tels que ceux des appareils digestifs, respiratoires, etc., à certaines productions morbides, etc. (*organes plastiques, productions plastiques,* etc.). On voit enfin que c'est par suite de la même erreur que l'on a appelé *plasticité* la nutrition en général et l'assimilation en particulier, surtout depuis Burdach (*Physiologie.* Paris, 1837, in-8°, t. VIII, p. 408).

La nutrition est la plus générale de toutes les propriétés qu'on observe dans la substance organisée. Toutes les autres propriétés vitales supposent la nutrition; elle est une condition d'existence de toutes les autres, tandis que les seules conditions nécessaires à sa manifestation sont des conditions physiques et chimiques, un milieu convenable en un mot. Dès qu'elle cesse, toutes les autres propriétés cessent également, et l'on désigne cet état par le nom de *mort;* il n'y a mort, à proprement parler, que lorsque la nutrition a cessé, et dans l'ordre naturel, cette cessation est postérieure à celle de toutes les autres propriétés. Dès qu'a cessé la nutrition, la substance organisée, amorphe ou figurée, ne présente plus que les seules propriétés qu'elle partage avec les corps bruts, et bientôt elle se décompose, à moins qu'on ne la combine à des corps plus stables, comme les sels métalliques, ou qu'on ne la place dans certaines conditions physiques particulières, comme hors du contact de l'air, ou dans un état de dessiccation plus ou moins complet.

On ne saurait trop insister sur ce fait 1° que toutes les autres propriétés d'ordre vital que possède la substance organisée sont subordonnées à celle-là; 2° que les phénomènes de développement, de reproduction, et les résultats qu'ils produisent, l'état auquel ils amènent les éléments, varient et diffèrent incessamment, si la nutrition varie ; 3° que les parties qui grandissent, se reproduisent, se contractent ou sentent, étant en voie de rénovation continue pendant que se passent ces phénomènes-là, les résultats du développement, de la reproduction, de la contraction ou de la sensation seront différents d'une manière incessante, suivant les conditions dans lesquelles s'opère la nutrition.

Ce sont là des faits qu'il ne faut pas cesser de prendre en considération toutes les fois que l'on envisage l'un de ces phénomènes de la vie animale ou les éléments anatomiques qui en sont le siége, puisque là est la cause des variations secondaires sans nombre que chacun d'eux présente constamment.

C'est à cette rénovation, variable du reste en rapidité d'un élément à l'autre, que sont dus ces changements graduels qui font que nul d'entre eux n'est le lendemain ce qu'il était la veille, et qui conduisent graduellement à l'état sénile, devenant bientôt tel, que la rénovation ne pouvant plus avoir lieu dans les éléments de certains tissus, ceux-ci perdent leurs propriétés. Les organes dont ils font partie cessent par suite leur jeu et, selon leur importance, entraînent la cessation subite ou successive de l'action des autres organes, ce qui cause la mort.

C'est, d'autre part, à cette rénovation continue qu'est due cette particularité, que l'organisme humain, par exemple, agissant chaque jour presque continuellement, dure un plus grand nombre d'années que la majorité des appareils composés de matière brute dont l'homme use journellement.

Comme il est constant, d'autre part, que les éléments anatomiques, et, par suite, les tissus qu'ils composent par leur enchevêtrement, reproduisent dans leur constitution un type ou plan déterminé, toujours le même dans des limites de variations très restreintes, c'est à cette rénovation qu'est due l'amélioration de la santé qu'amènent toutes les médications générales ; c'est-à-dire celles qui modifient ou activent la nutrition de la totalité ou de la majorité des tissus. En effet, lorsque des tissus malades (ayant leurs éléments anatomiques hypertrophiés,

atrophiés, déformés ou même comprimés par des substances amorphes, interposées à eux) et se nourrissant mal, viennent, par des moyens tels que les médications dites générales, à être replacés de nouveau dans de bonnes conditions d'active rénovation nutritive, leur développement se trouve modifié d'une manière correspondante à la nutrition. Les éléments, dans cette modification, tendent graduellement à reprendre le type normal, d'où résultent l'amélioration ou guérison des organes et le retour à la santé, c'est-à-dire à l'accomplissement, à la manifestation régulière des propriétés de la vie animale chez les éléments qui, sous l'influence de cette rénovation active, sont revenus à l'état de leur constitution habituelle.

La nutrition est la propriété vitale la plus simple, puisqu'elle consiste uniquement dans le fait continu de combinaison et de décombinaison simultanées des principes immédiats qui constituent la substance organisée. On tenterait aussi vainement d'expliquer cette continuité et cette simultanéité, que la connexité qui fait toujours dépendre les attributs les plus élevés de la substance organisée des plus grossières propriétés. Aucune contradiction absolue ne nous empêche de rêver la nutrition ou même la pensée, par exemple, chez des êtres complétement inaltérables, fait qui a même été souvent admis dans l'origine de la science ; mais l'observation n'a jamais confirmé une seule de ces suppositions. Partout où la substance demeure moléculairement invariable, il n'existe nonseulement aucune trace de sensibilité ou de contractilité ; mais pas même le moindre rudiment de nutrition, de développement ni de reproduction.

Pour que la nutrition s'accomplisse, il faut que la substance organisée se trouve placée dans certaines conditions d'humidité, de consistance, de température et autres conditions physiques très complexes, quelle que soit, du reste, l'intégrité de sa constitution moléculaire. Il suffit que l'une ou l'autre de ces conditions soit modifiée ou cesse d'être remplie pour voir la nutrition, et par suite tous les actes qui lui sont subordonnés, modifiés à leur tour ou même interrompus. D'autre part, ces conditions restant les mêmes, il suffit que la composition de certains principes immédiats, ou que leurs proportions soient changées dans telle ou telle espèce d'éléments, pour que la nutrition également cesse ou soit modifiée. C'est spécialement par suite de ces modifications, survenant graduellement dans la constitution de la substance organisée, et comme conséquence des actes de combinaison et de décombinaison incessante dont elle est le siége, que la nutrition, et par suite la vie, ne se montre jamais que temporaire, bien que les conditions extérieures précédentes restent les mêmes. C'est de la sorte que tout corps organisé finit par rentrer dans les conditions des corps bruts lorsque ses principes constituants ne sont pas assez renouvelés, ce qui caractérise essentiellement la mort.

Il faut encore, pour que la nutrition ait lieu, que des matériaux ou principes immédiats divers soient apportés au voisinage de chaque élément anatomique, car, faute de ces principes immédiats, le phénomène cesse naturellement, ou au moins l'assimilation cesse et la désassimilation continuant, la mort survient bientôt ; il n'est pas moins indispensable que les principes formés aux dépens de la substance organisée rencontrent les conditions nécessaires à leur issue, car s'ils ne sont pas éliminés la mort ne survient pas moins fatalement, que si l'arrivée des matériaux destinés à remplacer ceux-ci vient à cesser.

La nutrition des plasmas rend possible celle des éléments anatomiques proprement dits, en apportant les principes qui doivent être assimilés, et ce sont eux qui emportent ceux qui se sont formés par désassimilation ; la nutrition sera réparatrice réellement ou cause de troubles généraux, selon l'état et la nature des principes qui composent ces fluides.

Actes élémentaires dont la simultanéité caractérise la nutrition. — Les conditions qui viennent d'être indiquées existant (et elles sont telles habituellement), on observe les phénomènes suivants :

Il y a, d'une part, pénétration endosmotique de principes immédiats, phénomène physique par lequel ces principes se répandent molécule à molécule dans l'épaisseur de la substance organisée (*intussusception*) ; puis il y a combinaison de ces mêmes principes avec ceux de cette substance, et formation de composés nouveaux, semblables ou non à ces derniers, à l'aide de ceux qui viennent de pénétrer. C'est là le fait caractéristique de l'*assimilation*, c'est-à-dire de ce phénomène par lequel des principes deviennent semblables à ceux qui existaient dans l'élément anatomique ; mais la pénétration endosmotique, phénomène précédent, est la condition de l'accomplissement de celui-ci.

Il y a, d'autre part et simultanément, formation et dissolution de principes différents des premiers, ce qui caractérise la *désassimilation*, mais avec issue exosmotique de ces composés, comme condition physique de l'accomplissement de ce phénomène.

Ainsi, pénétration endosmotique, formation et combinaison de certains principes immédiats, dont quelques-uns sortent par exosmose, tels sont les phénomènes élémentaires dont l'accomplissement continu a pour conséquence la rénovation incessante de la substance des éléments anatomiques et caractérise la nutrition.

Il y a, comme on le voit, pour chaque espèce d'élément anatomique : .

1° Des principes qui entrent ;

2° Des principes qui sortent ;

3° Et d'autres qui restent (1).

Pour chaque espèce aussi, ces principes sont différents.

La nutrition est la condition d'existence du développement, et, par suite, de toutes les autres propriétés d'ordre vital.

(1) On comprend que pour étudier avec précision la nutrition, que pour déterminer exactement sa nature, il fallait surtout connaître les principes immédiats qui entrent, ceux qui sortent et ceux qui composent les plasmas et les éléments anatomiques. Les anciens ne les connaissant pas décrivaient le phénomène en masse, si l'on peut ainsi dire, au point de vue de la rénovation du corps en général, de quelques-uns de ses organes en particulier, en ne tenant compte que de la quantité des aliments ingérés, comparée à celle des produits d'excrétion et à la rapidité des actes. Ils ne confondaient pourtant point cette propriété élémentaire, devenant une force par rapport aux phénomènes plus complexes, avec les fonctions, actes d'un autre ordre, dont celui-ci est la condition d'existence. L'habitude, prise depuis Bichat, de classer parmi les fonctions la nutrition envisagée dans l'organisme entier, a pourtant conduit à la considérer comme une *fonction des cellules*, ainsi que l'ont fait Henle (*Anatomie générale*, 1843 t. 1, p. 206) et ses successeurs, ou peut-être à donner au terme *fonction* la signification du mot *propriété*, qui est bien différente. Dans tous les cas, il résulte de l'une comme de l'autre de ces confusions une extrême difficulté à comprendre beaucoup d'auteurs, et des erreurs graves et nombreuses pour l'étude des autres phénomènes de l'économie.

La prédominance de l'assimilation sur la désassimilation est la condition essentielle du développement des éléments anatomiques.

La prédominance de la désassimilation sur l'assimilation est la condition du décroissement ou de l'atrophie qui peut aller jusqu'à la disparition complète de tel ou tel élément.

Les résultats de l'un et de l'autre de ces phénomènes, la composition et la décomposition, peuvent être suivis à l'aide des sens. On peut, en effet, voir grandir les cellules végétales ou animales, soit sur l'embryon, soit sur les épithéliums, dans le pus, etc., ou bien les fibres musculaires, etc. On peut voir se former, dans leur épaisseur, d'après les conditions où elles se trouvent, des grains d'amidon, de chlorophylle (cellules végétales), des granulations graisseuses ou d'autre nature, ce que montrent les cellules des cartilages et autres. Réciproquement, leur atrophie graduelle peut être constatée facilement dans les cellules de la notocorde, dans les cellules épithéliales des larves de *Triton* qu'on laisse vivre, sous le microscope, dans de l'eau trop peu aérée ; c'est ce qu'on voit encore pour le noyau des cellules épithéliales dont on suit la disparition dans l'épiderme cutané, la formation des ongles, etc.

De ces deux mouvements continus de composition et de décomposition, qui ont pour conséquence nécessaire la rénovation continue plus ou moins rapide, suivant qu'il s'agit de tel ou tel d'entre les éléments, des principes immédiats qui les forment, le premier l'emporte dans le jeune âge et réciproquement, d'où résulte leur agrandissement.

Ce double mouvement est plus rapide sur l'être encore jeune que chez le vieillard : le fait est prouvé par la coloration et la décoloration des os par la garance, plus promptes dans le premier que chez le second. C'est sur les adultes et les vieillards que, dans les éléments, le mouvement de décomposition se ralentit ; car, chez eux plus que sur les enfants, on trouve, dans certains organes, le dépôt de diverses substances dans l'épaisseur des fibres, des cellules, etc. Sur les jeunes sujets, c'est une tendance à la naissance de nouveaux éléments qui existe bien plus manifestement

encore que la prédominance de l'assimilation. C'est cette génération incessante qui amène principalement l'accroissement des tissus et, par suite, de l'organisme ; il faut se garder de la confondre, comme on le fait souvent, avec la *nutrition* des éléments ; car la nutrition totale des tissus résulte de celle de chaque élément pris à part, et leur accroissement, de la multiplication de ceux-là, autant et même plus que de leur développement.

Ainsi, il y a échange continuel entre ceux des principes immédiats qui font partie des éléments et ceux qui, arrivés dans les plasmas, n'en font pas encore partie. Ceux-ci doivent remplacer et chasser les premiers, et la santé n'est autre chose qu'un résultat de la régularité de cette succession de combinaisons et de déplacements. Pour peu que les deux mouvements cessent de se correspondre, pour peu que l'équilibre vienne à se rompre, la proportion nécessaire de la destruction et de la rénovation nutritive est changée, il y a maladie. Il n'y a pas, dans les corps organisés, d'autre force *de résistance vitale* contre l'action destructive des agents extérieurs que celle-là ; cette prétendue force n'est rien autre que le double mouvement continu de composition et de décomposition amenant la rénovation moléculaire.

Les éléments anatomiques peuvent se combiner avec un très grand nombre des principes en présence desquels ils sont mis. Le propre de ces combinaisons faites dans l'état naturel, c'est l'instabilité ; plus elle est grande, plus l'animalité est prononcée et réciproquement ; plus aussi il est facile d'interrompre le cours régulier de la composition et de la décomposition, c'est-à-dire de la vie. Ainsi, dans les végétaux et les *produits* animaux, l'instabilité des combinaisons est peu marquée ; les principes sont énergiquement fixés et combinés, ils s'en vont difficilement ; il faut employer des acides puissants pour enlever successivement les principes qui se sont ajoutés aux premiers formés dans chaque cellule ; or, là aussi la vitalité est difficile à faire disparaître ; dans les plantes même, elle recommence facilement après avoir cessé dès qu'on remet ces éléments dans des conditions un peu favorables à leur nutrition habituelle.

Il n'en est pas de même chez les animaux

dans les éléments des tissus constituants ; ici la rénovation est rapide et le mouvement de composition et de décomposition ne peut pas être suspendu quelque temps sans cesser tout à fait, sauf chez les animaux d'une organisation très simple, comme beaucoup d'infusoires. Le peu de fixité des combinaisons se manifeste par la facile décomposition des éléments. Dans les plantes, comme chez les animaux, mais plus aisément sur ceux-ci, dès qu'une combinaison est trop stable, dès qu'elle ne peut se décomposer rapidement, c'est la mort de l'élément qui a lieu.

Tout cesse dès que la décomposition s'arrête. Il en est de même quand c'est l'assimilation qui ne s'opère plus et que le mouvement de décomposition désassimilatrice continue, ce qui amène l'atrophie ou même la disparition complète; mais, dans ce cas, le phénomène est lent, graduel et presque insensible. Il résulte de l'absence de l'afflux de principes convenables, ou de l'impossibilité où ceux-ci se trouvent de pénétrer régulièrement dans la substance de chaque élément, par suite de changements survenus dans l'état physique de ces corps, tels qu'une compression prolongée, par exemple ; on sait, en effet, que celle-ci change d'une manière notable et évidente les conditions de l'échange endosmotique des principes nutritifs, et influe manifestement de la sorte sur l'atrophie des éléments. Mais ce ne sont pas des phénomènes aussi rapides, ni aussi intenses que ceux dus à l'influence de la combinaison des sels métalliques avec les éléments, comme cela a lieu dans les cas d'empoisonnements.

Il importe de ne jamais perdre de vue que c'est sur la connaissance des faits précédents que repose toute la validité des interprétations de la thérapeutique pharmacologique. Il n'y a, en effet, pas d'autre *vis medicatrix naturæ* que la nutrition. Les médicaments sont des *principes immédiats accidentels*, qui n'ont pas d'autre action que d'intervenir, dans la nutrition, avec les autres principes immédiats, et de favoriser ou d'empêcher le mouvement d'assimilation ou de décomposition, d'après les nouvelles conditions dans lesquelles leur intervention place les éléments ou l'espèce d'éléments dont la nutrition est altérée. Dans leur administra-

tion, toutefois, on est forcé de tenir compte des modifications qu'ils apportent à la vie des éléments qui ne souffrent pas ; et les *spécifiques* ne sont autre chose que des corps qui n'agissent que de telle ou telle manière sur tous les éléments à la fois, ou bien ceux qui n'agissent que sur une seule, sans modifier notablement les autres. Le degré d'action de ceux-là peut, du reste, varier d'intensité, suivant chaque espèce d'élément anatomique.

La thérapeutique pharmacologique s'adresse à la substance organisée elle-même ; c'est en modifiant celle-ci qu'elle en modifie les actes. Un médicament est, en effet, un corps simple ou composé, introduit par une voie quelconque, qui vient faire partie temporairement ou d'une manière permanente de la substance organisée des humeurs ou des éléments de quelqu'un de nos tissus ; il modifie les propriétés qui leur sont immanentes, de telle ou telle manière, selon sa nature, sa quantité, etc. Ce corps peut être choisi parmi ceux qui sont des espèces de principes immédiats naturels de nos tissus et de nos humeurs, tels que les chlorures de sodium, de potassium, les phosphates de soude, de chaux, etc.

Généralement, les médicaments sont choisis parmi les composés qui ne se rencontrent pas naturellement dans l'économie, dont ils deviennent aussi momentanément un principe immédiat, mais un principe immédiat accidentel. Ce qu'il importe de savoir et de répéter, c'est que le médicament n'agit qu'en faisant partie, temporairement au moins, de la substance des humeurs ou des éléments de nos tissus ; dès lors il en modifie nécessairement les propriétés, et ce n'est que par suite de ce fait qu'arrivent dans l'organisme les changements qu'on se propose d'obtenir.

Est-il assimilé momentanément par la substance des nerfs ou par celle des muscles, il peut, selon sa nature, en exagérer, diminuer ou pervertir les propriétés spéciales ; mais cela ne se fait point sans que consécutivement la nutrition ou la rénovation moléculaire de ces tissus ne soit modifiée; d'où la fatigue ou le bien-être causés par l'exercice selon sa nature. Il peut se faire que, pour ces éléments comme pour les autres espèces, ce soit leur rénovation moléculaire, leur développement ou leur reproduction qui se trouvent modifiés par la présence de ce nouveau principe introduit dans leur substance. Dès lors, leur constitution intime étant changée, il survient aussi des changements dans les propriétés spéciales dont ils jouissent, et dans le rôle particulier qu'ils remplissent dans l'économie. Ainsi, dans la thérapeutique pharmacologique, c'est le rapport du médicament avec la substance de chaque humeur et de chaque tissu lésé qu'on étudie ; dans l'hygiène thérapeutique, ce sont les divers agents matériels et autres, naturellement usités dans l'état de santé, dont on dirige les rapports avec l'organisme ou ses parties, lorsque leurs actes sont troublés.

Il y a donc, dans l'étude de la première, deux choses en présence : le médicament et la substance organisée qu'il modifie ; on comprend que l'une et l'autre doivent être connues à un égal degré, si l'on veut arriver à se rendre compte de l'action d'un médicament et en diriger sagement l'emploi. Malheureusement nous sommes loin d'en être arrivés là. En général, nous connaissons le médicament, c'est-à-dire sa composition, ses propriétés physiques et chimiques. Nous connaissons plus ou moins la disposition géométrique ou extérieure des parties que forme la substance organisée, mais nous en ignorons la nature ; car ce que nous étudions le moins, c'est la composition immédiate de cette substance aux principes de laquelle le médicament va se fixer d'une manière permanente ou temporaire pour en modifier les actes moléculaires rénovateurs. Or, c'est pourtant ainsi que ces actes sont ramenés à leur état normal, par suite de la tendance de la substance de chaque élément anatomique à reprendre, durant la rénovation, le type déterminé de la constitution qui lui est propre, lorsqu'elle l'a perdu. C'est ce retour à cette constitution qui est le but de la thérapeutique. On ne saurait trop insister sur ce fait que démontre l'étude de l'évolution des éléments anatomiques ; c'est qu'une fois modifiés par suite de circonstances accidentelles, tout ce qui vient en activer la rénovation moléculaire nutritive tend à les ramener à l'état normal, parce que, pendant cette rénovation, ils se développent dans le sens du type

de la constitution qu'ils avaient acquise pendant leur développement fœtal.

D'où l'importance qu'il y a à connaître la composition immédiate du sang d'abord, et celle des éléments anatomiques ensuite, pour arriver à faire un choix rationnel des moyens thérapeutiques à employer dans un cas pathologique quelconque.

Non-seulement il faut connaître la substance dont sont formées d'une manière immédiate les parties qui sont le siége des actes, mais il faut connaître aussi comment s'accomplissent ces derniers. En effet, le médicament va s'unir à une substance en voie d'activité, en voie de rénovation moléculaire continue, et non à une substance fixe et morte ; souvent même c'est à une substance dont la rénovation ne s'accomplit pas d'une manière semblable à ce qui se passe dans l'état normal, ce qui fait dire, non sans quelque raison, mais d'une manière indéterminée, que les remèdes agissent autrement pendant la maladie que pendant l'état de santé.

On voit, d'après ce qui précède, pourquoi les chimistes, en voulant expliquer tous les phénomènes de l'économie par les seuls actes qu'ils connussent, ceux d'assimilation et de désassimilation, qu'ils n'ont même pas toujours bien distingués, n'ont pu rattacher à leurs opinions beaucoup d'esprits. Entre les phénomènes chimiques qui se passent dans l'économie et les propriétés d'ordre vital qui reconnaissent les précédents comme condition d'existence, ils laissent en effet une trop grande lacune. Avant de vouloir expliquer chimiquement les actes, même purement chimiques, qui se passent dans l'organisme, il faut d'abord connaître la substance organisée, qui est le *substratum* des uns et des autres de ces actes. Entre les principes immédiats que la chimie extrait et les phénomènes dits vitaux, il y a l'état moléculaire des premiers, leur combinaison en certaine proportion, de manière à former une substance qui n'apparaît jamais autrement qu'à l'état de cellules, de fibres, etc., de substance liquide ou solide amorphe interposée aux précédents, dont les chimistes ne tiennent pas compte. Il résulte de là que, ne connaissant pas les propriétés inhérentes à ces diverses formes de la matière organisée, il reste dans l'économie un grand nombre de phénomènes dont ils ne peuvent s'expliquer l'existence qu'en admettant une force particulière chargée de les accomplir ; il y a des actes qu'ils sont eux-mêmes forcés d'abandonner à cette force hypothétique dite vitale, bien qu'ils s'accomplissent d'après des lois susceptibles d'être déterminées. Entre les phénomènes pouvant être directement étudiés par les moyens chimiques et les actes qu'ils attribuent à la force dite vitale, il y a cette substance en voie de rénovation moléculaire continue, de développement et de genèse, actes dont ils omettent de signaler les conditions d'acomplissement ; aussi cette lacune fait que les données empruntées à la chimie, qu'ils introduisent dans la physiologie, ne sont pas adoptées.

Examinons maintenant les *phénomènes de la nutrition en particulier ;* car, des actes d'entrée et de sortie des principes, de composition et de décomposition dont les éléments anatomiques sont le siége, résulte la rénovation de la substance de chacun d'eux ; phénomène plein de conséquences pour la physiologie des tissus, qu'il domine tout entière.

A. *De l'entrée des principes immédiats dans la substance des éléments anatomiques.*

Dans l'examen des *principes qui entrent* pour satisfaire à la rénovation de la matière organisée, il faut pouvoir observer pour chacun des éléments anatomiques en particulier comme pour leur ensemble : *a,* d'où viennent les principes qui entrent, *b,* quels sont les phénomènes de leur entrée, et *c,* ce qu'ils deviennent ensuite.

a. Les matériaux destinés à servir à la nutrition sont toujours puisés dans le milieu ambiant : 1° soit en masse et d'abord soumis à certaines actions chimiques préparatoires dites digestives ; c'est au moins ce qui a lieu pour les matériaux solides, qui doivent préalablement être liquéfiés, ainsi qu'on le voit pour la plupart des animaux ; 2° soit directement dans le milieu ambiant, pour les corps liquides, les sels en dissolution et les gaz ; c'est ce qui a lieu particulièrement dans les êtres les plus simples, surtout chez les végétaux uni-cellulaires. Ces derniers se combinent en quelque sorte directement

avec le milieu ambiant dont ils décomposent certaines parties constituantes par leur puissance de combinaison assimilatrice, lorsque ce milieu ne renferme pas, tout formés, les principes qui leur conviennent.

Quant aux principes qui pénètrent dans chaque élément anatomique de nos tissus, ils proviennent directement du plasma sanguin pour ceux de ces éléments qui sont en suspension dans ce liquide. Ils proviennent aussi de ce dernier, mais indirectement, en traversant les parois des capillaires lorsqu'il s'agit des éléments qui sont contigus à ces produits. Ils en dérivent aussi, mais plus indirectement encore, et de proche en proche par l'intermédiaire des éléments solides, amorphes ou figurés, lorsqu'il s'agit de ces parties constituantes qui sont au contact des vaisseaux ; à proprement parler, c'est directement aux éléments qu'ils touchent que ceux qui sont éloignés des capillaires empruntent les principes qui les pénètrent lors de l'assimilation (1).

b. Les actes qui caractérisent l'arrivée de ces principes immédiats dans l'épaisseur des éléments anatomiques sont des phénomènes d'endosmose, se passant dans l'intimité de leur substance (2), mais plus ou moins modifiés par les propriétés chimiques mêmes des substances organiques qui concourent à former la matière des cellules ou des fibres. De là une apparence d'intelligence dans le choix des matériaux qui pénètrent, plus grande encore que ce que nous expliquent les lois physiques de l'endosmose. C'est en vertu de ces propriétés seules que les éléments anatomiques s'emparent des principes contenus dans les blastèmes ; mais dans cet emprunt se manifestent simulta-

(1) Pour l'indication de ces principes voyez *Chimie anatomique,* Paris, 1853, t. 1, les tableaux des pages 205 et 206. Ce sont eux qui ont été considérés dans leur ensemble, comme formant un tout, un liquide spécial et distinct des plasmas sanguin et lymphatique, recevant alors le nom de *protoplasma.* Sous un point de vue analogue, ce mot a été employé par quelques auteurs pour désigner la portion du liquide du sang qui est devenue apte à être assimilée, ou bien à être prise par les glandes, et n'a plus besoin pour cela que de sortir des vaisseaux (une fois sortie, ce n'est plus le plasma, c'est un *blastème*). On fait ainsi abstraction de la portion du sang qui n'est pas devenue apte à la nutrition et aux sécrétions.

(2) On a donné autrefois le nom d'*intussusception* à l'acte par lequel *les matières qui doivent être assimilées sont introduites dans les corps organisés pour servir à la nutrition.* On voit d'après cela que, pour l'organisme pris en masse, ce mot ne

nément l'influence physique de l'endosmose et celle des propriétés chimiques de la matière organisée qui est le siége du phénomène.

Tout élément mis en rapport avec un liquide, dans lequel se trouve quelque principe susceptible de se combiner avec lui, s'en empare. L'élément prend donc, dans ce liquide qui exsude des vaisseaux, tout ce qui lui convient ou même ne lui convient pas, comme le montrent les empoisonnements, et il rejette ce qui ne peut plus servir. Il y a ainsi échange continuel d'une part, entre l'élément et les liquides sortis des vaisseaux, suivant la composition chimique de chacun d'eux, et d'autre part, entre les principes des éléments et ceux qui circulent dans les capillaires ; le nerf forme du nerf, le muscle de la substance musculaire, etc. Chaque élément ne choisit ce qu'il fixe que d'après sa composition, mais nullement d'après des propriétés électives *autres que celles qui dépendent de cette composition*, contrairement à ce que l'on a souvent supposé.

Ainsi il y a, de la part des éléments anatomiques par rapport aux plasmas, choix pour certaines *substances organiques*, en ce sens qu'il en est pour lesquelles les éléments anatomiques sont imperméables, si l'on peut dire ainsi; d'autres, au contraire, par lesquelles ils se laissent pénétrer molécule à molécule, et celles-ci entraînent avec elles, comme on sait, telle ou telle espèce de sels insolubles. (*Traité des principes immédiats.* Paris, 1853, t. III, p. 139 et 140.)

Les *principes cristallisables* ou volatils sans décomposition, tels que l'eau, les sels, etc., se combinent aussi en petite ou en grande quantité, faiblement ou énergiquement, selon qu'ils entrent en contact avec telle ou telle espèce d'élément ; mais qu'ils soient utiles, ou nuisibles, le phénomène n'a pas moins lieu. Dans ce dernier cas, ils empêchent les éléments anatomiques qui en sont pénétrés de manifester les autres phénomènes dont il va être question, ou troublent les actes dont ces éléments sont les agents. C'est ainsi qu'ils deviennent la cause de désordres dans tel ou tel appareil, parce que la régularité indispensable entre les actes de tous les tissus n'existe plus.

C'est à cette propriété des éléments anatomiques de se laisser pénétrer par tels ou tels principes immédiats qui se fixent à leur substance qu'est dû le fait de la soumission de nos pensées à toutes les conditions nouvelles résultant de changements accidentels survenant dans la composition du sang. C'est à elles que sont dues leurs modifications nécessaires et pouvant être déterminées à volonté toutes les fois qu'un composé absorbable ingéré dans l'intestin pénètre dans le sang et de là dans tous les éléments anatomiques susceptibles de le fixer chimiquement, et c'est ainsi que, modifiant la composition de celui-ci, il entraîne des changements inévitables dans leurs propriétés générales et spéciales.

Au fond, la nutrition ne diffère, dans les diverses espèces d'éléments anatomiques, que par sa rapidité, son énergie et par la nature des principes enlevés aux plasmas par les éléments, selon la composition moléculaire des espèces d'éléments dont il s'agit. Dans ceux qui ont forme de cellule par exemple, les actes d'assimilation comme ceux de désassimilation sont bien plus rapides et plus énergiques que dans les éléments qui offrent l'état de fibre et celui de tube.

La composition immédiate des éléments étant différente d'une espèce à l'autre, autant, sinon plus encore, que leur forme, leur structure, etc., chacun emprunte, molécule à molécule, au plasma qui l'avoisine, des principes différents en rapport avec sa propre composition. Il y a, dans cet acte assimilateur, pénétration de certains principes à l'exclusion de certains autres, ce qui a fait souvent employer les termes très expressifs *choix de matériaux nutritifs* de la

désigne pas un phénomène autre que l'absorption qui s'opère dans l'intestin des animaux et à l'extrémité des racines ou à la surface des feuilles des plantes. On voit aussi qu'appliqué aux éléments anatomiques, il ne désigne pas un phénomène différent de l'hygrométricité ou de l'endosmose, suivie d'assimilation nutritive, phénomène dont les lois sont actuellement connues. Avant de le connaître on cherchait à s'en rendre compte en le désignant d'une manière générale et indéterminée, par ce terme qui semble, en quelque sorte, indiquer dans l'être vivant une faculté volontaire chargée de l'opérer. L'expression *accroissement par intussusception* est mise actuellement encore en opposition avec celle d'*accroissement par juxtaposition*, dans la comparaison des êtres vivants avec les corps bruts, mais elle ne désigne pas non plus un phénomène distinct de celui de *développement*, lorsqu'il s'agit des éléments anatomiques, ni de celui d'*accroissement* proprement dit, lorsqu'on envisage l'organisme entier.

part des éléments anatomiques. Mais il faut savoir aussi que c'est au figuré seulement qu'on dit qu'ils écartent et repoussent certains principes, car il y a seulement non-pénétration de ces matériaux. Lorsqu'a lieu leur pénétration, il y a incontestablement endosmose physique d'abord, puis ensuite union moléculaire des principes qui sont entrés.

L'usage a conduit à employer habituellement l'expression *endosmose* pour désigner ce fait. Pourtant il importe de signaler que les éléments, qui sont le siége de la pénétration molécule à molécule des principes immédiats, sont pour la plupart des corpuscules pleins et non vésiculeux ou composés d'une paroi solide distincte d'un contenu liquide. Ce phénomène est donc analogue ici à ceux dits d'hygrométricité, ayant lieu dans des substances homogènes, sans orifices ni conduits microscopiques ; et les phénomènes d'endosmose et d'exosmose des expériences de physique ne s'éloignent de ceux d'hygrométricité naturelle que par leur résultat, qui est une suite de la différence des liquides ou des gaz entre eux, et de leur disposition mécanique par rapport à la membrane homogène qui les sépare ; mais, en fait, le phénomène de la transmission des liquides molécule à molécule au travers de la membrane d'un endosmomètre est analogue à celui dont nous venons de parler à propos des éléments anatomiques. (Pour l'examen des faits précédents étudiés en tenant compte des principes immédiats eux-mêmes, et non encore de la substance organisée, voyez *Traité des principes immédiats*, t. I, p. 202 à 210, et p. 267 à 272.) On voit, d'après ce qui précède, que dans le trajet des liquides au sein des tissus et des éléments anatomiques, la notion de transmission au travers de la substance homogène des fibres et de la paroi des cellules ou des tubes, par échange moléculaire, caractérisant l'endosmose, doit remplacer l'hypothèse de l'existence d'un grand nombre de petits trous, conduits ou *pores* pour le passage de ces fluides ; cette notion doit en un mot être substituée à l'hypothèse de la *porosité* anciennement admise pour se rendre compte de phénomènes dont les conditions d'accomplissement ne pouvaient alors être connues. On voit pourtant des auteurs mo-dernes se servir encore des expressions de *porosité des tissus*, de *membranes poreuses des cellules* ; cependant depuis la découverte des lois de l'endosmose (Dutrochet, 1826) on connaît l'inexactitude de ces termes. Depuis lors également on a fait application des lois de la pénétration et transmission par union successive, molécule à molécule, de la substance liquide ou solide dissoute qui traverse à la substance qui est traversée, lorsqu'il s'est agi d'interpréter les phénomènes physiques de la nutrition. (Voy. Gerber, *loc. cit.*, 1840, p. 5 et 6. — Henle, *loc., cit.*, 1843, t. I, p. 207, etc.)

Le phénomène précédent, porté à l'excès, amenant la pénétration en excès des matériaux venus du dehors, nous représente à l'état d'ébauche le fait de l'*absorption ;* mais cet acte ne prend toute son extension, ne devient nettement caractérisé, que dans les tissus et encore dans certains d'entre eux offrant des dispositions spéciales qui favorisent cet excès ; et cela, soit qu'il s'agisse de liquides ou de gaz arrivant du dehors directement, ou par l'intermédiaire d'une cavité du corps de l'animal ; soit au contraire qu'il s'agisse des liquides ou des gaz, d'une cavité close naturelle ou accidentelle de ce dernier, ce qui caractérise le cas particulier dit *résorption*.

c. Une fois ces principes immédiats *entrés dans la substance organisée*, dans chaque élément anatomique, il importe de voir ce qu'ils deviennent. Or ils ne restent point inactifs, car ceux qui sont d'origine minérale jouent un rôle comme condition d'existence de ceux qui sont d'origine organique ou s'échappent bientôt tels qu'ils étaient entrés ; mais seulement ils ne s'échappent plus alors avec les substances organiques auxquelles ils avaient servi de véhicule ou qui, au contraire, les avaient entraînés s'ils étaient insolubles, car celles-ci restent dans l'économie. Ils sortent au contraire avec les principes cristallisables, qui sont de nouvelle formation, d'origine organique en un mot, produits aux dépens des substances coagulables et accessoirement de ces principes d'origine minérale même. Ceci nous conduit, par conséquent, à examiner ce que sont dans la substance organisée les principes qui restent et ceux qui en sortent.

B. Changements offerts dans la substance organisée par les principes immédiats, ou phénomènes qui caractérisent l'assimilation.

Dans l'étude des actes moléculaires accomplis dans l'intimité de chaque élément anatomique par les *principes immédiats* qui y restent au moins pendant un certain temps, nous devons voir comment ils s'y forment, étudier les phénomènes de cette formation et ce qu'ils deviennent dans ces éléments, c'est-à-dire comment ils en disparaissent.

a. La formation assimilatrice de principes immédiats dans les éléments anatomiques (les cellules principalement), pouvant ensuite sortir au même état ou après s'être dédoublés, etc., est surtout frappante dans les éléments des glandes. Dans les conditions morbides spécialement, on peut citer la production de granulations graisseuses en quantité plus ou moins grande au sein de beaucoup de cellules, de fibres, etc., ou, au contraire, la disparition de granulations analogues, celle du contenu des vésicules adipeuses dans l'amaigrissement morbide ; tels sont encore la pénétration et le passage à l'état d'hématoïdine dans l'épaisseur d'un grand nombre d'espèces de cellules, de la matière colorante du sang épanché lors des hémorrhagies pulmonaire, cérébrale, splénique, etc. (1).

En outre, un fait des plus importants relatifs à la nutrition est que les substances organiques qui entrent dans la composition immédiate de chaque élément n'arrivent pas toutes formées à cet élément, et ne se produisent point dans les humeurs, telles que le sang ou les blastèmes, qui servent à la nutrition.

Au contraire les substances organiques, telles que la musculine, l'élasticine, etc., propres à chaque espèce de cellule, de fibre, etc., ne peuvent être trouvées nulle part en dehors de ces éléments dont elles sont la partie constituante fondamentale. Or, dans ces cellules, fibres, etc., à mesure qu'a lieu la décomposition désassimilatrice de leur substance organique propre, on voit se reformer celle-ci à l'aide des principes assimilables qui arrivent à l'élément ; en même temps, aux molécules régénérées, se fixent certaines proportions des sels et d'autres principes qui existent tout formés dans le blastème et qui sont nécessaires à la constitution de la matière organisée de chaque élément.

De telle sorte, qu'on voit se répéter d'une manière incessante dans la nutrition de chaque espèce d'élément le phénomène de la formation des substances organiques fondamentales propres à chacun d'eux, comme on le voit arriver aussi à l'instant de la genèse primitive de cet élément. Les substances organiques se forment alors par catalyse isomérique des substances déjà existantes dans le blastème, catalyse qui amène en elles un changement d'état spécifique, et elles ne proviennent point habituellement de l'union entre eux de principes cristallisables. Toutefois, il est possible que le fait ait lieu en présence de substances organiques préexistantes, aux dépens de principes cristallisables chez les animaux mêmes, comme dans les plantes.

On se rend compte d'après cela, comment il se fait que les éléments anatomiques, tant cellules que fibres, tubes, etc., sont toujours de composition immédiate différente de celle du plasma à l'aide et aux dépens duquel ils naissent et se nourrissent. Cette

---

(1) Les phénomènes dont il est ici question sont les actes moléculaires intimes qui caractérisent essentiellement *l'assimilation*. Ce mot est très ancien et a généralement eu un sens très précis. *Assimilatio* ἐμφέρεια, dicitur nutritionis, quando id quod nutrit' alteratur et ei, quod nutritur, simile fit (Castelli. *Lexicum medicum.* Genevæ, 1746, in-4°, p. 85). Schwann, le premier, a nettement apporté aux éléments anatomiques animaux le phénomène de l'assimilation jusqu'alors examiné d'une manière générale en prenant en considération tout l'organisme ou tel ou tel tissu seulement. Il a montré que les cellules (éléments en général) en sont le siège en réalité. C'est à la physiologie des éléments mais non à celle des parties complexes que ces derniers composent par leur réunion, que se rattache l'étude de cet acte de la nutrition. Schwann, ne connaissant pas à cette époque la nature des actes moléculaires ou chimiques dits catalytiques qui caractérisent l'assimilation dont il va être question plus loin, leur donna le nom de *phénomènes métaboliques* (du mot μεταβολή, changement, anciennement usité en médecine pour désigner le changement d'un état morbide en un autre, *quod mutatur de specie in speciem*) ; il appela *force métabolique* la force supposée particulière, qui fait que les cellules changent chimiquement en cytoblastème les matières qu'elles prennent (Schwann, *loc. cit.*, 1838, in-8°, p. 134). Mais il n'y pas là de force spéciale et nouvelle ; ce ne sont que des actes chimiques ordinaires se passant dans les conditions particulières et complexes que représente la substance organisée.

différence de composition, à son tour, par suite des affinités diverses, mais énergiques, que présente chaque *substance organique* pour les composés cristallisables ou volatils, nous explique comment les éléments empruntent aux plasmas certains principes qui s'y trouvent en petite quantité, et ne contiennent aucune parcelle ou que des traces de certains autres qui, au contraire, abondent dans les humeurs.

Cet ensemble de phénomènes, dont les corps bruts ne nous offrent pas d'exemple, est la base de toute interprétation de ces actions nutritives dites mystérieuses et pour l'explication desquelles on a imaginé de considérer la vie comme une force distincte de la matière organisée, venant influencer les actes mêmes de celle-ci et y présider. Il ne faut pas suivre non plus l'exemple des auteurs qui font hypothétiquement exercer par les diverses propriétés de la matière organisée une influence *sur la vie*, qu'ils ont ainsi personnifiée pour se rendre compte des actes de cette substance, actes qui autrement restent incompréhensibles pour eux, parce qu'ils ne connaissent pas celle-ci d'une manière aussi intime qu'il est nécessaire. On peut dire que depuis Schwann, aucun histologiste n'a employé le mot assimilation dans le sens de sa signification propre, et qu'il est difficile d'en trouver deux qui aient donné le même nom aux phénomènes moléculaires ou chimiques qui la caractérisent essentiellement. Ainsi, Gerber leur donne le nom de *transformation générale* et de *métamorphose des matières organiques des principes immédiats*. Il est aussi le premier qui ait appliqué le mot allemand *Stoff-wechsel* à la désignation de ces phénomènes (*organischer Stoffwechsel*) ; mais il le prend dans le sens de *passage d'un état à un autre* (*changement* de matière), qui est le sens principal de ce mot dans la langue allemande (Gerber, *loc. cit.*, 1840, in-8°, p. 7 et 8), tandis que d'autres (Kœlliker, *Éléments d'histologie humaine*, Paris, 1855, in-8°, trad. franç., p. 52) l'ont pris dans son deuxième sens (*échange* de matière), qui se rapproche davantage du sens général donné au mot *nutrition*, quand on ne se préoccupe pas des phénomènes chimiques intimes de celle-ci. Ces remplacements d'un terme par un autre sont causés par l'omis-

sion d'une chose d'importance capitale en fait et en principe dans l'étude des corps organisés : c'est que nul phénomène d'ordre vital n'existe sans reconnaître pour condition d'accomplissement : 1° des phénomènes physiques ; 2° des phénomènes chimiques, dont aucun pourtant ne peut être assimilé ni confondu avec le phénomène spécial aux êtres organisés, de l'existence duquel ils sont la condition nécessaire. C'est ainsi que les phénomènes d'assimilation ont reçu les noms d'*emprunt de matière*, *d'absorption* même et de *métamorphose* ou *transformation des principes* (termes particulièrement inexacts), selon que les auteurs avaient en vue plus spécialement les phénomènes physiques d'endosmose ou les phénomènes chimiques de catalyse isomérique et autres actes chimiques sans lesquels il n'y a pas d'assimilation possible. Ces termes sont inexacts en ce que, dans ce qu'on appelle *métamorphose des principes*, il y a passage d'un état spécifique à un autre sans que jamais le composé qui a ainsi changé d'état redevienne semblable à ce qu'il était ou reproduise un corps semblable à lui. Or, on sait que tel est, au contraire, le cas des animaux pour lesquels les mots *transformation*, *métamorphose*, ont été créés ; parce que, malgré leurs passages d'une forme à une autre avec création de parties nouvelles, malgré leurs changements de configuration, ils finissent toujours par reproduire un être semblable à eux. L'expression d'*emprunt de matière* n'est pas moins inexacte ; car ce qui caractérise l'emprunt et le différencie de l'assimilation complète ou proprement dite, c'est la restitution intégrale de la matière prise ou reçue. Or, dans la nutrition, ces principes immédiats qui sont rendus, rejetés par désassimilation, ne sont point semblables à ceux qui ont été pris, ni même à ceux qui restent et aux dépens desquels ils se sont formés. Les principes d'origine minérale sont rejetés, il est vrai, tels qu'ils avaient été attirés ; mais ils ne sont pas ceux dont l'expulsion caractérise essentiellement la désassimilation. Ils ne sont qu'accessoires à côté de ceux qui se forment dans l'organisme même et sont expulsés ensuite : accessoires non toujours quant au poids, mais au point de vue de la formation désassimilatrice des principes.

b. Les *phénomènes de cette formation* de principes immédiats propres à chaque espèce d'élément sont des actes moléculaires ou chimiques qui ont lieu au moment de la fixation des matériaux dans le tube, la fibre, etc., ou au moment où les éléments chimiques d'une espèce de principe changent d'état moléculaire pour former une autre espèce. C'est ainsi que depuis l'instant de leur entrée jusqu'à celui de leur sortie, les matériaux introduits passent successivement durant l'assimilation par une série d'états différents dans lesquels ils constituent autant de composés d'espèces distinctes, quoique analogues, et de plus en plus compliquées.

Il n'y a pas non plus un mode unique et absolu de phénomènes caractérisant la formation des principes immédiats, comme la combustion, par exemple, etc.

Loin qu'il y ait dans l'assimilation et la désassimilation un même genre de phénomènes chimiques, il y en a plusieurs; toujours et naturellement ils sont en rapport, soit avec les conditions dans lesquelles se passe l'acte, soit plus souvent avec la nature moléculaire des corps qui sont en jeu.

Les uns appartiennent aux actions chimiques directes ou proprement dites, et ce sont surtout les corps d'origine minérale qui entrent alors en activité.

Lorsqu'il s'agit d'actes assimilateurs, ce ne sont : 1° généralement que des actes de dissolution (assimilation des chlorures, sulfates alcalins, etc.); 2° très-rarement ce sont des combinaisons et elles ne sont jamais définies quant aux proportions (union du phosphate de chaux à l'osséine au moment de la formation de celle-ci durant l'ossification).

Les phénomènes de cette formation de principes immédiats dans l'assimilation sont en outre des actes chimiques indirects; ils s'observent toutes les fois que ce sont des substances organiques qui sont en jeu. Dans l'un et l'autre cas, ce sont des catalyses proprement dites, et de deux espèces, soit dans l'assimilation, soit dans la désassimilation (1).

Toutes les fois qu'il s'agit de phénomènes d'assimilation, ce sont : 1° des *catalyses combinantes*, qui s'opèrent (formation des substances organiques dans les végétaux); 2° ou des *catalyses isomériques* (formation des substances organiques propres aux animaux).

L'assimilation, en rendant les principes introduits semblables à ceux déjà existants, a essentiellement pour résultat de faire passer les principes cristallisés à l'état non cristallisable, et cela, soit par dissolution, soit par union aux substances organiques. Ce mode d'union, particulier aux êtres vivants, est encore peu étudié. En même temps qu'il a pour résultat de rendre non cristallisable, des corps définis et ne s'unissant habituellement entre eux qu'en proportions fixes et déterminées, il a pour résultat plus important de les rendre susceptibles de s'unir en toutes proportions aux substances organiques. Ce fait permet à ces substances, soit seules, soit unies aux principes minéraux, de remplacer la portion de leur propre matière abandonnée par l'élément anatomique au moment même où a lieu cet abandon, et cela sans dislocation moléculaire de toute la substance, contrairement à ce qui a lieu dans le cas de combinaison et de décombinaison chimiques de la matière brute. Quant aux matériaux introduits du dehors qui ne sont pas cristallisables, qui ont déjà vécu, l'assimilation ne fait autre chose que les rendre semblables de nouveau, non pas à ce qu'ils étaient dans l'être où a eu lieu leur formation et d'où ils proviennent, mais aux *substances organiques* qui préexistent dans l'organisme où ils pénètrent.

c. Les principes qui composent essentiellement la substance organisée de chaque élément anatomique disparaissent ou se décomposent sur le lieu même où ils se sont produits, tandis que ceux que nous venons de voir plus haut, empruntés au plasma sanguin, ne disparaissent au moins en partie qu'en formant ceux de la troisième classe dont il est question en ce mo-

---

(1) Pour tous les faits traités ici, voyez, en ce qui concerne les principes immédiats eux-mêmes, *Traité de chimie anatomique,* t. 1, p. 211 à 233, p. 272 à 277, et p. 502 à 518. C'est cette conversion d'un principe en un autre principe d'après les lois de la chimie, que les anciens auteurs appelaient *transmu-* tation (μεταλλαγη), terme qu'ils employaient surtout lorsqu'il s'agissait de la conversion d'une chose en une autre plus parfaite. Ils la considéraient comme un acte moléculaire, car ils admettaient qu'elle se passe *in prima materia.*

ment. Or, ceux-ci, par leur composition désassimilatrice, deviennent autant de matériaux d'origine d'autres espèces de principes,
qui sont ceux de la deuxième classe, ceux
qui sortent de l'économie. L'examen de
ce que deviennent dans la substance de
chaque élément anatomique les principes
qui les composent essentiellement, qui se
sont produits en eux et qui se décomposent
sans en sortir tels qu'ils s'y étaient formés,
nous conduit ainsi à l'étude de ceux qui
sortent, et d'abord à celle du mode de leur
apparition.

C. *Désassimilation ou décomposition et issue
des principes de la substance organisée.*

Dans l'observation des actes élémentaires
accomplis pendant la nutrition par les principes immédiats qui sortent de la substance
organisée, nous avons à voir comment ils se
forment au sein de celle-ci, les phénomènes
de leur issue, et ce qu'ils deviennent une
fois sortis du corps pour rentrer dans les
milieux extérieurs, ce qui ferme le cercle
de l'étude de la nutrition.

a. La *formation des principes qui sortent*
a lieu aux dépens surtout de ceux qui se
sont produits dans la substance organisée
elle-même, de ceux qui la constituent essentiellement, et ce sont, comme on le sait, les
substances organiques ou principes coagulables (1); ils s'échappent à l'aide du véhicule
représenté par ceux des principes immédiats
qui s'éliminent tels qu'ils étaient entrés.
Il y a de la sorte, dans la substance organisée, dissolution de certains des principes qui
étaient combinés aux substances organiques,
et dédoublement catalytique de celles-ci qui
passent à l'état de principes cristallisables,
ce qui caractérise particulièrement la désassimilation.

(1) C'est sur une notion précise de ces faits que repose
l'exacte interprétation d'un grand nombre d'affections
organiques. Leur importance montre combien il est
nécessaire de bien connaître toutes les propriétés des
principes non cristallisables, ceux au sein desquels
ont lieu principalement les phénomènes d'assimilation et de désassimilation; combien il est nécessaire
aussi de prendre en considération les différences qui
les séparent des principes cristallisables d'origine organique ou rejetés et excrétés, puisqu'il n'y a dans
l'urine, et dans la sueur, comme principes caractéristiques que des composés de cet ordre, tandis que le
sang et la plupart des autres humeurs sont essentiellement caractérisés par des espèces de principes coagulables.

Ainsi, dans la désassimilation, les actes
élémentaires observés sont, soit des actes
chimiques indirects, savoir : 1° quelquefois des *catalyses* isomériques, comme
dans le cas du passage de la glycose à l'état
d'acide lactique; 2° plus souvent des catalyses avec dédoublement qui portent sur les
substances organiques mêmes et donnent
naissance aux principes cristallisables d'origine organique.

Ou bien ce sont des actes chimiques proprement dits, semblables à ceux offerts par
la matière brute ; alors ce sont ordinairement des principes d'origine minérale qui
sont en jeu. Ces actes sont: 1° des actes de
dissolution (passage à l'état liquide des
calcaires, phosphates, etc.); 2° plus rarement des unions fixes et définies, mais
cependant plus souvent que dans le cas
précédent (formation du phosphate ammo-
niaco-magnésien, des lactates, etc.) ; aussi
nous voyons la désassimilation tendre à
ramener les matériaux de la substance organisée vers la fixité dans la constitution, et
vers l'état défini des proportions qui caractérise les corps minéraux.

Pas plus que le mot *assimilation*, le mot
désassimilation, très ancien dans toutes les
langues, n'est employé par les auteurs d'anatomie générale à propos des éléments anatomiques. Ces éléments sont pourtant celles des
parties du corps où la désassimilation s'accomplit réellement.

Les phénomènes de désassimilation ont
reçu les noms de *restitution de matière* et
même de *sécrétion*, selon que les auteurs qui en ont traité avaient en vue plus
spécialement, soit les actes chimiques de
catalyse dédoublante ou dédoublements chimiques, de dissolution, etc., soit les phénomènes physiques d'exosmose qui s'opèrent simultanément dans la désassimilation.
Cela tient à ce que l'un ou l'autre de ces
ordres d'actes était considéré faussement
comme existant seul, ou représentant tout
le phénomène qui n'aurait rien au fond
de spécial aux corps vivants; mais nous
avons déjà vu plus haut que l'expression *restitution de matière* n'est pas exacte.
En effet, les principes qui sont rejetés
n'étant point semblables à ceux qui ont
été pris par les éléments anatomiques,
mais s'étant produits dans leur épaisseur et

différant à la fois de ceux-là et de ceux aux dépens desquels ils se sont formés, ce n'est point là une *restitution*. C'est très réellement une *formation* suivie de l'expulsion de principes nouveaux *d'origine organique*, différents de tous ceux qui restent dans la substance de l'élément anatomique. Quant aux principes d'origine minérale, rejetés tels qu'ils sont entrés, il est manifeste qu'ils sont accessoires à côté de ceux d'origine organique, comme le montrent les quantités d'urée, de créatine, de créatinine et d'urates dans l'urine à côté des chlorures, sulfates, etc., et ainsi des autres dans la sueur et la bile.

On voit que la désassimilation, en rendant les principes dissemblables de ceux qui existent encore, résulte essentiellement du passage des principes non cristallisables à l'état de principes pouvant cristalliser, ou volatils sans décomposition. C'est un retour vers l'état primitif, qui est à peu près complet pour les corps minéraux, mais qui, pour les substances organiques, n'est pas le même. Nous avons vu se former à leurs dépens des corps nouveaux constitués par l'union en proportion définie de leurs éléments. C'est sous ce dernier rapport, et par l'état cristallin, ou celui de volatilité sans décomposition, qu'ils sont semblables aux corps d'origine minérale ; mais ils en diffèrent par la complexité de leur composition, qui entraîne leur peu de stabilité comparativement à la majorité des corps d'origine minérale. Aussi, pour revenir jusqu'à leur état primitif, faut-il qu'ils éprouvent au dehors une série d'autres décompositions, qui sont alors purement chimiques, tant par les conditions dans lesquelles elles ont lieu que par la fixité des produits. Ces décompositions conservent néanmoins presque toujours hors de l'économie quelque chose du cachet particulier qu'elles ont au dedans ; ainsi elles présentent encore les actions chimiques indirectes ou de contact, mais surtout des *fermentations* et plus rarement des catalyses ; ces dernières ont lieu spécialement dans l'organisme, mais cependant elles peuvent être obtenues au dehors. L'excès de ces actes désassimilateurs sur ceux d'assimilation, conduisant à la formation et à l'issue en excès de certains principes immédiats, nous représente à l'état d'ébauche

le fait de la *sécrétion*; mais cet acte ne prend toute son extension que dans les tissus et encore dans certains d'entre eux tels que les *parenchymes*, offrant une texture spéciale qui favorise cet excès de formation à l'aide de matériaux venus du dedans et rejetés, soit directement au dehors, soit plus ordinairement dans quelque cavité, close ou non, de l'être organisé.

b. Une fois formés, les principes immédiats sortent de l'économie, et les *phénomènes* ou le *mode de leur issue* sont les suivants : il est habituel de voir que dans un élément anatomique, en même temps que pénètrent molécule à molécule certains principes, il en sort d'autres de l'épaisseur de celui-là, comme s'il était creux, de même que nous le voyons dans les expériences d'endosmose. Cette issue exosmotique qui a lieu pour les gaz et pour les liquides, ainsi que le montrent les cellules rouges du sang, est la condition physique de la désassimilation, comme l'endosmose de l'assimilation. (Pour tous ces phénomènes et les suivants, examinés surtout sur les principes immédiats mêmes, voyez *Traité de Chimie anatomique*, t. I, p. 242 à 258, p. 277 à 283, p. 444 à 463, et p. 511 à 521.) La force supposée, par laquelle les substances se séparaient des autres et se rendaient du centre d'une masse en décomposition à la superficie, était la *force épipolique* des anciens chimistes. Le phénomène recevait le nom d'*épipolase*, ἐπιπόλασις (de ἐπιπολάζω, je surnage). Quelques chimistes, physiciens et physiologistes désignent par le nom de *force épipolique* l'action par laquelle, dans l'économie, une substance se sépare de l'intimité d'un tissu ou d'une humeur (au sein desquels elle n'était pas perceptible d'abord) pour se montrer au dehors et y séjourner, ou pour être rejetée. Ce n'est point là une force particulière ; les actes qu'on cherche à expliquer par cette hypothèse sont les uns des phénomènes physiques d'*exosmose*, les autres sont des actes de *désassimilation*, tels que ceux dont il est ici question, ou enfin se rattachent aux lois de *sécrétion* et d'*excrétion*.

Le fait de l'issue par exosmose de principes immédiats formés dans la profondeur de la substance organisée nous offre l'ébauche de l'acte de simple *excrétion*, fort distinct par sa nature intime de celui de sécrétion, essentiellement caractérisé par la formation en excès de certains principes immédiats, d'après les lois mêmes de la décomposition désassimilatrice des principes immédiats. L'*excrétion* n'est au contraire que l'issue exosmotique en excès de principes d'origines diverses, qui peuvent avoir été introduits dans l'économie tels qu'ils en sortent, sans s'y être formés, comme pour le cas des sécrétions; issue favorisée par le mode spécial de la disposition anatomique de certains tissus au sein desquels ce phénomène prend toute son extension, à l'exclusion de ceux qui offrent une autre texture.

C'est par cet ensemble de phénomènes qu'a lieu le renouvellement incessant de la substance des éléments de tous les tissus. Mais en même temps on voit pour chaque espèce d'élément, pour ceux des produits en particulier, tels que les épithéliums, survenir, à mesure que s'opère ce renouvellement, des modifications plus ou moins manifestes de leur consistance, de leurs réactions au contact des agents chimiques, qui indiquent des changements dans la nature des substances organiques qui les composent. Il en survient en même temps dans le volume, la forme même, ou la transparence des éléments. Ce sont ces faits-là, distincts de la rénovation moléculaire nutritive, qui caractérisent la propriété de *développement* que nous étudierons bientôt. Ils font sentir avec une égale précision la différence qu'il y a entre la *nutrition* et le *développement* d'une part, et d'autre part la relation de la première avec le second de ces phénomènes dont elle est la condition d'existence.

C'est dans cette propriété de renouvellement moléculaire incessant de la substance des éléments anatomiques, ayant, dans l'entrée comme dans la sortie des matières, la production de principes immédiats nouveaux pour condition d'existence, que se trouve la raison d'être des sécrétions, ou production de principes immédiats spéciaux, s'opérant surtout dans les cellules. Ce sont, en effet, de tous les éléments, ceux qui jouissent des propriétés végétatives les plus énergiques, celles qui appartiennent au groupe des produits plus encore que toutes les autres.

L'abandon dans lequel est longtemps res-

tée l'étude de la nutrition a souvent fait considérer la vie comme caractérisée seulement par les phénomènes de sensibilité, de contractilité ou de circulation. Aussi on entend dire fréquemment que les produits, comme les épithéliums, les ongles, les poils, les plumes, etc., ne vivent pas, parce qu'ils n'ont que des propriétés végétatives, telles que celles de nutrition, de développement ou de reproduction. Mais il est à remarquer que ne jouissant que de ces propriétés, sans posséder de propriétés animales, ils les manifestent avec un degré d'énergie qu'on ne retrouve pas dans les espèces d'éléments doués de sensibilité ou de contractilité. C'est-à-dire que loin d'être dépourvus de vie, ils offrent à un degré d'énergie presque sans exemple parmi les espèces du groupe des constituants, les trois propriétés végétatives qui caractérisent essentiellement la vie, et c'est sous ce rapport surtout qu'ils se rapprochent des éléments anatomiques des plantes. Il est facile en effet de constater que les espèces d'éléments du groupe des produits se nourrissent, se développent et surtout se régénèrent à la surface de nos organes avec plus de facilité et de rapidité que toutes les autres; les épithéliums, les ongles et les cheveux nous en offrent journellement des exemples normaux, et accidentellement dans le cas où les épithéliums viennent à être enlevés, détruits, ou à se multiplier au point de composer des tumeurs.

Nul des éléments des autres groupes ne jouit de la propriété de nutrition à un degré d'énergie aussi prononcé. Aussi observe-t-on un certain nombre de particularités en rapport avec ce fait qui sont dignes de remarque.

Tous les tissus qui sont entièrement composés de cellules ou qui en sont principalement formés sont: 1° ou bien privés de vaisseaux: c'est ce que montrent toutes les couches épithéliales, le cristallin, etc.; car, par suite de leur énergique propriété d'assimilation, ces cellules peuvent prendre de proche en proche autour d'eux les principes qui leur sont nécessaires; mais aussi avec cette absence de vaisseaux on observe qu'elles ne s'atrophient pas, que la désassimilation y est faible, qu'elles tombent plutôt que de s'atrophier, et c'est là leur fin habituelle; 2° ou bien, au contraire, ces tissus sont très riches en vaisscaux comme les tissus médullaires des os adipeux, de la substance grise du cerveau, fait en rapport avec la rapidité de la rénovation de la substance de leurs cellules, de leur atrophie ou de leur régénération, selon les cas.

Cette énergie de la propriété de nutrition dans les cellules nous rend compte d'un phénomène dont elle est la condition d'existence. C'est que nul tissu formé de fibres ou de tubes ne se développe et ne se régénère avec une rapidité égale à celle des tissus composés de cellules; c'est que nul tissu fibreux morbide ne s'accroît et ne se multiplie aussi vite que les tumeurs dues à une accumulation de cellules.

D'une variété à l'autre des épithéliums, les phénomènes essentiels de la nutrition offrent des différences, car on sait que c'est dans leur épaisseur que se forment les principes caractéristiques de chaque mucus et de quelques autres sécrétions, par les changements que subissent dans les cellules épithéliales glandulaires les substances qu'elles prennent au sang. Il ne faut pas omettre de remarquer qu'il s'agit là d'un phénomène physiologique de la plus grande importance, car il nous offre isolément dans les cellules un exemple des actes élémentaires des sécrétions, et conduit ainsi à saisir nettement la nature et le mécanisme de chacune de celles-ci. Cette étude donne également la clef de la théorie de l'absorption, pour le cas où au lieu d'arriver du dedans pour passer au dehors à travers les cellules, les principes immédiats viennent du dehors pour se rendre dans l'épaisseur des tissus.

c. Les principes immédiats formés par désassimilation et rejetés au dehors disparaissent, soit en rentrant dans le milieu extérieur et y restant tels qu'ils y sont arrivés, soit en s'y décomposant. Mais l'étude de ces phénomènes n'appartient plus à celle de la nutrition; elle a été faite dans l'histoire des principes immédiats à laquelle ils appartiennent directement (*Chimie anatomique.* Paris, 1853, t. I, p. 283 à 291, et p. 521 à 529).

Ainsi qu'on le voit, la nutrition ne s'accomplit que par ce qu'il y a de renouvelable et de destructible dans la substance organisée, en raison des propriétés moléculaires ou chimiques des principes immédiats, la plupart peu stables. Ces derniers représentent ce que les métaphysiciens appelaient les formes invisibles et impalpables qui soutiennent et vivifient l'organisme, comme la nutrition est leur principe supérieur *au devenir*, qui est l'acte le plus simple et fondamental de la vie en même temps que la cause de la durée de l'être.

On voit aussi que c'est pour n'avoir pas connu chimiquement les actes de *formation* des principes immédiats par combinaison et par décombinaison qu'on a confondu la *nutrition* avec la *génération*. La nutrition, en effet, n'est pas une *génération continue*, mais une *rénovation continue* par formation incessante de principes immédiats ou composés chimiques. C'est par cet ordre de connaissances qu'on s'élève au-dessus de tout ce symbolisme générateur qui masquait la réalité en englobant sous un même ordre d'abstractions des actes très distincts.

Nous verrons, en effet, qu'entre la nutrition et la génération ou genèse en tant que phénomène se passant dans les corps organisés, il y a le développement ou évolution que permet la première sans se confondre avec ce dernier, et qu'elle permet par ce qu'elle a de destructible, comme le développement de la substance organisée permet le fait de sa génération par ce qu'elle a d'accessible. Il y a là une série d'actions qui se succèdent sans interruption, mais qui n'en sont pas moins distinctes et qui ne sauraient être confondues sans conduire à des erreurs graves. C'est ainsi, par exemple, que l'atrophie sénile ou morbide de la substance organisée ne saurait être le fait d'une génération continue, car le propre de la génération est la multiplication et non la diminution.

Si, confondant la pénétration, la fixation et la formation de principes immédiats dans les éléments anatomiques avec le fait de la génération, on voulait considérer la nutrition comme une génération continue, on ne pourrait également le faire sans erreur tant que l'on ne tiendrait pas compte de la décomposition désassimilatrice et de l'issue des principes immédiats; la désassimilation est en effet dans la nutrition un acte aussi important que l'assimilation, plus caractéristique encore que cette dernière, car la génération n'offre rien qui puisse lui être comparé et qui puisse en rendre compte.

Variétés et perturbations de la nutrition. — La nutrition est un phénomène qui, comme tous les actes qui se passent dans la substance organisée, offre une *constante* et des *variables*. Ce qu'il y a de constant dans la nutrition peut, ainsi que nous l'avons vu, se formuler ainsi : acte de combinaison et de décomposition simultanées que présente d'une manière continue et sans se détruire la substance organisée.

La combinaison ou acte de composition caractérise l'assimilation, la décombinaison ou acte de décomposition caractérise la désassimilation ; ces deux actes oscillent autour d'une ligne régulière sans presque jamais la suivre exactement. Aussi en se reportant à chacun des phénomènes élémentaires, soit physiques, soit chimiques, qui sont liés aux précédents et dont il a été question plus haut, on sent combien sont nombreux les troubles, les variétés accidentelles que peut présenter le plus simple (1) des actes d'ordre organique, selon les conditions dans lesquelles se trouvera la substance à laquelle sont immanentes ces qualités. Il faut surtout ne jamais oublier que chacun des actes précédemment indiqués, aussi bien que de ceux dont il sera question plus loin, diffère un peu dans chaque espèce d'élément anatomique, selon sa composition immédiate et sa structure, et cela

soit quant à sa durée, la fixité des combinaisons des principes immédiats assimilés, etc. Ce sont là autant de faits que l'on doit toujours avoir présents à l'esprit, et dont il faut posséder une exacte notion si l'on veut arriver à se rendre compte de la nature réelle de l'un quelconque des actes complexes dont l'économie est le siége.

Cette étude du phénomène d'ordre organique le plus simple montre, plus nettement que toute autre, qu'en physiologie le nombre des cas particuliers se rapportant à un même ordre de faits est si considérable, qu'il est plus nécessaire que dans quelque science que ce soit, de rattacher les premiers à leurs conditions d'existence et à la loi qu'ils suivent. Autrement chacun de ces cas particuliers peut devenir le point d'appui d'une hypothèse particulière, d'un ordre nouveau d'explications ; c'est ce dont les divers systèmes en physiologie et en médecine nous offrent autant d'exemples.

En anatomie, plus encore qu'en chimie, au delà des états de la matière apercevables à l'œil nu ou au microscope, il est des états moléculaires particuliers, invisibles, différents de ce qu'ils sont à l'ordinaire dans les éléments anatomiques. Les réactions chimiques, les caractères de consistance, de coagulabilité, ainsi que les propriétés d'ordre organique comparées aux mêmes caractères de ces corps placés dans des conditions spéciales, normales ou morbides, montrent en effet des changements dans ces propriétés ;

(1) En voulant expliquer ce qui se passe hors de nous par ce que nous ressentons, beaucoup de médecins ont désigné et désignent encore l'excès et l'aberration des propriétés végétatives de la substance organisée par les termes *excitation* et *irritation, excitabilité* et *irritabilité*, qui ont servi de tout temps à désigner les perturbations de l'innervation et de la contractilité qui surviennent lorsque les éléments nerveux et musculaires se trouvent dans des conditions qui diffèrent en quelque point de celles qui sont nécessaires pour qu'ait lieu la manifestation des propriétés spéciales qui leur sont immanentes et innées. En fait, par ces mots qu'on a souvent dit ne désigner qu'une entité, Broussais désignait l'augmentation ou l'abberration des propriétés élémentaires des tissus (nutrition, développement, reproduction, contractilité et innervation) dont la nature et le siége dans tel ou tel élément anatomique n'étaient pas encore précisés. Lorsqu'il dit : l'irritation est la modification primitive, moléculaire et invisible à nos sens, imprimée au tissu vivant par le contact du *modificateur externe* (ou *excitant*), il représente ainsi la cause, inconnue alors, quoique réelle, des phénomènes ultérieurs dont le tissu stimulé est le siége ; il est manifeste qu'il s'agit alors de la propriété de nutrition. Lorsque, par le mot *irritation*, il désigne les phénomènes mêmes qui succèdent à cette modification moléculaire primitive, et qui se manifestent par un état matériel particulier d'œdème, d'hypertrophie, de production de pus ou de tumeur, de trouble circulatoire capillaire (inflammation), etc., il est évident que ce n'est pas un sens nouveau donné au mot, mais qu'il s'agit alors d'un trouble des propriétés de développement et de naissance des éléments anatomiques, ou de contractilité des capillaires, etc. Cet excès ou ce trouble des propriétés inhérentes aux éléments anatomiques (qui peuvent être dits excitables ou irritables, jouir de l'excitabilité et de l'irritabilité par suite du fait de l'immanence de celles-là à leur substance) est déterminé, soit indirectement par une modification du milieu où nous vivons, soit par un changement survenu graduellement dans la substance même de ces éléments ou du sang, soit subitement par introduction de quelque principe immédiat nouveau (*irritant*) dans le fluide sanguin servant d'intermédiaire à ce milieu et aux solides de l'économie dont l'état moléculaire est ainsi modifié consécutivement. Ce sont ces *modificateurs* qui, de nos jours, ont de nouveau été appelés *moyens d'excitation de l'irritabilité nutritive* et de *l'irritabilité formative*, par les auteurs qui admettent avec Broussais une *irritation nutritive*, une *irritation formative* et des *irritations inflammatoires*. (V. Virchow, *Pathologie cellulaire*. Trad. fr. Paris, 1861, in-8°, p. 245, 247, 256, 332, etc.)

comme ils sont survenus sans que la forme ni même la structure des éléments soient changées, il est bien manifeste qu'ils sont dus à des modifications de l'état moléculaire de la substance des fibres, des cellules, etc.

Il y a ainsi des perturbations de l'état moléculaire de la substance organisée, dans chaque espèce d'élément anatomique, dont le médecin est forcé de tenir compte; car elles entraînent des troubles dans les actes accomplis par ces éléments, plus encore que l'hypertrophie, l'atrophie ou les déformations survenues sans que cet état moléculaire accidentel se soit montré.

Il arrive quelquefois que des principes immédiats naturels venant à augmenter ou à diminuer de quantité dans le plasma du sang, et par suite dans les éléments anatomiques, ils changent ainsi la constitution moléculaire de ces derniers, sans qu'il ait rien d'appréciable à l'examen physique. Pourtant ces lésions donnent lieu à des troubles de l'innervation, de la contractilité, ou à un malaise général selon qu'il s'agit des éléments nerveux musculaires ou de ceux de la plupart des tissus.

D'autres fois ce sont des principes accidentels, comme l'alcool, l'éther, la morphine, l'atropine, différents sels, etc., qui, assimilés par les éléments, en changent d'une manière moléculaire ou invisible la constitution et donnent lieu à des symptômes passagers comme la durée de leur présence même dans la substance des éléments.

Ce sont quelquefois au contraire des changements de quantité ou des modifications isomériques dans l'état des substances organiques coagulables, moins prononcés que ceux qui ont été mentionnés tout à l'heure. Leur appréciation exige une connaissance exacte des *principes immédiats de la troisième classe* et de leurs faciles altérations sous l'influence de légères modifications du milieu extérieur, qui amènent dans les éléments anatomiques des *lésions moléculaires* sans changements saisissables par l'œil ou par le toucher.

C'est de la sorte que dans ces modifications catalytiques des substances organiques, qui, considérées en elles-mêmes semblent n'avoir qu'une importance secondaire, prennent pourtant leur source les particularités les plus essentielles de la nutrition, tant à l'état normal que dans les conditions morbides. Aussi est-on obligé d'y revenir incessamment en étudiant les changements normaux et accidentels de chaque élément anatomique et de chaque humeur.

Lorsqu'au lieu d'examiner séparément les éléments anatomiques, nous arriverons à l'étude des tissus, nous verrons que ces lésions moléculaires de la substance de chaque fibre ou cellule sont la cause de la mollesse et des autres qualités morbides des muscles, etc., dans ces diverses maladies. Nous verrons alors comment la notion exacte des troubles dont il est ici question rend compte de plusieurs de ces modifications dont chaque maladie offre des exemples. Cet ordre de lésions, que le médecin doit savoir poursuivre au delà des altérations visibles desquelles seules il se préoccupe habituellement, est très fréquent, plus même que ces dernières, et les précède dans un assez grand nombre de cas. Cet ordre d'altérations non visibles dans les éléments anatomiques et les humeurs a souvent fait dire qu'il y a des maladies sans lésion, lorsque seulement celle ci, très-réelle, n'a pas été saisie. La connaissance des principes immédiats et des éléments anatomiques peut seule enseigner à faire exactement l'appréciation de modifications aussi délicates, mais pourtant si importantes, puisqu'elles dominent toutes les autres.

Ces altérations moléculaires peuvent aller en augmentant et tendre à prendre un caractère de persistance, comme celui qui consiste dans l'*induration* ou dans le *ramollissement* des cellules, fibres, tubes, etc. ; elles peuvent d'autres fois offrir un caractère transitoire ; or il est facile de voir que dans l'un et l'autre cas elles se rattachent à la propriété inhérente à chaque élément de prendre et de rejeter incessamment des principes qui influent sur l'état de sa propre substance. Il est manifeste également que c'est à cette faculté de rénovation continue qu'est due la possibilité offerte par chaque élément induré ou ramolli, etc., de retourner à son état primitif lorsque l'assimilation et la désassimilation viennent à se faire dans de meilleures conditions.

De l'induration. — Ce phénomène s'observe à l'état pathologique sur un certain nombre d'éléments anatomiques déjà entièrement développés, tels que les fibres lamineuses, la substance amorphe du cerveau, et celle de diverses tumeurs, etc. Mais il s'observe aussi normalement sur la plupart des espèces de cellules épithéliales, sur diverses espèces de fibres, etc., qui à partir du moment de leur naissance, à mesure qu'elles se développent, augmentent graduellement de consistance. Dans ce dernier cas, à mesure que la substance de l'élément prend une consistance plus considérable, l'action dissolvante de tels ou tels réactifs devient de moins en moins facile, ce qui indique un changement manifeste dans la constitution moléculaire des éléments. En même temps aussi surviennent des changements de structure qui se rattachent à la propriété de développement.

Dans les conditions morbides, l'induration consiste en une modification moléculaire graduelle de la substance des éléments telle, que sans changement très notable de structure, elle acquiert une consistance plus considérable. Les changements d'état moléculaire portent principalement ici sur les *substances organiques* et sont l'inverse de ceux dont il va être question en parlant du ramollissement.

Il arrive souvent que dans les tissus normaux ou morbides dont les éléments se sont indurés, il se produit en même temps entre ces derniers, soit d'autres éléments figurés, soit des granulations moléculaires ou des matières amorphes dont la présence vient compliquer l'état du tissu ; mais c'est en parlant des altérations des tissus que ce côté de la question devra être abordé.

Du ramollissement. — La nutrition peut, dans certaines conditions morbides, s'opérer de telle manière que la substance organisée qui en est le siége se *ramollit*, c'est-à-dire devient moins résistante, plus facile à écraser, etc. Ce phénomène consiste essentiellement en une altération intime de la matière des éléments anatomiques, dont la structure n'est pas changée, mais dont la substance a subi des modifications moléculaires. Ces dernières portent particulièrement sur ces principes non cristallisables ou substances organiques dans lesquelles se passent des phénomènes catalytiques, bornés à des changements ou catalyses isomériques, mais qui influent d'autre part sur le mode d'union moléculaire des principes cristallisables avec elles.

Ce phénomène peut être un changement survenant normalement dans la nutrition des éléments arrivés à telle ou telle phase de leur développement ; mais le plus ordinairement il ne se manifeste que dans des conditions accidentelles ou morbides, et c'est toujours un phénomène grave parce que souvent alors les actes d'assimilation et de désassimilation se ralentissent ou même cessent bientôt tout à fait.

La propriété de se *ramollir* sans changer de forme, de volume, de couleur, de structure, ni même de composition immédiate dans des conditions complétement indépendantes des variations de température et autres conditions physiques, est absolument propre à la substance organisée, et repose en particulier sur les propriétés des substances organiques. Il n'est pas besoin d'insister pour faire comprendre qu'il importe beaucoup d'être fixé sur la *nature physiologique* d'un phénomène élémentaire qui se manifeste dans un nombre si considérable d'organes malades, et sans la connaissance duquel l'interprétation exacte des phases de la maladie devient impossible. Rien de plus vague pourtant que les notions de physiologie pathologique relatives au ramollissement, qu'on nous enseigne.

Ce fait, que cette modification se montre d'une manière naturelle sur les éléments de certains tissus arrivés à telle phase déterminée, semble la rattacher à la propriété du développement ; mais la nature des changements moléculaires survenus dans les actes nutritifs d'assimilation ou de désassimilation, et la manifestation du phénomène à un temps déterminé, indiquent seulement que sont survenues les conditions extérieures qui permettent les modifications moléculaires intimes ou nutritives dont il s'agit.

Si le ramollissement consistait en un simple dérangement dans la texture des éléments, son étude se rattacherait à celle des tissus ; mais il n'en est rien, et c'est bien de celle des éléments anatomiques qu'il dépend, car les changements sont moléculaires et se passent même sans que la structure des fibres ou des cellules soit changée.

Tous les éléments sont susceptibles de ramollir ; mais on observe plus fréquemment peut-être le ramollissement sur les tubes nerveux céphalo-rachidiens que sur les autres éléments. Les substances amorphes peuvent présenter cette modification dans un grand nombre de tumeurs telles que les tumeurs épithéliales, glandulaires, hétéradéniques, fibreuses même et cartilagineuses. Le ramollissement se montre en outre sur des éléments figurés tels que les fibres lamineuses, celles du cristallin, les cellules épithéliales et d'autres également. Une fois le ramollissement commencé, il augmente graduellement et peut aller jusqu'à la liquéfaction. Ce fait est surtout évident pour les substances amorphes de certaines tumeurs dans lesquelles il devient cause de la production de leur suc propre. C'est en arrivant à l'étude des tissus qu'il y aura lieu d'examiner ce phénomène dans toutes ses variétés, selon l'espèce de tumeur dont il s'agit, tant pendant la vie qu'après la mort.

Quant aux modifications moléculaires qui caractérisent essentiellement le ramollissement, elles portent surtout sur la constitution des substances organiques ou principes non cristallisables qui entrent dans la composition des éléments anatomiques, sans qu'il y ait encore séparation et dissociation des parties constituantes. Elles consistent surtout en ce que ces principes non cristallisables, tout en conservant leur composition chimique élémentaire, leur transparence, leur couleur habituelles, et la plupart de leurs réactions ou de leurs propriétés physiques, perdent plus ou moins complétement leur consistance et leur ténacité. Souvent elles perdent aussi leurs qualités normales relatives à la nutrition et peuvent en acquérir d'autres plus ou moins nuisibles pour les éléments non ramollis qui les accompagnent ou les avoisinent. Ce n'est par conséquent qu'à la condition d'avoir une idée exacte des propriétés de ces principes immédiats que l'on pourra se rendre compte de la nature même de ce phénomène.

De la liquéfaction. — Certains éléments peuvent passer de l'état solide ou demi-solide à l'état liquide, peuvent en un mot *se liquéfier.* Il est des éléments chez lesquels la *liquéfaction* se manifeste à l'état normal; ce sont les cellules embryonnaires de beaucoup d'animaux; elle se montre aussi quelquefois dans diverses conditions

accidentelles ou *morbides* sur les éléments anatomiques de l'adulte, ainsi qu'en fournissent des exemples les cas d'*ulcération.* Cette particularité, comme la précédente et par les mêmes raisons, se rattache à la nutrition dont elle est un cas particulier. Ici les changements catalytiques survenus dans les *substances organiques* vont jusqu'à un changement d'état spécifique, soit simplement isomérique, soit probablement avec dédoublement. C'est elle surtout qui constitue ce que certains auteurs ont appelé *gangrène moléculaire.* Les principes immédiats non cristallisables sont spécialement le siége des modifications survenues dans la constitution de la matière organisée. Il y a en même temps dissociation moléculaire complète, décomposition de celle-ci par séparation des principes cristallisables qui étaient unis aux premiers pour la constituer, et ce fait a lieu par suite de la cessation de la formation et de la décomposition continue des principes *coagulables,* qui *restent* normalement dans la substance organisée, s'y forment et s'y décomposent, sans y entrer ni en sortir tels qu'ils y sont en réalité.

Il importe de ne pas confondre la *liquéfaction,* le *passage de l'état solide ou demi-solide, à l'état* de fluidité complète des *substances organiques,* et de la matière des éléments anatomiques dont elles sont la base, avec la *dissolution* d'un solide ou d'un corps demi-solide par un liquide. Dans le premier cas, sans qu'il survienne un *liquide,* un *dissolvant* qui entre en contact avec les éléments anatomiques, cellule, fibre, tube, etc., on voit ceux-ci devenir diffluents ou tout à fait liquides, par suite de catalyses isomériques ou dédoublantes qui se passent dans les *substances organiques* surtout. Dans le second cas, c'est par suite de l'action moléculaire du liquide sur le solide, de leur combinaison réciproque même, que se forme un nouveau composé (le fluide résultant de la dissolution), qui est différent des deux premiers corps mis en présence (voyez *Chimie anatomique,* t. I, p. 444 et suivantes). Ces deux ordres de faits, si distincts pourtant, sont habituellement confondus en anatomie pathologique, en physiologie et en thérapeutique générale ou appliquée, faute de méthode et d'habitude de préciser l'emploi des termes désignant des phénomènes si différents. Il est commun surtout d'entendre parler de la *dissolution spontanée des humeurs*, etc., comme si une humeur pouvait se dissoudre elle-même. Cette erreur, dont les inconvénients sont faciles à sentir, doit être évitée avec soin.

Le phénomène de la liquéfaction, du passage à l'état liquide d'éléments anatomiques habituellement solides ou demi-solides, joue un très-grand rôle dans tous les cas morbides dits d'ulcération, et la connaissance précise en est indispensable pour interpréter ceux-ci. Cette connaissance, à son tour, repose entièrement sur celle des caractères et des propriétés des substances organiques.

Du développement. — On donne le nom de développement à cette propriété d'ordre organique caractérisée par ce fait, que tout élément anatomique qui se nourrit, grandit en tout sens (ainsi que l'exprime le mot se développer), et a une fin, mort ou terminaison.

Les auteurs anciens définissaient ainsi le *développement* : «*Auctio* (αὔξησις *augmentatio, accretio incrementum*) *proprie dicitur species illa nutritionis, quando corpora et partes accedentibus de novo portionibus iis e quibus antea constabant virtute flammæ vitalis, assimilatis secundum omnes dimensiones augentur, accrescunt usque ad naturæ determinatam quantitatem* (Charlton, *loc. cit.*, 1658, in-12, *exercitatio* 1, § I). Il est remarquable de voir combien peu de physiologistes ont pris en considération cet acte en dehors de ce qui regarde l'accroissement total du corps ou de quelques organes; combien, au contraire, il en est qui ont confondu les phénomènes du développement de la chose née avec ceux de la naissance de cet objet. Le développement des parties formées associé à la génération d'autres parties a pour résultat l'*accroissement* de chaque organe ou de l'être considéré dans son ensemble, depuis l'état d'œuf jusqu'à l'époque où il vit de lui-même et jusqu'à celle où il a atteint sa grandeur parfaite. Ils distinguaient ces phénomènes de l'*épigénème* ou *épigenèse* (ἐπιγένημα, de ἐπιγίγνεσθαι, survenir) qui est le fait de la naissance d'une chose, d'un organe, etc., qui n'existait pas, à côté d'un autre qui préexistait (*quod fit per generationem seu additionem partis post partem*).

Le développement suppose la nutrition; il est sous sa dépendance d'une manière absolue, mais il en est distinct; ce n'en est pas une conséquence, une suite nécessaire; c'est un phénomène qui lui est contingent; car on pourrait concevoir un corps qui existât indéfiniment sans se développer, se nourrissant par simple oscillation de ses matériaux, c'est-à-dire par un échange égal entre les parties qui sortent et celles qui pénètrent. Ainsi, la propriété de se développer diffère de la nutrition et ne doit point être confondue avec elle; c'est une autre propriété de la matière, mais de la matière organisée seulement et non de la matière brute. La propriété que présentent les éléments anatomiques, de grandir ou de diminuer en modifiant ou non leur forme et leur structure, est un phénomène qui ne peut se comparer à celui qui consiste en une rénovation continuelle molécule à molécule des principes qui constituent leur substance, par combinaison d'une part et décombinaison de l'autre. Il n'y a réellement rien de semblable dans ces deux phénomènes; prendre l'un pour l'autre, ou considérer les deux comme n'en faisant qu'un et les désigner par le même mot, serait commettre une grave erreur.

L'être vivant s'accroît tant que chez lui le mouvement d'assimilation prévaut sur celui de désassimilation; il décroît ensuite dès que leur relation devient inverse; enfin, il meurt quand leur harmonie fondamentale se trouve assez rompue.

Buffon établit nettement le sens des mots *développement* et *reproduction*, ainsi que les différences qui séparent les actes qu'ils désignent (*Histoire naturelle*, Paris, 1749, in-4, t. II, p. 49 et 50), et c'est à tort que ces deux termes sont souvent pris comme synonymes. Ce sont les éléments anatomiques mêmes qui sont le siége du développement comme de la nutrition, et l'accroissement du corps entier ou de chaque organe en particulier est le résultat commun du développement de chacun de ses éléments pris en lui-même et de la naissance de nouveaux éléments anatomiques entre ceux existant déjà. Les mots *développement* et *accroissement* ne sont donc point absolument synonymes en physiologie et n'auraient jamais dû être considérés comme tels; seulement peu d'auteurs se sont préoccupés de leur sens véritable, soit étymologique, soit historique. Schwann est le premier qui, chez les animaux, ait poussé jusqu'aux éléments anatomiques l'étude de la propriété du développement qui jusqu'alors n'avait été envisagée que dans les tissus ou dans l'organisme entier (Schwann, *loc. cit.*, 1838, p. 209-214). Henle l'a fait aussi très exactement (*loc. cit.*, 1843, t. I, p. 179). Leurs successeurs ont employé tantôt ce terme, tantôt le mot *accroissement*. Mais c'est surtout la confusion de la propriété de développement avec celle de naissance ou reproduction qui a été la source d'un grand nombre d'erreurs; aussi, prendre comme synonymes les termes qui désignent chacune d'elles séparément est une faute des plus nuisibles, bien que souvent commise de nos jours.

Aux points de vue de la constitution moléculaire des corps et des actes moléculaires aussi qui s'y passent, ce qui caractérise la chimie c'est la stabilité des combinaisons qui ont eu lieu, la permanence des phénomènes offerts par les espèces chimiques, tant qu'il n'y a pas eu décomposition; ce qui la caractérise encore, c'est qu'au point de vue dynamique, l'existence des espèces n'offre que deux termes, celui de leur formation et celui de leur ségrégation moléculaire qui en marque la fin. Ces espèces n'offrent, par conséquent, pas de développement, pas de qualité spéciale, intermédiaire, en quelque sorte, entre le moment de leur formation et celui de leur disparition, en tant qu'espèce, par combinaison à un autre corps ou par décomposition.

Ce qui caractérise, au contraire, la biologie envisagée sous les mêmes points de vue, c'est l'instabilité de la composition de la substance organisée, des espèces d'éléments anatomiques et d'humeurs; ce sont leurs variations continues, sous ce point de vue, par une série d'oscillations, en quelque sorte autour d'une ligne constante et d'après une loi de rapidité en progression croissante, puis décroissante, dont les derniers termes ne reproduisent jamais exactement les premiers, et qui diffère d'une espèce d'élément à l'autre.

Cette remarquable et dominante particularité devient à son tour la condition d'existence de faits dynamiques plus frappants encore. C'est d'abord que ces espèces de corps ont comme les autres un commencement et une fin saisissables à nos moyens d'investigation, sans que cette dernière soit nécessairement une *décomposition* au point de vue statique. C'est ensuite, qu'entre ces deux termes extrêmes, indépendamment des actes nutritifs dont il vient d'être question, elles sont le siége d'une série de phénomènes intermédiaires dits de développement ou d'évolution dont la fin caractérise la *mort* de chacune des espèces d'éléments dont il s'agit.

Enfin, les autres propriétés de la substance organisée d'un ordre plus élevé que le développement, telles que celles de naissance, de contractilité et d'innervation, offrent à leur tour cette remarquable particularité qu'elles participent elles-mêmes à ce développement; c'est-à-dire que depuis l'époque où elles ont commencé à se manifester sur tel ou tel élément jusqu'à celui où elles disparaissent, elles présentent aussi une succession de changements ou de modes, qui constituent une véritable évolution dynamique; cette évolution qui, naturellement, diffère de l'une à l'autre de ces propriétés, selon sa nature reconnaît pour condition statique d'existence le développement même des éléments anatomiques; en d'autres termes, elle est en corrélation immédiate et inévitable avec les changements successifs qui ont lieu dans l'intimité de la substance des éléments anatomiques et qui caractérisent leur développement individuel.

Les phénomènes de segmentation, de gemmation, etc., dont nous avons parlé précédemment, ayant lieu dans le vitellus, dans les substances amorphes interposées aux épithéliums nucléaires, sur des cellules et des noyaux libres des plantes ou des animaux, sont en fait un exemple frappant à citer à l'appui de ces données. Ils ont lieu en effet alors seulement que le développement de ces parties élémentaires est arrivé à un certain degré; ils marquent la fin de cet accroissement; ils constituent la phase terminale de l'évolution de ce qui est né, et ils ont pour résultat l'individualisation en éléments anatomiques figurés des parties amorphes déjà nées ou le doublement individuel de quelque élément figuré; après quoi le développement suit sur chacun de ces derniers de nouvelles phases évolutives, particulières à chacun d'eux selon sa constitution spécifique propre.

En réalité donc, les phénomènes de *segmentation* et de *scission*, quelles qu'en soient les variétés qui font qu'ils ont pour résultat tantôt l'individualisation en éléments figurés de substance sans forme déterminée, tantôt la *reproduction* d'un ou de plusieurs individus semblables à l'élément qui se segmente, ces phénomènes, disons-nous, ne sont pas des faits de *naissance*, mais se rattachent, au contraire, à ceux dont l'ensemble reçoit le nom d'*évolution* ou de développement.

De même encore les propriétés animales, comme la *contractilité* et l'*innervation*, n'apparaissent pas dès le moment de la naissance des éléments qui en sont doués, mais seulement lorsqu'ils ont atteint un certain degré de développement, degré avant lequel elles n'existent pas, mais que leur apparition caractérise dynamiquement; jusque-là ils ne jouissent que des propriétés de la vie végétative. La première manifestation des qualités ou perfections de la vie animale caractérise l'*animation*, comme leur dernière manifestation caractérise la *mort animale*, bientôt suivie de la cessation de tout développement et de toute nutrition, ce qui marque la fin de toute évolution en général, c'est-à-dire de l'attribut dynamique dominant de toute existence individuelle (1).

Aussi, en chimie, le meilleur moyen de déterminer la nature des espèces de composés est-il la connaissance de leur composition jointe à celle de leur destruction spécifique, soit par ségrégation moléculaire, soit par combinaison à d'autres corps; mais la notion de l'origine des espèces importe généralement peu. En biologie, au contraire, où il s'agit de corps en voie incessante de changements, nous ne pouvons arriver à déterminer leur nature qu'en ajoutant à la connaissance de la composition immédiate de leur substance et à celle de leurs réactions des notions nettes sur leur mode de leur apparition jointes à celle des termes de leur existence évolutive, intermédiaires à celle-ci et à leur fin. C'est ainsi que nous pouvons parvenir à déterminer la nature de tout corps qui a une origine et une fin saisissables; mais quant à ceux qui n'ont ni commencement ni fin, le champ des hypothèses invérifiables est seul ouvert à leur étude, sans que nous puissions en déterminer la nature, parce que la notion de ces deux termes extrêmes est nécessaire pour porter un jugement net sur ceux qui sont intermédiaires.

Phénomènes du développement des éléments anatomiques.

Le point de départ du développement des éléments anatomiques est le moment qui fait suite à celui de leur naissance, de leur apparition en tant qu'individu distinct. Présentant alors le plus grand degré de simplicité qu'ils offriront jamais, mais déjà spécifiquement différents, les phénomènes saisissables de leur développement consistent en une succession graduelle de très-petits changements de volume, de forme, de consistance, de réactions chimiques et de structure, qui les éloignent de plus en plus de ce qu'ils étaient au début. Chaque espèce offre son individualité sous le rapport de ces changements évolutifs, comme sous celui de son point de départ, et ces derniers sont tels que non-seulement ils différencient de plus en plus chaque élément de ce qu'il était au début, mais encore chaque espèce des autres espèces.

Quelque peu considérable que soit chacun de ces changements pris individuellement, ils finissent par causer une telle différence entre l'élément arrivé au dernier degré de son évolution tant normale qu'accidentelle, et ce qu'il était aussitôt après sa naissance, qu'il est impossible, en voyant un élément anatomique complétement développé, de dire ce qu'il était lors de sa naissance, si l'on n'a jamais observé celle-ci. Chaque espèce trace à cet égard une courbe distincte, si l'on peut ainsi dire; de plus, aucune partie de cette courbe ne peut être exactement superposée à une autre

____

(1) Pour les anciens et pour beaucoup de modernes qui raisonnent en dehors des notions qu'ont fait acquérir l'anatomie et la physiologie générales, l'*animation* était l'arrivée de l'*âme* « quod fit ens incor» poreum, spirituale et incorruptibile et immortale » seu principium illud activum et proximum animæ » in prima significatione sumtæ instrumentum, cu» jus beneficio membra corporis vivunt, sentiunt, mo» ventur et omnes in vitæ actiones edunt, » dont on ignorait « originem tamen et naturam et quamdiù » cancellis corporis organici veluti inclusum tenetur, » et ita nondum liberrimæ activitatis est. » (Castelli, *Lexicon medicum*. Genevæ, 1746, in-4°, p. 51.)

partie ; ou en d'autres termes, aucune des phases de cette évolution ne se répète, et surtout jamais celles qui correspondent aux états séniles et morbides ne sont assimilables à un retour aux phases embryonnaires, ni sous le rapport de la nature des changements, ni sous celui de la rapidité avec laquelle ils s'accomplissent.

En outre, en voyant un élément qui vient de naître, on ne peut également jamais préjuger exactement quels seront ses caractères spécifiques ultérieurs, si l'on n'a pas encore suivi les phases de son évolution intermédiaire à l'époque de sa naissance et à celle de son état sénile extrême, pas plus qu'en voyant un embryon on ne pourrait dire quelle sera la ressemblance du même individu arrivé à l'âge adulte ou devenu vieux. Ces faits sont très-importants, et faute de les avoir connus, faute d'avoir étudié entre quelles limites peuvent s'étendre les changements évolutifs que présentent les éléments de chaque espèce, beaucoup d'erreurs ont été commises dans la détermination de la nature des tissus.

Il n'y a rien dans les phénomènes du développement d'éléments anatomiques quelconques qui puisse être comparé à la *métamorphose* et en recevoir le nom ; c'est par une confusion qui a été la source d'erreurs sans nombre que l'ensemble des faits qui caractérisent leur évolution a été appelé *métamorphose : Metamorphosis seu transformatio sumitur pro specie formationis animalium, quando vermis ex ovo nascitur vel ex eruca ad perfectam magnitudinem aucta, vel ex aurelia papilio et opponitur τῇ ἐπιγενέσει, quando per partium additionem animalia adolescunt.* (Castelli, *Lexicon medicum.* Genevæ, 1746, in-4, art. MÉTAMORPHOSIS.) Or on sait que cette métamorphose des insectes est caractérisée par la chute ou mue d'une ou de plusieurs couches d'organes extérieurs se détachant simultanément, pendant que s'accroissent plus profondément les organes sous-jacents et définitifs, qui tendent ainsi à faire de l'animal un insecte parfait ; organes qui tous ou presque tous sont nés par épigenèse dans l'œuf durant l'évolution ovulaire, comme cela a lieu chez les autres animaux. Il en résulte une série de changements de forme pendant le développement , sans changement de nature

anatomique qui soit une TRANSMUTATION : *quod mutatur de specie in speciem.* L'idée de la métamorphose appliquée aux éléments anatomiques est donc une erreur, car ils n'offrent rien d'analogue à ce qui précède. Ils changent de forme, de volume et surtout de structure en se développant ; ils perdent ou non par résorption des noyaux, ils acquièrent des parties nouvelles, se creusent de cavités, etc., mais sans se dépouiller d'aucune partie externe comme dans le cas de la métamorphose ; or c'est ce dernier fait qui caractérise essentiellement celle-ci parce que, lorsqu'elle débute, les organes sous-jacents qui doivent rester définitifs existent déjà et ne font que se développer, que s'accroître, comme le font individuellement les éléments anatomiques, et cela par suite même du développement de leurs propres parties constituantes élémentaires. Aussi n'appelle-t-on, et à juste titre, en zoologie, *animaux sujets à métamorphose,* que ceux qui durant les premières phases de leur vie extra-ovulaire perdent un ou plusieurs organes tégumentaires, enveloppant la totalité ou une partie du corps.

Ainsi l'étude des éléments anatomiques dans leur état embryonnaire ne peut remplacer celle des mêmes éléments adultes ou arrivés aux états séniles et morbides, pas plus qu'on ne peut remonter par une simple vue de l'esprit des caractères des éléments adultes à ceux qu'ils ont offerts depuis le moment de leur apparition.

Dès 1811, Gruithuisen, cherchant à se rendre compte des conditions de la naissance des tissus, plutôt qu'il ne décrit les phénomènes de celle-ci, dit en propres termes que, du tissu cellulaire des plantes, aussi bien que de celui des animaux, peuvent se reproduire, de succession en succession, de nouveaux tissus cellulaires, et chaque forme de cellule n'est limitée par aucune condition de volume ; *dans chaque cellule peut s'en former une autre intérieurement ;* il peut se former par développement des unes ou des autres plusieurs tubes cylindriques ; et toutes peuvent posséder particulièrement dans leur nature les qualités organisantes que nous pouvons tous journellement observer comme se manifestant dans les formations morbides. On doit aussi, dit-il, chercher dans le tissu cellulaire la matière fondamentale, aussi bien de l'organisation la plus inférieure que de celle qui s'élève jusqu'à la vie et à l'intelligence. Seulement, lorsqu'il arrive aux faits de détail, on voit que les notions générales, qu'il expose en ces termes, sont loin d'être fondées sur l'examen de la réalité. Il ajoute en effet, que chaque cavité aérienne, chaque cavité médullaire des os, est une cellule élargie ; la cavité du crâne est une cellule dans laquelle se sont formées des cellules plus molles, remplies de substances pulpeuses, qui consistent en cellules (Gruithuisen, *Organozoonomie, oder ueber das niedrige Lebens Verhältniss*. München, 1811 ; in-8, p. 151-152). Cela se verrait chez l'embryon où le cerveau est liquide (p. 154). La cavité thoracique est, dit-il, une cellule dans laquelle est de nouveau une grosse cellule, la plèvre, et de nouveau dans celle-ci plusieurs autres cellules, les poumons, le péricarde, le cœur ; et ces grosses cellules consistent en petites cellules et en fibres et vaisseaux formés à leur tour par des cellules allongées ; on voit par le cœur, par l'estomac, etc., que les cellules peuvent posséder en elles la muscularité (p. 155). Les autres exemples qu'il cite étant tous du même genre, les précédents suffisent pour faire sentir où en étaient, à cette époque, les notions analytiques sur lesquelles reposait la synthèse qu'on vient de voir formulée. Ce même ordre d'hypothèses a été continué par Heusinger (*Histologie*, 1824, in-8, p. 112), qui fait provenir les fibres, les tubes, etc., des particules sphériques dont il admet l'existence comme partout démontrée par le microscope. La sphère étant l'expression d'une lutte égale entre la contraction et l'expansion, tous les organismes, toutes les parties organiques, ont été primitivement des globules. Lorsque les forces éprouvent une plus grande tension, on voit la vésicule émaner du globule, qui souvent n'a que l'apparence de l'homogénéité, sans être réellement homogène. Là où des globules et de la matière amorphe se rencontrent dans l'organisme, ils se disposent en séries, d'après les lois de la physique et de la chimie, et forment des fibres ; quand ce sont des vésicules, elles forment des vaisseaux, des canaux. Comme Gruithuisen, il considère les séreuses, les glandes folliculaires, etc.,

comme des cellules agrandies, et les valvules des vaisseaux comme des *restes de cellules*.

On voit tout de suite combien d'hypothèses, postérieurement émises et encore admises par quelques médecins, ne sont que des remaniements de celles-ci, et de celle de Blainville ; hypothèses auxquelles on a donné un corps plus voisin de la réalité, en prenant, pour les appuyer, des exemples dans les éléments anatomiques réels, ayant forme de cellules, alors aperçus par le microscope, au lieu d'emprunter ces exemples à certaines dispositions anatomiques des organes, comme la plèvre ou les veines.

Déjà, en effet, de Blainville en 1822 (*Organisation des animaux*, Paris, 1822, in-8, p. 9 et suiv.), s'appuyant sur des données empruntées à l'anatomie comparée, avait admis un seul élément *anatomique générateur*, le tissu cellulaire. En se modifiant avec l'âge à partir de son apparition embryonnaire, et de plus en plus aussi d'une espèce animale à l'autre, à compter des espèces les plus simples, cet élément aurait engendré successivement tous les autres, quels que soient leurs divers attributs ou caractères anatomiques propres, qui empêchent d'abord d'apercevoir leur origine commune. Seulement pour de Blainville, ce sont les fibres ou les faisceaux de fibres du tissu cellulaire qui deviendraient l'origine du cartilage, de l'os, des glandes, des fibres musculaires, des éléments nerveux, etc. En un mot, il leur fait jouer le rôle que quelques médecins modernes attribuent aujourd'hui aux noyaux embryo-plastiques désignés par eux sous le nom de noyaux du *tissu cellulaire ou conjonctif*.

Abordons actuellement l'étude des phénomènes mêmes du développement. Dans les substances amorphes, ils sont bornés à une simple augmentation de quantité, quelles que soient les conditions dans lesquelles on les observe, sans qu'il soit possible de constater extérieurement d'autres particularités. Mais pour les éléments anatomiques figurés, il n'en est pas de même. Chez eux le développement ne consiste pas uniquement en une simple augmentation de volume. Pendant qu'ils grandissent, ils subissent des changements graduels et incessants survenant dans leur forme qui, de sphéroïdale généralement, devient polyédrique , prismatique ou filamenteuse , tubuleuse , etc. En même temps leur structure se modifie considérablement. Selon les espèces dont il s'agit, on voit augmenter ou diminuer les dimensions de leurs granulations, noyaux ou nucléoles, ou certaines de ces parties-là, et des gouttes huileuses ou autres, etc., qui n'existaient pas, se produisent dans leur épaisseur. Sur d'autres ce sont des stries, des dispositions différentes variant d'une espèce à l'autre, qu'on voit se produire. Il en est qui de solides deviennent creux, normalement ou accidentellement, etc. Il est d'autres modifications de même ordre que les précédentes qui, normalement ou accidentellement aussi surviennent dans des conditions dites séniles, c'est-à-dire que ces phénomènes se montrent alors que les éléments anatomiques sont restés plus ou moins longtemps stationnaires, sans présenter de changements, et qu'ils conduisent peu à peu ces éléments à ne plus manifester avec la même énergie les propriétés spéciales dont ils jouissent, puis à ne plus les manifester du tout.

Des particularités précédentes proviennent les variétés secondaires, mais nombreuses, que présente la structure de certaines espèces d'éléments d'un âge à l'autre ou d'une région à l'autre. C'est surtout l'examen des éléments anatomiques : 1° à des périodes embryonnaires diverses ; 2° à l'état adulte normal ; et 3° à l'état morbide ou d'aberration, qui a permis de constater ces faits sans la connaissance desquels nulle interprétation pathologique n'est possible autrement que par hypothèse. Mais, d'autre part, tant que l'un de ces trois termes de comparaison est négligé, on ne peut faire aucune application de ces recherches à la pathologie ; toute leur valeur, tant scientifique que pratique, peut être mise en doute.

De toutes ces considérations il ressort aussi qu'il est impossible de conclure de ce qu'on a observé sur une même espèce d'élément anatomique à ce qui regarde le développement d'une autre espèce ; car chacune d'elles, une fois née, suit dans son évolution une marche qui lui est propre. Chaque groupe d'éléments renferme des espèces très-diverses, dont chacune suit un mode d'évolution particulier, et qui se trouve naturellement en rapport avec les différences de structure et de propriétés spéciales qui séparent une espèce d'une autre espèce. Les faits généraux, c'est-à-dire s'appliquant à toutes les espèces, sont donc peu nombreux. Aussi les notions qui se rapportent aux changements successifs de forme, de dimension et de structure que subissent dans leur évolution toutes les espèces d'éléments, depuis le moment de leur apparition jusqu'à celui de leur plein développement, ne sont guère susceptibles d'une exposition commune.

Il résulte de là qu'au point de vue anatomique on ne peut posséder une notion exacte de la constitution d'un élément que lorsqu'on l'a observé à toutes les phases de son évolution, ou au moins aux phases principales ; il est impossible en un mot de connaître un élément si l'on n'a suivi qu'une seule des périodes de son existence, fût-ce celle qui dure le plus et dite de l'état adulte.

Il est manifeste, d'après les données précédentes, que le développement de chaque élément anatomique est subordonné à la rénovation moléculaire intime et continue ou nutritive. Celle-ci apporte les principes immédiats nécessaires à l'apparition des parties nouvelles dans l'épaisseur de chaque élément anatomique, telles que granulations, etc., c'est par elle que disparaissent les principes des parties qui s'atrophient lorsque ce fait a lieu et lorsque des éléments d'abord pleins se creusent ensuite. C'est par suite de la continuité de ces actes de combinaison et de décomposition incessantes dans l'intimité de la substance des éléments anatomiques, que se rencontrent peu à peu les conditions de l'apparition et de la disparition de ces parties au sein de chaque élément, aussi bien que de leur augmentation et de leur diminution de masse entraînant tels ou tels changements de forme.

Ces derniers faits prouvent en outre que le *développement* n'est pas simplement une exagération de la nutrition, un excès de l'assimilation par rapport à la désassimilation, puisqu'il y a production au sein même des éléments, de parties qui n'existaient pas dans ceux-ci et dont l'apparition ne pourrait être soupçonnée par une simple déduction des faits enseignés par l'étude de la nutrition de ces éléments. Celle-ci existe sous le phénomène du développement, si l'on peut ainsi dire ; ce dernier n'a pas lieu sans elle, tandis qu'elle s'accomplit sans discontinuité ; aussi voit-on le développement se montrer dans telle ou telle condition normale ou pathologique sur des éléments qui jusque-là étaient stationnaires et ne faisaient que se nourrir, ainsi qu'on voit le passage de l'état stationnaire à celui de mouvement ; de même aussi on observe la cessation de l'accroissement avec continuation de la rénovation moléculaire, comme s'il y avait retour du développement à la nutrition.

En fait, l'évolution des éléments anatomiques est surtout caractérisée par l'addition de parties qui apparaissent successivement dans l'intimité de leur substance, ou qui après être apparues s'atrophient jusqu'à disparition complète (dans les cas séniles ou morbides particulièrement), phénomènes accompagnés de changements corrélatifs de forme et de volume.

C'est bien plutôt le développement que la nutrition, comme on le voit, qui pourrait être comparé à une génération incessante, si l'une comme l'autre de ces comparaisons n'était également fausse ; car la génération des éléments anatomiques manque de tout fait comparable à la désassimilation continue qui est un des phénomènes essentiels de la nutrition, et rien également dans la génération ne ressemble au fait de la disparition de parties constituantes dans l'intimité de la substance des éléments, à la production de cavités, etc., phénomènes évolutifs subordonnés à l'acte désassimilateur de la nutrition.

Il est difficile, sinon impossible, d'observer tous les phénomènes du développement d'un ou de plusieurs éléments anatomiques en suivant toutes les phases de leur existence sur un même individu vivant. Il est de ces phénomènes qu'on ne peut que déduire de l'observation d'un nombre plus ou moins grand d'éléments anatomiques offrant des particularités de forme, de dimensions et de structure analogues et de plus en plus simples. On le fait aussi en suivant une marche inverse, c'est-à-dire en rapprochant des éléments les plus simples ceux qui leur ressemblent le plus par la structure, la forme, la grandeur

et les réactions chimiques, jusqu'à ce qu'on arrive aux éléments tels qu'ils sont chez l'adulte. Le raisonnement est ici le même que celui qui nous fait rapporter à l'espèce *chêne* une plante qui, dans une forêt, n'a pas la hauteur de la main, parce que, entre celle-ci et le chêne le plus gigantesque, se trouvent tous les degrés intermédiaires possibles relatifs à la taille, aux ramifications des branches et aux dispositions des feuilles. Ainsi, quoique dans la plupart des tissus les éléments qui les composent soient de plusieurs espèces et souvent difficiles à bien isoler sur l'embryon, quoiqu'ils aient pu donner lieu à des interprétations arbitraires, ou fait attribuer à un élément ce qui appartient à d'autres ; un examen répété des mêmes objets dans les mêmes conditions, ramenant constamment sous les yeux les mêmes phases d'évolution, permet de relier exactement les premières de ces phases aux dernières, à l'aide de celles qui sont intermédiaires. Par conséquent on peut considérer à l'époque actuelle les phénomènes de cette évolution comme exactement connus pour la plupart des espèces de fibres, de tubes et de cellules.

Faute de pouvoir suivre sur un même individu le développement de chaque élément anatomique, consécutivement à sa naissance, on peut remplacer cet ordre d'observations par l'examen de cet élément fait sur un certain nombre d'êtres de même espèce pris à des âges différents, toutefois aussi rapprochés que possible ; mais on ne saurait lui substituer la description d'éléments de même espèce étudiés dans la série animale sur des êtres d'organisation de plus en plus simple. Ces deux ordres de conditions sont, en effet, essentiellement distinctes.

Le développement est un phénomène continu d'une rapidité variable selon la durée de l'existence de chaque individu, pouvant être si lent qu'il peut sembler avoir complétement cessé ; mais c'est toujours sur un même être qu'il a lieu ; cet acte s'opère dans des conditions statiques qui restent de même ordre, sans interruption pendant toute sa durée, et c'est cette continuité dans les conditions statiques, comme dans le fait dynamique, qui caractérise l'évolution.

En comparant, au contraire, les éléments

anatomiques (ou des parties plus complexes), dans la série des êtres et non dans la succession des âges, on ne constate plus les phénomènes d'une évolution; ce ne sont plus des faits d'ordre dynamique assimilables à ceux d'un développement évolutif qu'on a sous les yeux, ce n'est qu'une série de termes distincts, plus complexes les uns que les autres, représentant des conditions statiques qui ne sont pas semblables. Si, en raison du peu de différence de l'un à l'autre des éléments anatomiques comparés entre eux, d'une espèce animale à l'autre, et qui représentent ces termes, on peut, par une vue de l'esprit, exprimer leurs analogies à l'aide de formules dont les expressions se rapprochent de celles qui servent à décrire un phénomène continu, il importe d'éviter une confusion entre les deux ordres de notions différentes que ces mots servent à désigner.

Dans le cas du développement d'un élément anatomique qui vient de naître, en effet, celui-ci ne cesse pas d'être lui-même à partir de ce point initial; dans son évolution, il trace en quelque sorte une courbe non interrompue, dont l'état adulte marque le sommet, et la mort ou la destruction de l'élément en est le point terminal. Les aberrations accidentelles ou morbides de formes, de volume et de structure en sont autant de *points singuliers*. On peut ainsi comparer l'un à l'autre, sur cette ligne continue, les points en nombre infini existant entre ses deux termes extrêmes.

Dans le cas de la comparaison des éléments anatomiques ou des tissus, etc., d'un animal à l'autre, à compter des plus simples pour arriver aux plus complexes, comme dernier terme comparatif, il ne s'agit plus d'une continuité de phénomènes et de changements qui les décèlent. On a sous les yeux une série de termes distincts, disposés en une certaine progression, plus ou moins séparés les uns des autres; or, entre chacun de ces termes, pour établir une continuité, il faudrait placer des termes ou états anatomiques en nombre infini, ce que l'étude réelle des êtres organisés ne permet pas de faire.

Aussi l'observation fait-elle reconnaître que, pour aucune des parties du corps, ses changements graduels et successifs dans le temps ne reproduisent les différences qu'on observe dans l'espace en comparant cette partie de l'un à l'autre des animaux existants, depuis celui où elle offre le plus de simplicité jusqu'à celui où elle est au plus haut degré de complexité.

En d'autres termes, la suite des points de comparaison obtenus dans ce dernier cas ne peut se superposer exactement à la courbe continue que trace dans son évolution une partie du corps de même espèce.

Les formules qui expriment ces deux ordres de notions distinctes, l'une de l'ordre statique, l'autre de l'ordre dynamique, ne coïncident également pas l'une avec l'autre, et l'une ne peut être remplacée par l'autre; ou, en résumé, on ne peut suppléer à l'étude du développement des éléments anatomiques, des tissus, etc., par la comparaison des mêmes parties entre une espèce animale et une autre, et réciproquement l'un de ces deux ordres d'observations étant fait, bien qu'il facilite celui qu'y reste à exécuter, il ne peut exempter d'accomplir celui-ci.

Ces remarques s'appliquent exactement aussi aux cas dans lesquels, connaissant les éléments anatomiques, etc., à l'état normal, il reste à les comparer aux mêmes parties altérées. Quant aux altérations, elles ne sauraient être appréciées sans la connaissance de l'état sain, l'anatomie pathologique n'étant qu'une des formes de l'anatomie comparative, n'étant que l'anatomie de l'état morbide comparé à l'état sain; ou, en d'autres termes, la comparaison avec elle-même de l'organisation d'un même être observé dans des conditions différentes.

Tout croît dans l'individu par le développement successif des éléments anatomiques qui naissent aussi successivement. Ces éléments sont individuellement développés (mais non engendrés) à chaque instant de leur propre durée par une foule de petits accroissements lents et par moments insensibles, dont l'ensemble représente l'évolution totale. Cette tendance de l'organisme à subir une évolution par celle de ses éléments anatomiques, par un accroissement ou une diminution de substance, selon qu'il parcourt une période progressive ou rétroactive, atteste la continuité de la force rénovatrice continue dont il a été question plus haut, et il importe de ne pas la confondre avec la propriété ou force génératrice dont il sera question plus loin, si l'on veut comprendre la vie, l'ordre et la beauté des choses de l'organisation.

Le mouvement est une qualité de la matière et par suite une force, tandis que l'inertie n'est qu'une abstraction ; de même l'évolution, s'associant dans une même substance à la nutrition qui continue à s'accomplir, est une propriété de cette matière qui ne peut pas être considérée comme un pur *quantum* de la rénovation moléculaire continue. Toutes deux sont des cas particuliers de l'activité propre de la matière organisée, appelée *vie* en général, mais ce sont deux cas distincts. Plus nous avançons dans cette étude, plus devient précise la détermination des modes de cette activité qui restent inexplicables, lorsque par des vues nées en dehors de l'observation des faits on les réduit tous à des questions de grandeur et de quantité.

Dans la nutrition, dont l'activité est surtout manifeste pendant les périodes de repos des propriétés dites animales de la substance organisée, dans la nutrition, dis-je, on ne saurait voir un fait semblable au développement qui exprime et représente le mouvement ; mais seulement des *conatus*, des sollicitations ou tendances à l'évolution, qui seule peut s'exprimer par une quantité finie.

Il y a, comme on le voit, dans la notion d'évolution, deux éléments, l'un fini et caractéristique, qui est la quantité du mouvement ou accroissement, l'autre infinitésimal, c'est-à-dire infiniment petit, qui est la nutrition.

L'introduction du premier de ces termes est la marque de la contingence du phénomène ; l'introduction du second est le signe de son universalité comme loi, parce que la nutrition est le fait le plus général dans l'économie, et domine le second sans l'absorber.

Nous avons vu que c'est dans la propriété de renouvellement moléculaire incessant de la substance des éléments anatomiques, ayant, dans l'entrée comme dans la sortie des matières, la production de principes immédiats nouveaux pour condition, que se trouve la raison d'être des sécrétions et de l'absorption. Nous avons également constaté que l'abandon, dans lequel est longtemps restée l'étude de la nutrition, a souvent fait considérer la vie comme caractérisée seulement par les phénomènes de sensibilité, de contractilité ou de circulation. Aussi on entend dire fréquemment que les produits tels que les épithéliums, les ongles, les poils, les plumes, etc., ne vivent pas, parce qu'ils n'ont que des propriétés végétatives, telles que celles de nutrition, de développement ou de reproduction. Mais il est à remarquer que ne jouissant que de ces propriétés, sans posséder de propriétés animales, ils les manifestent avec un degré d'énergie qu'on ne retrouve pas dans les espèces d'éléments doués de sensibilité ou de contractilité. C'est-à-dire que loin d'être dépourvus de vie, ils offrent, à un degré d'énergie presque sans exemple parmi les espèces du groupe des constituants, les trois propriétés végétatives qui caractérisent essentiellement la vie, et c'est sous ce rapport surtout qu'ils se rapprochent des tissus des plantes.

Il y a plus encore à noter sous ce rapport. On sait que certains phénomènes observés sur un nombre aussi grand d'éléments anatomiques des végétaux les plus simples que sur ceux des *animaux de toutes les classes*, ont été considérés comme de nature animale dans les uns aussi bien que dans les autres de ces êtres, c'est-à-dire comme des phénomènes assimilables à la contractilité ; suivant quelques auteurs, cette communauté de propriétés viendrait enlever toute distinction essentielle entre les animaux et les végétaux (Unger, A. Hoffmann, etc.), et pour les autres détacherait certaines familles du règne végétal pour les reporter dans le règne animal. Telle est, par exemple, celle des champignons myxomycètes, appelés par suite *Mycétozoaires* (de Bary, etc.). Les phénomènes dont je veux parler sont les mouvements appelés *sarcodiques*, et parfois aussi *amiboïdes*, observés sur le contenu et sur l'utricule azoté des jeunes cellules des plantes phanérogames (Unger, 1855), des *Vaucheria* et d'autres algues, puis les mouvements des *Gonium* et des *Chlamydomonas*, des *Spiralina*, etc., de celui également des spermatozoïdes des algues et de leurs zoospores. Je veux principalement parler aussi des mouvements sarcodiques observés par Schmitz, A. Hoffmann, et surtout par de Bary, sur le stroma ou matelas muqueux de quelques Hyménomycètes et de tous les Myxomycètes ; puis particulièrement enfin du passage à l'état de corps semblables aux infusoires rangés dans les genres *Monas* et *Amibes* quant à leur forme, à leurs mouvements, à leurs déformations avec ou sans segmentation en deux, etc., de ce passage, dis-je, observé dans la cavité des cellules filamenteuses de certaines algues et surtout, soit sur le contenu des spores des Myxomycètes lors de leur germination (de Bary), soit sur des spermatozoïdes de certaines algues.

Pour quiconque a vérifié quelques-unes de ces observations, ainsi qu'il n'est pas difficile de le faire, la similitude est incontestable entre les *Amibes* et les *Monas* d'origine végétale et ceux qui se produisent aux dépens du vitellus des œufs de Planaires, de Mollusques, d'insectes diptères, etc., et de Poissons (ainsi que Reichert l'a vu il y a longtemps déjà) en voie d'altération. Leurs mouvements, leur manière d'englober divers corpuscules d'autres éléments anatomiques, etc., ou de se creuser de vacuoles hyalines, sont également on ne peut plus semblables dans ces corps et dans les filaments muqueux des Myxomycètes avec les phénomènes de même ordre, dits *sarcodiques* ou *amiboïdes*, observés sur beaucoup d'infusoires, de cellules épithéliales, sur celles de la *corde dorsale*, sur les leucocytes, et d'autres éléments anatomiques de tous les animaux.

D'autre part des mouvements analogues amenant des changements de forme incessants, avec production ou non de prolongements périphériques, s'observent sur des corps d'origine organique, mais non organisés, et dans les modifications desquels il est absolument impossible de faire intervenir la contractilité comme cause. Les corps dont je veux parler sont ceux dont il a déjà été fait mention plus haut, qui proviennent d'éléments anatomiques en voie de destruction, soit morbide, soit cadavérique, et qui réfractent ou non la lumière à la manière des corps gras (voyez aussi Ch. Robin, *Mémoires de l'Académie de médecine*, Paris, 1859, in-4°, t. XXIX, p. 248).

Ce sont encore les gouttes de la substance médullaire ou *myéline* des tubes nerveux centraux ou périphériques, soit frais, soit déjà modifiés cadavériquement. Ce sont surtout les corps gras chimiquement extraits du sang ou de divers tissus qui, mélangés à l'eau ou à des substances albuminoïdes, et qui n'étant pas encore assez purement isolés pour cristalliser, prennent sous le microscope des dispositions analogues à celle que prend la *myéline* séparée des cylindraxes, corps gras qui, en raison de ce fait, ont parfois aussi reçu le nom de *myéline*.

Ces mélanges, ainsi que l'ont bien décrit E. Montgomery et d'autres auteurs, sont remarquables par l'aspect de cellules que prennent leurs gouttelettes microscopiques, par la manière dont ils se disposent en pellicules vésiculaires analogues à des parois de cellules, circonscrivant une cavité pleine de liquide avec des granules doués de mouvement brownien ou englobant des noyaux et même d'autres éléments anatomiques proprement dits.

Des amas de ces *extraits* on voit en outre sortir et s'allonger, sous les yeux de l'observateur, des filaments tubuleux ayant un contenu distinct de leur paroi, prenant des dispositions rectilignes, coudées, onduleuses ou spiroïdes, analogues à celles de divers éléments anatomiques ; parfois l'extrémité de certains de ces tubes se resserre, devient moniliforme, et les resserrements vont jusqu'à produire une scission avec séparation complète d'un globe creux, comme dans le cas de production des spores à l'extrémité des cellules tubuleuses de divers champignons oïdiés, etc.

Lorsque ce sont des gouttes sphériques ou à contour sinueux qui se sont formées, on peut les voir aussi sous le microscope, non pas s'infléchir dans un sens et dans l'autre, comme les filaments tubuleux précédents, mais changer de forme incessamment par suite de resserrement et de dilatation alternatives de certaines de leurs parties. Ces resserrements vont même jusqu'à produire une division complète de certains globules en deux, de la même manière qu'on voit s'opérer la scission par étranglement graduel de certaines cellules végétales et animales.

Tout cet ensemble de faits, dont l'analogie est manifeste pour quiconque les a observés, tend donc à montrer que c'est des actes de rénovation moléculaire continue, conduisant au développement, puis à la reproduction par gemmation et par scission continue, que doivent être rapprochés les mouvements sarcodiques décrits sur des corps d'origine organique de provenances si diverses et si nombreuses.

Ces faits font rentrer tout cet ensemble de phénomènes dans un même groupe, comme simple conséquence d'actes purement moléculaires ou chimiques de combinaison incessante de corps complexes, placés dans des conditions particulières.

Bien loin d'être des actions d'ordre animal, ces phénomènes sont au contraire le résultat d'actes essentiellement d'ordre végétatif, de telle sorte que les *amibes*, au lieu d'être des animaux, seraient plutôt des parties détachées de l'utricule azoté d'éléments anatomiques végétaux, dans des conditions accidentelles, comme dans des conditions normales les spermatozoïdes des algues proviennent du contenu azoté de cellules végétales déterminées.

La production par certains extraits graisseux mêlés à des corps albuminoïdes de mouvements et de corps ayant physiquement un certain nombre des caractères des éléments anatomiques, l'exsudation par des éléments en voie d'altération cadavérique de corps demi-liquides doués des mêmes propriétés que les précédents, l'analogie de ces phénomènes avec ceux que présentent les globules d'exsudation sarcodique dont la production conduit à la diffluence des éléments qui en sont le siége, l'analogie des exsudations, des resserrements, etc., offerts par ces globules avec ceux que présentent, soit les corps de provenance végétale aussi bien qu'animale appelés *amibes*, soit les leucocytes, soit le vitellus de l'ovule de beaucoup d'animaux dans diverses conditions, etc., tous ces faits, dis-je, montrent que les mouvements de ces corps ne sauraient être assimilés à l'un quelconque des modes de la *contraction* musculaire caractéristique de l'animalité. Ils ne lui sont pas plus assimilables et ne prouvent pas plus la nature animale des phénomènes précédents que ne lui sont assimilables les phénomènes de segmentation et de gemmation du vitellus et des cellules, qui s'accomplissent d'une manière identique sur les plantes et sur les animaux. Il en est de même du reste, à cet égard, du mouvement des cils des cellules épithéliales et des spermatozoïdes ou des zoospores, appartenant tous aux éléments qui possèdent au plus haut degré les propriétés végétatives de nutrition, développement et génération.

Variétés et perturbations de la propriété de développement. — Les phénomènes du développement se passent d'une manière régulière dans l'embryon et sur la plupart des sujets jeunes ou même adultes qui offrent, ordinairement, des conditions d'évolution peu variées. Mais il n'en est pas constamment ainsi, chez l'adulte surtout et quelquefois sur le fœtus. On voit se manifester avec ces conditions accidentelles des phénomènes qui se rattachent tous à la propriété de se développer que présentent les éléments anatomiques, dont ils sont autant de cas particuliers. Ce sont l'*arrêt de développement*, la *déformation*, l'*hypertrophie* et l'*atrophie*. Toutes les espèces d'éléments sont susceptibles de les présenter; mais ces troubles évolutifs ne se manifestent jamais sur tous les éléments d'un même animal à la fois; c'est plus particulièrement sur certaines espèces que l'on en voit des exemples, et sur un certain nombre seulement des éléments de tel ou tel organe.

La connaissance des phénomènes de l'évolution normale ne suffit pas pour faire comprendre complétement ce que sont en fait les états pathologiques précédents; elle ne permet pas à elle seule de juger des limites entre lesquelles ces éléments sont susceptibles de s'écarter de l'état normal sous ces divers rapports. Il est nécessaire de les soumettre à cet égard à une observation spéciale, en s'appuyant sur la connaissance des lois de l'évolution normale.

Lorsque, après avoir suivi les phénomènes du développement de l'état embryonnaire à l'état adulte, puis aux états sénile et pathologique ou d'aberration, on rapproche les uns des autres, on constate qu'il y a pour certaines espèces plus de différence entre un élément anatomique vu à l'état adulte et le même élément vu à l'état embryonnaire, qu'entre cet état adulte et les divers degrés d'aberrations morbides ou de modifications séniles qu'il peut offrir.

Il ressort immédiatement de ce fait un grand nombre d'applications importantes pour la pathologie et pour l'anatomie pathologique ; c'est que, par exemple, pour juger du degré d'altération des éléments, et par suite des tissus, il n'est pas seulement nécessaire de les connaître à l'état adulte, mais qu'il est indispensable d'en avoir suivi l'évolution embryonnaire. En outre, pour déterminer si un élément anatomique, qu'on observe pour la première fois, constitue une espèce nouvelle, il faut avoir constaté les faits dont nous venons de parler ; à plus forte raison en est-il de même lorsqu'il s'agit de déterminer : 1° si quelqu'un de ces corpuscules pris dans un produit morbide constitue une espèce à part d'éléments anatomiques, dissemblable de celles qui sont normales ; 2° si ce ne serait point seulement un degré d'aberration d'une espèce déjà connue.

Or, comme il est manifeste que la plupart des produits pathologiques ont été étudiés et déterminés avant qu'on ait possédé ces produits de comparaison, on voit comment la plupart de ces déterminations sont à réformer en suivant la seule marche logique qu'on puisse adopter. Aucun jugement, sur une question relative à des objets en voie incessante d'évolution, ne saurait être fondé s'il ne s'appuie sur la comparaison de l'état adulte, qui sert de terme fixe, à l'état embryonnaire qui montre entre quelles limites l'évolution normale est susceptible de s'étendre, ce qui permet ainsi d'apprécier les modifications pathologiques. Nuls faits ne démontrent mieux que l'anatomie doit commencer par l'histoire, la biographie des éléments anatomiques ; qu'il faut en observer le commencement, le milieu, la fin, et même les aberrations. C'est alors seulement qu'on peut apprécier combien l'évolution accidentelle est susceptible de s'étendre hors des limites propres à l'état normal.

a. Le développement d'un ou de plusieurs éléments peut ne pas atteindre les limites ordinaires ; arrivé à un certain degré, il cesse ; l'*assimilation* ne l'emporte plus sur la *désassimilation* ; il y a égalité entre ces deux actes élémentaires, égalité qui peut durer plus ou moins longtemps. Dans ce cas, on dit qu'il y a *arrêt de développement.* C'est là un fait *anormal ou tératologique* ; beaucoup de cellules végétales et animales, des épithéliums ou autres, des ovules ainsi que des fibres, en offrent des exemples.

b. Le développement étant ou non achevé, on voit des éléments prendre une conformation particulière, non ordinaire ; au lieu de se faire uniformément, l'évolution peut avoir lieu d'une manière plus prononcée dans une des parties d'une cellule, d'une fibre, etc., que dans l'autre, ou *vice versâ* ; on dit alors qu'il y a *déformation.* Si donc les éléments ont la propriété de se développer, on peut, dans certains cas particuliers, les voir se *déformer*, aussi bien que cesser de se développer avant d'avoir terminé leur évolution, dans des cas également accidentels. Voici encore un phénomène qui rentre dans les faits anormaux et constitue les cas *tératologiques proprement dits*, entraînant des *aberrations de forme ;* on en constate de nombreux exemples dans toutes les espèces d'éléments à peu près, mais surtout dans ceux qui offrent l'état de cellule.

c. Le développement des éléments achevé, ou avant qu'il le soit, il peut arriver que plusieurs, un seul ou tous, décroissent sensiblement, qu'ils diminuent, que l'acte de désassimilation l'emporte sur celui d'assimilation ; il peut se faire, en un mot, qu'ils présentent le phénomène inverse du développement. Cette propriété des éléments anatomiques a reçu le nom d'*atrophie.* La propriété de s'*atrophier* rentre aussi, suivant les conditions dans lesquelles on l'observe, dans les cas *anormaux* ou *tératologiques* et dans les cas *morbides* ou *pathologiques.* On l'observe tératologiquement lorsque des ovules des plantes et des animaux en voie de développement sont comprimés par d'autres qui les font avorter par atrophie partielle ou totale.

L'atrophie de certains éléments anatomiques, jusqu'à disparition complète ou non, au sein des tissus qu'ils concourent à former, peut devenir le point de départ, la cause de diverses dispositions anatomo-pathologiques et de symptômes ordinairement mal interprétés faute d'une connaissance exacte des phénomènes élémentaires dont les éléments anatomiques sont le siége ; connaissance qui seule pourtant peut nous rendre raison des faits dont il s'agit. Telles sont certaines diminutions de volume d'une partie d'un organe avec froncement et retrait ou rétraction des parties voisines, que beaucoup d'auteurs ont attribuées, à tort, soit à un prétendu tissu particulier qui aurait été doué de propriétés spéciales, comme dans les cicatrices, soit à une modification de la contractilité, que pour les besoins de la cause on a attribuée à des tissus qui ne renferment pas trace d'éléments contractiles. Lorsque dans les cicatrices le mouvement de résorption naturel à la matière amorphe de ces tissus récemment formés s'empare d'elle, les phénomènes de rétraction commencent. Cette disparition graduelle de la substance amorphe interposée au tissu cicatriciel, ou produite dans un tissu anormal, s'opère molécule à molécule, et elle offre toute l'énergie que présentent les phénomènes moléculaires, quelle que soit leur lenteur ; elle amène fatalement la diminution d'étendue de la masse que forment les parties voisines, la diminution d'intervalle qui sépare les tissus voisins restés sains. Ce phénomène n'a rien de comparable à la contraction des tissus musculaires ; il est tout mécanique, et n'est point dû au raccourcissement de fibres quelconques. Dans les muscles et d'autres tissus, encore lorsqu'il y a disparition molécule à molécule de la substance de leurs faisceaux striés, qui entraîne la diminution de leur masse dans les trois dimensions, il y a par suite rapprochement de leurs extrémités fixes. Beaucoup d'auteurs confondent ces deux modes de rétraction ou de retrait avec le raccourcissement dû à une contracture, c'est-à-dire à un état de contraction prolongée des muscles : par suite, ils se servent à tort des mots rétraction et contraction comme synonymes, et considèrent comme dû à l'un ce qui provient de l'autre, qui ne lui ressemble en rien. Par suite aussi, il en est qui mettent sous la dépendance directe de l'innervation des états de rétraction qui en sont complétement indépendants, qui sont le résultat d'une perturbation du développement des éléments anatomiques. (Voy. Ch. Robin, *Remarques sur les pieds bots*, in *Gazette des hôpitaux*. Paris, 1860, in-4°, p. 83.)

Le mot *résorption* désigne des phénomènes de même ordre que ceux qu'indique le terme *absorption*, mais il ne s'emploie qu'en parlant d'une humeur produite par l'animal même chez lequel se passe le phénomène dans une cavité close, soit naturelle, comme une séreuse, les cavités de l'œil, etc,. soit accidentelle, comme un kyste, ou formée par un liquide épanché (sang, lymphe) ou sécrété (sérosité de l'œdème) dans l'épaisseur d'un tissu ; c'est un mode d'absorption qui ne s'observe guère que dans des conditions accidentelles. Les cas d'atrophie dans lesquels des éléments anatomiques ou des organes disparaissent en entier, molécule à molécule, par suite de troubles de la nutrition, dans lesquels la *désassimilation* l'emporte sur l'*assimilation*, ont quelquefois été confondus (sous le nom de *résorption* des solides) avec les phénomènes précédents, parce qu'on supposait que les éléments ou l'organe passaient d'abord par un état de liquéfaction graduelle. Mais nos connaissances plus précises sur les actes moléculaires de la nutrition et la transmission avec échange molécule à molécule des principes qui y prennent part, ne permettent plus cette confusion de choses si différentes. Ceci s'applique également aux cellules adipeuses, dont on dit quelquefois que le contenu est absorbé ou résorbé lorsqu'elles se sont atrophiées en partie et ont perdu une portion de ce contenu ; mais l'atrophie et l'absorption ne sauraient non plus être confondues ensemble. Toutefois la force de l'usage entraîne souvent à se servir du mot *résorption* pour dire qu'un élément anatomique ou un organe se sont atrophiés jusqu'à disparition complète, comme s'il s'agissait du liquide d'un kyste ou de la plèvre résorbé après sécrétion.

d. Aussitôt ou longtemps après que le développement est achevé, il peut dépasser les limites ordinaires. On dit alors qu'il y a *hypertrophie*. La propriété de s'*hypertrophier*, qu'ont les éléments anatomiques, est une qualité accidentellement acquise, c'est-à-dire qui ne se manifeste que dans quelques conditions non habituelles. En raison de ce fait elle est dite *anomale* ou *tératologique*, et *morbide* ou *pathologique* quand de l'hypertrophie résulte une gêne douloureuse ou non dans l'accomplissement des fonctions. Ce sont surtout les cellules, tant végétales qu'animales, et aussi les fibres musculaires et autres, qui manifestent cette propriété.

Si donc dans un élément anatomique auquel des principes immédiats plus abondants ou d'une autre nature sont fournis, la nutrition devient plus rapide ; si le mouvement de composition l'emporte sur celui de décomposition, et qu'il y ait hypertrophie, la propriété de nutrition n'est altérée en rien, c'est le *développement* de la fibre ou de la cellule, etc., qui est troublé. On peut parfaitement concevoir des éléments anatomiques qui ne s'hypertrophieraient pas et n'auraient d'autres propriétés que celle de se développer sans dépasser l'état normal ; mais la propriété de s'hypertrophier suppose nécessairement celle de se développer.

Le mot hypertrophie (de ὑπέρ, préposition qui marque l'excès, et τροφή, nourriture) devrait être réservé pour désigner le phénomène d'augmentation accidentelle de volume des éléments anatomiques, car c'est en eux que se passe l'exagération du phénomène pour la désignation duquel ce mot a été créé ; car chez eux l'*excès de développement* qui caractérise l'hypertrophie reconnaît pour cause la prédominance de l'assimilation sur la désassimilation. Nous verrons par la suite que l'augmentation de masse des tissus et des organes est un phénomène plus complexe que le précédent, qui résulte surtout de la multiplication exagérée ou hypergenèse des éléments et souvent en même temps de leur propre hypertrophie, mais d'une manière secondaire. Cette remarque peut s'appliquer exactement à l'atrophie, en la prenant en sens inverse. C'est à tort aussi que l'hypertrophie, l'atrophie, etc., sont considérées comme des *lésions de nutrition*. Indépendamment de l'impropriété des termes (*lésion* indiquant le résultat d'un *trouble*, quelle que soit la nature de celui-ci et non la manière dont s'accomplit la perturbation des actes amenant l'effet dit lésion) on voit que la nature de la nutrition n'est modifiée en rien, sa quantité ou sa rapidité seules sont troublées, et c'est surtout la manière dont s'accomplit le développement qui est changée. On dit en effet *lésion* d'un élément, d'un tissu, d'un système, etc., et non lésion d'un acte ; réciproquement on dit trouble ou perturbation de la nutrition, du développement, de la génération, de la contractilité, etc., et non *lésion de nutrition*, de la contractilité, etc. En résumé, le mot lésion est un terme anatomique et non de physiologie ou de dynamique.

Quel que soit celui des phénomènes précédents que l'on envisage, on n'y trouve en rien modifiée la nature de la nutrition, c'est-à-dire que les phénomènes élémentaires caractéristiques de l'assimilation et de la désassimilation ne sont troublés en rien dans ce qu'ils ont d'essentiel. Leur équilibre, leur quantité ou leur rapidité relatives sont seuls changés.

Rien ne montre davantage combien les phénomènes de développement sont subordonnés à ceux de la nutrition, que les changements de structure intime qui surviennent, soit normalement, soit accidentellement, dans les cellules, les fibres, les tubes, etc., à mesure qu'a lieu leur augmentation de volume, sans que pourtant le type de leur constitution cesse d'être reconnaissable. Bien que ce soit par l'étude particulière de chaque espèce que la démonstration de ce fait deviendra surtout évidente, étude à laquelle je dois renvoyer, deux exemples doivent être cités pour l'appuyer.

Il est certain que l'augmentation de masse d'une cellule ou d'une fibre a pour condition la prédominance de l'assimilation sur la désassimilation ; mais les changements analogues qui surviennent en même temps dans le noyau que contient la cellule qui grandit, la production d'un nucléole dans celui-ci, celle de granulations autour de lui, etc., voilà autant de phénomènes qui sont plus manifestement encore subordonnés à l'emprunt et à l'expulsion incessante de principes nutritifs.

Le *passage à l'état granuleux* des leucocytes et de beaucoup de cellules ou de fibres, qui résulte de la production avec accumulation de granulations graisseuses ou autres dans leur épaisseur, ce qui détermine leur augmentation de volume, constitue aussi un phénomène, tantôt normal (fibres-cellules de l'utérus pendant la grossesse), mais plus souvent morbide, évidemment subordonné à la formation assimilatrice ou désassimilatrice de principes divers.

Un fait inverse du précédent, mais qui n'est pas moins démonstratif, est celui qui consiste en la disparition graduelle du contenu graisseux des cellules adipeuses pendant l'amaigrissement.

Pour interpréter exactement tous ces phénomènes d'augmentation et de diminution de volume, de modifications de la structure intime, etc., il ne faut donc jamais oublier que la substance des éléments qui se modifient ainsi est en voie incessante de rénovation moléculaire.

La maladie ne peut être comprise tant que l'on reste en dehors de la considération des qualités de la substance organisée et de leurs modes qui peuvent être divers en un même lieu, c'est-à-dire dans l'intimité d'une même espèce d'éléments anatomiques, selon les conditions dans lesquelles il se trouve; celles-ci sont la géométrie, la statique des infiniment petits qui peuvent être suivis au delà de ce que pénètrent les sens. Les faits précédents permettent de saisir comment les états morbides se rattachent aux états normaux dont ils ne sont que des degrés en plus ou en moins, ou enfin une aberration ; c'est-à-dire une manière d'être à part des états et des qualités de la substance organisée, qui est autre chose qu'un simple *quantum* de l'état normal, bien qu'en dérivant sans intermédiaire.

Cette manière d'être aberrante et nouvelle tend à masquer les propriétés normales des éléments anatomiques et peut même les faire disparaître lorsqu'il s'agit de propriétés plus complexes que la nutrition, telles que le développement, la reproduction, la contractilité et surtout l'innervation. Les conditions statiques de cette aberration sont quelque changement survenu d'abord dans l'état moléculaire des éléments anatomiques ou des humeurs, et consécutivement parfois dans les caractères physiques et la structure des premiers. Mais il n'y a rien là de comparable à un nouvel organisme dans un autre organisme, contrairement à ce qu'admettent par hypothèse beaucoup d'auteurs ; c'est un mode d'activité effaçant plus ou moins celui dont il dérive. Si parfois on a admis dans le cas de ce genre une superfétation d'un organisme au sein d'un autre, et d'une vie nouvelle au sein de la vie normale qu'elle remplacerait en la faisant disparaître, c'est faute d'avoir connu les lésions réelles, moléculaires et autres des éléments anatomiques et les qualités inhérentes à la substance organisée.

De la fin ou mort des éléments anatomiques.

La mort envisagée d'une manière générale est la condition d'existence de la substance organisée en tant qu'espèces distinctes de corps, et se rattache essentiellement à la propriété de développement. On ne saurait concevoir, en effet, un être, soit élément anatomique, soit organisme, complexe, d'une durée infinie dont le développement fût également infini, sans que celui-ci n'entraînât la disparition des autres corps de même espèce ou d'espèces analogues en prenant leur place, etc. On concevrait plutôt un être qui se reproduirait indéfiniment, à la condition que les nouveaux individus viendraient à disparaître plus ou moins tôt après leur naissance. Au contraire, aucune contradiction scientifique ne nous empêcherait de concevoir un parfait équilibre entre l'assimilation et la désassimilation indéfiniment répétées chez tous les êtres existants, sans y interrompre la continuité de cette rénovation moléculaire et sans qu'il s'ensuivît une décomposition de la substance organisée.

Il n'y a pas de développement possible, ni autres propriétés de la substance organisée sans nutrition. Aussi la mort n'est-elle essentiellement caractérisée dynamiquement que par la cessation de la nutrition, qui entraîne la fin de tout développement, de toute évolution, tant de la substance organisée elle-même que de ses autres propriétés, c'est-à-dire de ce qui spécifie une existence individuelle. La vie peut, en effet, être réduite à la nutrition qui continue, les autres propriétés étant abolies sans retour ou momentanément.

La nutrition elle-même peut être suspendue et par suite également les propriétés d'un ordre plus élevé, puis reparaître, ainsi que ces derniers, sans qu'il y ait *mort* par conséquent, si les conditions d'activité de la substance organisée étant supprimées viennent à être rétablies, sans qu'il y ait désagrégation moléculaire des principes immédiats de cette substance tant solides que liquides.

Cela tient à ce que les qualités ou perfections des éléments anatomiques dont l'ensemble ou mieux le cours évolutif caractérise la vie, étant immanentes à ces derniers, ne se rencontrant nulle part et en aucun temps hors d'eux, tant que les conditions de leurs manifestations extérieures à cette substance sont supprimées, et ne cessent sans retour qu'autant que cette dernière a subi certaines altérations moléculaires ; elles disparaissent même, sans retour encore, dès que celles-ci existent lors même que les conditions extérieures restent sans changements.

Ainsi la notion de la mort n'est pas une et absolue dans son expression ni en fait, mais comprend deux choses inséparables ; ce sont : la cessation graduelle des propriétés spéciales immanentes à la substance organisée, cessation corrélative à l'altération propre de cette dernière ou à celle des conditions de son activité qui lui sont extérieures ; cessation qui n'est définitive qu'autant que cette altération, primitive dans un cas et consécutive dans l'autre, atteint un certain degré.

Envisagée au point de vue de son mode d'apparition dans les éléments anatomiques, la mort est graduelle ; elle survient par une succession de mouvements décroissants infiniment petits et constitue comme l'arrivée des propriétés vitales un fait d'évolution dont elle marque la fin. Les manifestations des propriétés de la vie animale, telles que la contractilité et l'innervation, peuvent seules disparaître subitement, alors pourtant qu'il y a encore possibilité de leur retour, tant que les qualités de la vie végétative persistent encore, si les conditions de respiration, de circulation, et autres brusquement supprimées viennent à être rétablies et à permettre ainsi une nouvelle mise en jeu des éléments qui jouissent de ces perfections (1).

Envisagée en elle-même, elle comprend un fait statique et un fait dynamique : le premier qui est double comprend soit l'altération de la substance organisée prise à un moment donné, soit les changements dans les conditions extérieures à cette substance que nécessite le maintien de son activité ; le second comprend la disparition des propriétés spéciales à la matière organisée et que ne partagent pas les corps bruts (1).

Quant à la ségrégation chimique de la substance organisée par dissociation et décomposition de ses principes immédiats, elle est consécutive à la mort et constitue un ordre de phénomènes physiques et chimiques très-distincts de celle-ci ; ils entraînent la disparition des éléments anatomiques, dont les caractères physiques et de structure ne sont pas détruits par les modifications intimes, mais appréciables, qui causent la disparition de leurs propriétés.

L'élément anatomique (ou l'organisme) une fois produit, une fois né, pourrait être supposé présentant un parfait équilibre, de durée *indéfinie*, entre l'acte d'assimilation et celui de désassimilation ; il pourrait encore être supposé cessant brusquement d'accomplir les deux actes précédents, ce qui mettrait aussitôt *fin* à son existence. On peut obtenir cette *fin* ou *terminaison* (qui reçoit spécialement le nom de *mort* quand il s'agit de l'organisme lui-même) en mettant cet élément dans certaines conditions qui rendent impossible le double acte dont nous parlons, qui l'arrêtent.

a. La mort proprement dite n'est qu'un phénomène de ce genre survenant successivement sur les éléments anatomiques par suite de causes diverses ; elle consiste en une cessation brusque ou graduelle de la nutrition. Elle est due souvent à une altération des humeurs, soit rapide, telle que celle que déterminent certains poisons, ou lente, comme celle que causent les miasmes, mais dont le résultat final est d'empêcher la rénovation moléculaire dans les éléments anatomiques mêmes qui composent tous les tissus ; car c'est à eux, en définitive, que doivent être rattachés tous les phénomènes

______

(1) C'est, sous le rapport de la disparition, et encore momentanée seulement, des propriétés de la vie animale que l'on a pu comparer la mort au sommeil ou à l'état chrysalidien des insectes avec quelque apparence de raison, mais sans rien expliquer du tout ; car la cessation des propriétés de la vie végétative caractéristique de la mort est loin d'avoir lieu dans les états de sommeil et de nymphe. Ces propriétés acquièrent au contraire alors un degré d'énergie qui caractérise ces états autant que la suspension momentanée de la mise en jeu des éléments doués de propriétés de la vie animale ; sous ce rapport ils font l'inverse de la manière la plus manifeste. Quant à la période d'évolution chrysalidienne elle peut à plus juste titre être comparée au sommeil des autres animaux.

(1) C'est sous le rapport de ces actes seulement qu'il est possible de dire exactement avec Leibnitz que la mort n'est qu'un changement en forme de diminution des actes de l'économie qui fait rentrer l'être organisé dans l'enfoncement d'un monde (inorganique) de molécules (et non de petites créatures ou *monades*) où il y a des actions plus bornées (et non des perceptions), jusqu'à ce que l'ordre naturel appelle peut-être les principes immédiats à retourner sur le théâtre de l'organisation.

intimes de la mort, puisque c'est à eux que sont immanentes les propriétés qui caractérisent ce qu'on entend par vie. Elle est due d'autres fois à ce que, soit d'une manière directe, soit d'une manière indirecte, la distribution des humeurs dans les tissus et la circulation venant à être entravées, les matériaux ne sont plus apportés ni enlevés aux éléments anatomiques, ce qui amène encore une cessation de la nutrition.

Les phénomènes qui se passent dans les éléments anatomiques, consécutivement à la mort, sont en partie ceux qui ont été décrits plus haut, en partie des phénomènes de putréfaction. La description de ces derniers sort du domaine des questions traitées ici, mais elle a été faite dans un autre ouvrage auquel je dois renvoyer : *Chimie anatomique*. Paris, 1853, t. I, art. II du chap. IV, p. 502 et suiv.

b. La cessation de la nutrition des éléments anatomiques prend les noms de *mortification*, de *gangrène*, de *nécrose*, de *pourriture d'hôpital*, d'*escharification*, etc., selon les conditions dans lesquelles elle survient, lorsqu'elle se montre sur le vivant, n'atteignant qu'un certain nombre d'éléments anatomiques, ou d'organes, de portions d'organes, etc., à la fois. Ses phénomènes varient beaucoup selon que sa cause est une altération des éléments anatomiques, un empêchement de l'arrivée normale du sang jusqu'à eux par oblitération des artères, un empêchement à l'écoulement du sang veineux qui en revient, ou une altération du sang qui apporte et emporte les matériaux de la nutrition. Dans ces dernières conditions, les phénomènes de la mortification et ceux qui lui sont consécutifs offrent un grand nombre de variétés au point de vue de la rapidité, et sous celui de l'odeur, de la consistance, de la couleur que prennent les parties, selon l'espèce d'altération dont les humeurs sont devenues le siége.

Le fait essentiel à signaler ici, est que c'est aux éléments anatomiques principalement que doivent être rapportés les phénomènes de cette mortification; ce sont eux surtout qui en sont le siége. Mais comme les liquides sanguins et autres y concourent aussi, comme plusieurs éléments dans chaque tissu se mortifient à la fois, c'est par conséquent à propos de l'étude des tissus que devra être donnée la description de ces phénomènes. D'autre part, comme dans chaque tissu les éléments anatomiques se mortifient et se pourrissent plus ou moins vite, selon l'espèce à laquelle ils appartiennent, il était nécessaire de signaler ici la nature du phénomène et les parties du corps qui, chacune en particulier, en sont le siége, afin que dans la biographie de chaque espèce son mode de gangrène puisse être décrit isolément.

c. Nous avons vu qu'au delà des lésions visibles à l'aide du microscope, il existe d'autres lésions tout aussi réelles. Parmi elles compte le *ramollissement*, dû à des changements catalytiques des principes immédiats coagulables qui composent la plus grande partie de la substance des éléments anatomiques, ramollissement qui ne devient visible que par la facilité avec laquelle se brisent les éléments ; mais il peut devenir tel que l'élément se dissocie en granulations ou fragments amorphes, soit spontanément, soit sous le moindre effort. C'est là un des modes de destruction ou de disparition accidentelle des éléments, dont les tubes nerveux, les éléments de la rate, et plus souvent encore les cellules épithéliales ou les matières amorphes et beaucoup de tumeurs offrent des exemples. Les changements qui entraînent le ramollissement peuvent devenir tels, qu'ils finissent par amener la *liquéfaction* des parties lésées.

d. La *liquéfaction* dont il a été précédemment parlé (page 73) est un des modes de terminaison ou de mort des éléments anatomiques considérés individuellement. Ce phénomène est le point de départ de la production des ulcères et peut présenter de nombreuses variétés selon les conditions qui l'ont amené. Sa connaissance est le point d'appui essentiel de l'interprétation d'un grand nombre de phénomènes morbides.

Ces divers modes de mort des éléments anatomiques se rattachent au développement, en ce qu'ils viennent l'interrompre ou mettent fin à l'existence des éléments lorsque déjà celui-là est arrivé à ses périodes moyennes ou extrêmes ; mais il résulte essentiellement de troubles survenus dans la nutrition ou de la cessation de celle-ci.

Il n'en est pas de même des suivants.

e. Lorsqu'on examine les périodes de développement de chaque espèce d'élément anatomique individuellement, on peut constater qu'un certain nombre de ceux qui étaient nés disparaissent avant les autres. On voit que tous ceux qui sont nés, en un mot, ne vivent pas nécessairement autant que leurs semblables apparus ou non à peu près au même instant.

Les conditions qui amènent la mort ou la disparition des uns avant les autres, sont tantôt normales, tantôt accidentelles ou morbides. Ce n'est point ici le lieu de les étudier, mais il faut examiner les phénomènes de celle-ci. Souvent on voit que des éléments comprimés par d'autres durant leur évolution, ou se trouvant dans de mauvaises conditions de développement lorsque celui-ci est achevé, s'atrophient jusqu'à *disparition* complète. Ce mode de mort des éléments anatomiques n'est pas rare; il est, comme on voit, le résultat de l'atrophie poussée jusqu'à sa période extrême, atrophie dont les phénomènes varient trop avec chaque espèce d'élément en particulier pour qu'il soit possible d'en traiter d'une manière générale. Ce mode de terminaison de l'existence des éléments anatomiques est la fin (ou mort) la plus naturelle qu'on puisse concevoir. Elle ne s'observe que sur les éléments anatomiques ou sur un tissu, et jamais sur l'organisme total, même lorsque ayant déjà toutes ses parties formées il n'est pas entièrement développé ; mais l'embryon s'atrophie parfois jusqu'à résorption complète. La *mort naturelle* de l'organisme est quelquefois déterminée par un ensemble d'*atrophies* ou d'*hypertrophies* de certains éléments, de certains tissus qui amènent des troubles et la cessation des actes propres des systèmes, des organes ou de tel ou tel appareil. La *mort accidentelle* ou résulte d'une cessation brusque de certaines fonctions, ou a lieu d'une manière *plus* ou *moins* analogue à la mort naturelle, par suite d'*hypertrophies* ou d'*atrophies* partielles ou générales, ou parce qu'on rend impossible, partout à la fois, le double acte assimilateur et désassimilateur par le changement lent ou brusque d'un de ses ordres de conditions d'accomplissement, tel que, par exemple, le changement de la composition des humeurs. (*Voy.* principalement sur ce sujet : *Chimie anatomique*, t. 1, p. 242 à 247.)

f. Il est un autre mode de fin ou de terminaison des éléments anatomiques qui, bien que consistant aussi en une cessation de la nutrition ou rénovation moléculaire organique, se rattache d'une manière bien plus intime que les précédents au développement. C'est celui qui consiste en la séparation de certains éléments les uns des autres, et de ceux d'espèces différentes contre lesquels ils étaient appliqués, séparation suivie de leur chute avec ou sans remplacement par leurs semblables. C'est là le mode habituel de mort et de disparition d'un certain nombre d'éléments.

Les éléments dont il s'agit sont : les cellules épidermiques de la peau, les cellules épithéliales de la bouche, de l'œsophage et du reste de l'intestin ; celles des glandes sébacées, celles des voies génito-urinaires, etc. Ce sont encore les éléments des poils qui tombent, des ongles et des cornes. Tous appartiennent au groupe des *produits*. Il faut y joindre au début de la vie extra-utérine, comme appartenant à ce dernier groupe, les éléments de l'amnios d'une part, puis ceux du chorion et de ses villosités concourant ou non à former le placenta.

Mais il est un certain nombre d'éléments du groupe des constituants qui offrent comme terme naturel de leur existence une chute spontanée, préparée ou amenée en général par une série de phénomènes intimes qui se sont passés dans leur substance. Ces éléments sont ceux des vaisseaux qui composent le cordon ombilical et les capillaires des villosités choriales. Ce sont encore ceux du tissu lamineux qui se trouve interposé au chorion et à l'amnios.

Du côté de la mère, il faut y joindre les vaisseaux, les fibres lamineuses, les noyaux embryoplastiques, l'épithélium et les follicules qui entrent dans la composition de la muqueuse utérine et qui tombent lors de l'accouchement. Chez le plus grand nombre des ruminants à cornes pleines ou osseuses, on voit tomber aussi, mais après mortification graduelle, la peau qui recouvre les cornes, puis les éléments osseux qui composent celles-ci.

Par la mort et la chute des épithéliums disparaît journellement une quantité notable des principes constituant les humeurs de l'économie, du sang en particulier, des matériaux assimilables ingérés chaque jour. Par ce mode de terminaison, continuel pour certaines espèces (épithéliums, proprement dits ongles, poils), temporaire et périodique pour d'autres (éléments des *annexes du fœtus*, de la muqueuse utérine, etc.), disparaissent de l'économie des éléments entiers, et, par suite, des principes immédiats, tant substances organiques surtout que principes cristallisables ; mais il faudrait se garder de voir là un mode d'excrétion, d'expulsion de principes ayant déjà servi, comparable à celui des principes formés par désassimilation qui sont expulsés par la sueur et par les reins. Dans ce dernier cas les principes qui sortent proviennent de la désassimilation nutritive des éléments anatomiques constituants ; dans celui dont il est ici question ce sont des éléments anatomiques entiers, mais appartenant surtout au groupe des produits, qui se détachent normalement et sont incessamment remplacés par d'autres. Dans un cas il y a chute naturelle et en masse de chaque élément en nature ; dans l'autre, il y a désassimilation molécule à molécule de la substance des éléments et expulsion ou excrétion des principes désassimilés (1). Comme les principes immédiats des épithéliums, etc., qui tombent ainsi, ne sont pas des principes ayant déjà servi, tels que les principes désassimilés, on ne peut pas dire que, par leur chute journalière, ils prennent part à la rénovation de la substance du corps. Ce n'est qu'en envisageant d'une manière générale l'ensemble du phénomène du renouvellement de la masse de l'organisme, qu'ils peuvent être examinés sous ce point de vue.

Dans les cellules épithéliales, les phénomènes de développement qui précèdent la chute des éléments et la préparent consistent surtout en un amincissement graduel de la cellule, avec diminution du nombre des granulations, atrophie jusqu'à résorption du noyau, dessiccation de l'élément lorsqu'il s'agit des épithéliums de la peau. Dans les muqueuses la chute des cellules a lieu dès qu'elles ont atteint un certain degré d'amincissement avant que

leur noyau soit atrophié. Pour les cellules épithéliales prismatiques, c'est plutôt parce que d'autres sont nées entre elles et le chorion de la muqueuse qu'elles se détachent et meurent avant d'avoir subi des modifications évolutives très notables du genre de celles dont il vient d'être question.

Cette même remarque s'applique aussi aux poils des mammifères, aux plumes des oiseaux, à la couche cornée des reptiles.

Ce sont ces modifications du développement des éléments anatomiques entraînant leur mort et leur chute (*desquamation*), précédée ou suivie de leur remplacement par naissance d'éléments anatomiques semblables, qui constituent la *mue* et qui la caractérisent essentiellement.

La caducité de la muqueuse utérine résulte de la naissance d'une muqueuse nouvelle entre elle et la tunique musculaire, ainsi que de changements évolutifs survenant peu à peu dans ses éléments anatomiques.

Pour les éléments constituants de la muqueuse utérine, la chute est ordinairement précédée de la production graduelle d'un grand nombre de granulations graisseuses, soit dans leur épaisseur, soit dans leurs interstices ; c'est là également le cas pour les cellules épithéliales de cette muqueuse.

Ce sera du reste en traitant de chacune de ces diverses espèces d'éléments en particulier que devront être signalées ces modifications graduelles.

Les phénomènes consécutifs à la chute de ces divers éléments ne sont plus d'ordre vital, mais purement chimiques et appartiennent à ceux dits de putréfaction ; c'est-à-dire qu'une fois tombés, ces éléments se putréfient. Seulement cette putréfaction est plus ou moins rapide selon l'espèce d'élément dont il s'agit ; elle est très prompte pour ceux qui appartiennent aux constituants et sont naturellement mous. Pour les ongles et les cornes creuses, les cellules épidermiques proprement dites et les poils, la nature des substances qui les composent et leur état de sécheresse lors de leur chute, font que la putréfaction en est très lente et peut ne pas avoir lieu si on les conserve dans l'état où elles étaient lors de leur chute.

(1) Voy. *Chimie anatomique.* Paris, 1853, t. I, p. 248 et suivantes.

DEUXIÈME PARTIE

ÉPITHÉLIUM

Le mot *épithélium* a été introduit dans la science par Ruysch pour désigner le mince épiderme qui recouvre le mamelon, chez la femme. La signification en a été étendue à la désignation des couches analogues à l'épiderme, mais plus minces, qui tapissent les muqueuses. L'analyse anatomique de ces dernières ayant fait reconnaître qu'elles sont composées d'un élément anatomique spécial ayant forme de cellules dites *épithéliales*, puis l'examen de l'épiderme cutané ayant montré celui-ci formé de cellules analogues, on a donné graduellement aux mots *cellules épithéliales* et *élément de l'épithélium* un sens générique. De là est venu que le mot *épithélium* sert aujourd'hui à désigner, soit les variétés de l'espèce de cellules qui forment l'ensemble des couches tapissant les membranes tégumentaires, muqueuses, séreuses, vasculaires et glandulaires, soit les couches même que forment ces cellules, à l'exclusion de l'*épiderme cutané* ou proprement dit, qui garde le nom d'*épiderme;* c'est ainsi que ce dernier mot n'est pas synonyme d'*épithélium*.

Dans toutes les parties formées par l'association des éléments épithéliaux, on trouve la *kératine* d'Huenefeld, qui est insoluble dans l'eau, l'alcool, l'éther et les acides même peu étendus. Il se dissout dans une lessive de potasse caustique concentrée, mais en se décomposant et donnant lieu à un dégagement d'ammoniaque que ne fournissent pas les autres principes azotés, (*Van Laer*). Par l'action prolongée de l'acide sulfurique étendu bouillant, la kératine donne de la *tyrosine* et de la *leucine*, mais plus de la première que de la seconde, ce qui est l'inverse de ce que produisent les autres corps dits protéiques.

Les épithéliums contiennent en outre de un demi à un et demi de principes minéraux dans lesquels dominent les phosphates de chaux, de magnésie et de fer, des chlorures et du sulfate de chaux avec des traces de graisses.

L'élément épithélial et épidermique est représenté par une espèce de cellules et de noyaux libres, offrant de nombreuses variétés de forme et de dimensions, qui ont pour caractère commun leur contiguïté réciproque, originelle, et leur situation à la superficie des membranes tégumentaires muqueuses, séreuses, vasculaires et parenchymateuses, closes ou communiquant avec l'extérieur.

Ces noyaux et ces cellules sont placés à la superficie des régions qu'ils occupent; ils y forment en général une couche mince, continue ou discontinue, ou des amas d'une certaine épaisseur, par suite de juxtaposition sur une ou plusieurs rangées, sans être associés à des éléments de quelque autre espèce. Mais, dans diverses conditions morbides, on les trouve accumulés en masses de dimensions variables, hors du lieu où ils existent normalement dans l'intimité des tissus vasculaires, dont ils écartent ou remplacent les éléments.

C'est donc de toutes les espèces d'éléments anatomiques celle qui se trouve le plus répandue en surface, dans l'économie, bien qu'elle soit loin d'y représenter en volume et en poids une masse aussi considérable que celle qu'y constituent beaucoup d'autres éléments anatomiques.

Avec ces particularités coïncident pour les épithéliums de nombreuses variétés de dimensions, de formes, et une existence temporaire, de courte durée pour chaque noyau ou cellule considérés individuellement et par rapport aux autres espèces d'éléments anatomiques. Ils se détachent en effet régulièrement, à l'état normal, du siége qu'ils occupent, tombent, sont rejetés au dehors ou se résorbent au dedans et sont remplacés par d'autres, sans qu'il soit encore possible de fixer en heures et en jours combien de temps s'écoule entre le moment de la naissance et celui de la fin de chacun des éléments.

Au fait d'une vie de courte durée pour chaque noyau ou cellule d'épithélium, s'en rattache un autre qui reconnaît le premier comme condition d'existence ; c'est que chacune de leurs variétés principales qui disparaît peut être remplacée par une des autres variétés se substituant à la première, et cela, soit par évolution directe, soit par génération nouvelle, normalement ou plus souvent encore pathologiquement. Lorsqu'on joint à ce fait la notion d'une résistance de ces éléments à l'action des agents physiques et à la putréfaction, bien plus grande que celle qui est offerte par les autres espèces de cellules, on reconnaît que malgré des différences notables de leurs caractères physiques et même de leur structure d'une région du corps à l'autre, les nombreuses variétés d'épithélium ne constituent qu'une seule espèce d'éléments anatomiques. Leurs caractères communs, génériques ou spécifiques, selon le point de vue où l'on se place, sont ceux qui viennent d'être indiqués dans les paragraphes précédents.

Les variétés d'épithélium peuvent être ramenées à quatre principales d'une manière très naturelle, en tenant compte à la fois de leur forme et de leur structure.

En premier lieu, on constate l'existence d'épithéliums à l'état de noyaux libres immédiatement contigus ou tenus à la fois écartés les uns des autres et réunis par une petite quantité de substance amorphe homogène qui leur est interposée. Ce sont là ceux qui ont reçu le nom d'*épithéliums nucléaires*.

Il existe en second lieu des *épithéliums cellulaires* ou à l'état de cellules complètes, c'est-à-dire composées d'un corps de cellule, le plus ordinairement pourvu d'un ou même de plusieurs noyaux. Celles-ci se rattachent, d'après leur forme, aux trois variétés fondamentales suivantes : 1° *sphérique;* 2° *prismatique ;* 3° *pavimenteuse* ou *polyédrique*, soit très aplatie, soit conservant des dimensions à peu près égales dans les trois sens, avec ou sans prolongements sur leurs angles.

On constate dans leurs **variétés** principales des caractères qui n'appartiennent qu'à eux, et établissent immédiatement leurs liens de parenté. Que maintenant on recueille chaque variété dans les régions où une membrane cesse d'être tapissée par la variété prismatique des épithéliums, par exemple, pour prendre les cellules de forme pavimenteuse, on verra bientôt qu'il faut renoncer à décrire les milliers de variétés qu'on rencontre. Mais dans chaque cellule, on retrouvera aussi l'ensemble des caractères tirés du noyau des granulations, de leur distribution dans la masse cellulaire, de la teinte de celle-ci, etc., qui font qu'on reconnaît aussitôt que c'est une cellule épithéliale qu'on a sous les yeux. Dans ces organes il y a bien quelques cellules qui ont une forme tenant à peu près le milieu entre la prismatique et la pavimenteuse, et que dans le commencement des études on peut se trouver embarrassé de placer dans la première ou dans la seconde de ces espèces; mais toujours est-il que les cas de ce genre sont rares, et qu'à côté de ces quelques formes intermédiaires et de transition, la plupart ont des caractères bien déterminés qu'il est impossible de ne pas constater. Enfin, ces cellules, qu'on peut hésiter à ranger parmi les pavimenteuses polyédriques ou les prismatiques, présentent les caractères généraux des cellules épithéliales ; on ne peut les méconnaître comme telles ; il n'y a que la détermination de la variété sur laquelle on puisse se trouver embarrassé, ce qui est généralement peu important.

On voit par ce qui précède qu'il existe, dans cette espèce d'élément anatomique, quatre variétés principales ; chacune domine plus particulièrement dans telle ou telle région et représente l'élément fondamental de la couche épithéliale qu'il y forme ; mais elle y est ordinairement accompagnée, comme élément accessoire, de quelques individus de l'une ou de plusieurs des autres variétés.

Ainsi, indépendamment de ce que les couches épithéliales nucléaires peuvent passer complétement à l'état d'épithéliums cellulaires sphériques ou polyédriques, on trouve souvent, parmi les noyaux dominant dans cet épithélium de diverses glandes, un certain nombre de cellules sphériques ou pavimenteuses. Il n'est guère non plus de couches à cellules sphériques, prismatiques ou polyédriques, dans lesquelles ces éléments ne soient mélangés de noyaux libres semblables à ceux qui sont dans les cellules. Il en est même comme celles de la vessie et de l'uretère dans lesquelles on trouve chez quelques sujets les quatre variétés en proportions presque égales.

La nature de toutes ces dispositions anatomiques élémentaires ne peut être bien interprétée que d'après la connaissance exacte de leur mode d'apparition, c'est-à-dire des modes de naissance et de développement des épithéliums ; car ces éléments sont en voie incessante de rénovation, par suite de leur chute ou mue continuelle marquant la fin d'une existence individuelle de courte durée. Ce fait est lié à leur situation superficielle, par rapport aux autres espèces d'éléments anatomiques qui représentent leurs conditions d'existence.

Épithélium nucléaire. — Les épithéliums de cette variété sont caractérisés par leur forme de noyaux libres sphériques ou ovoïdes, avec ou sans nucléole d'un sujet à l'autre, finement granuleux, et dont le diamètre varie généralement de 6 à 10 millièmes de millimètre, mais qui peut pathologiquement atteindre plus du double de ces di-

mensions, et parfois alors ils passent de l'état plein à l'état vésiculeux.

Ils constituent l'élément fondamental de certaines couches épithéliales, et ne sont qu'accessoires dans les autres. Ils prédominent par exemple dans l'épithélium des glandes lymphatiques, amygdales, thyréoïde, thymus, dans la rate, les glandes de Peyer, celles des fosses nasales, dans toutes lesquelles ils ont une forme sphérique. Ils constituent aussi l'épithélium des follicules sudoripares proprement dits, du corps de l'utérus à l'état de vacuité, des culs-de-sacs de la mamelle, jusqu'à l'époque de la lactation du moins, des glandes de la trachée et de celles de l'œsophage dans lesquelles ils ont une forme ovoïde.

Ils composent le mince revêtement épithélial de certaines portions des téguments de divers acéphales, soit seuls et immédiatement contigus les uns aux autres, soit ordinairement avec un peu de matière amorphe interposée.

D'une manière générale, ils existent comme élément accessoire partout où les épithéliums cellulaires constituent l'élément fondamental de quelque couche épithéliale ; fait en rapport avec quelques particularités du mode de génération des épithéliums dont il est une conséquence, non pas nécessaire, mais presque constante.

Ces noyaux se rencontrent ainsi, avec la forme ovoïde, dans l'épithélium de la vessie, des uretères, de l'intestin, de l'œsophage, du pharynx, de l'utérus et des trompes.

Ils se rencontrent également comme élément accessoire et avec une forme sphérique dans l'épithélium de l'ovisac, du rein, et même du bassinet.

Les conditions qui font que les épithéliums nucléaires se trouvent comme élément accessoire des couches épithéliales cellulaires, font également qu'ils se voient en plus grand nombre encore dans les produits morbides ayant pour élément principal des épithéliums cellulaires d'origine glandulaire ou tégumentaire. Elles sont aussi la cause de ce que dans les muqueuses, à la surface desquelles l'épithélium nucléaire n'est qu'un élément accessoire, il est commun de trouver les productions morbides qui en dérivent être principalement constituées par celui-ci, et non par des épithéliums cellulaires très différents des premiers quant au volume et à la forme. Ce fait est important à connaître lorsqu'il s'agit de déterminer la nature de ces tumeurs. Il n'est du reste qu'un cas particulier d'un autre plus général, qui nous montre les éléments accessoires des tissus être plus ordinairement atteints d'hypergenèse que l'élément fondamental, et pouvant, par suite, en venir pathologiquement à prédominer sur celui-ci en quelque point de l'économie.

Les épithéliums nucléaires de *forme sphérique* offrent un diamètre qui varie généralement de 5 à 9 millièmes de millimètre. Dans presque tous les tissus qu'ils concourent à former, ils sont pâles, transparents, peu granuleux, du moins à l'état frais. Ils sont naturellement finement granuleux, grisâtres dans quelques organes, comme la rate et le thymus. Ils le deviennent plus ou moins sur le cadavre, un jour ou deux après la mort.

Ils sont ordinairement dépourvus de nucléole, mais cependant ceux des amygdales, des glandes de la pituitaire en renferment alors chez quelques sujets un très-petit, à centre brillant et à contour net. Mais dès que dans des conditions morbides ces noyaux atteignent un faible degré d'hypertrophie, il s'y produit un nucléole souvent jaunâtre, toujours brillant, à contour net, qui, habituellement, devient d'autant plus gros que que le noyau l'est davantage.

Les épithéliums nucléaires de *forme ovoïde* à l'état normal ont des dimensions qui varient en général entre $0^{mm},008$ et $0^{mm},012$. Leur contour est net et ils sont presque partout grisâtres et finement granuleux. Dans une même région ils peuvent d'un sujet à l'autre avoir ou non un nucléole, ainsi qu'on le voit dans la mamelle ; mais il en naît un dans leur intérieur dès qu'ils s'hypertrophient.

Du reste, les épithéliums nucléaires tant sphériques qu'ovoïdes présentent d'une glande à l'autre quelques particularités secondaires de forme, de volume, de teinte plus ou moins foncée, d'état granuleux plus ou moins prononcé, qui permettent de les distinguer, et qui sont en rapport avec les différences du rôle rempli dans chacune de ces glandes par leur épithélium. C'est en étudiant les parenchymes et en signalant la variété d'épithélium qui leur est propre, que doivent être décrites ces différences caractéristiques de leur épithélium, par rapport à celui des autres tissus analogues.

Du passage des épithéliums nucléaires à l'état d'épithéliums cellulaires. — Examinons maintenant les noyaux épithéliaux qui, nés les premiers, deviennent un centre de génération pour à peu près autant de cellules qu'il y a de noyaux, et cela par segmentation intervallaire de la substance amorphe qui se produit entre eux, quelles que soient, du reste, celles des conditions dans lesquelles ils naissent normalement à la face interne des tubes du rein, des glandes sudoripares, salivaires, etc., à la surface de la peau, des muqueuses, des séreuses, ou, pathologiquement, dans les papilles, le derme, la trame des glandes, etc. (*Voy.* Ch. Robin, *Gazette des hôpitaux*, 1852 et *Journal de l'anatomie et de la physiologie*, 1864, p. 159 et 355; 1865, p. 130 et 146.)

C'est particulièrement à la surface interne des tubes glandulaires, puis de la peau et des muqueuses, qu'on voit les noyaux sur une seule ou sur plusieurs rangées, selon qu'il s'agit de conditions normales ou au contraire morbides, exister seuls, sans mélange avec des noyaux d'autres espèces.

C'est toujours par l'apparition de ces noyaux qu'est annoncée la génération prochaine des cellules épithéliales à la face interne des tubes propres du rein, des culs-de-sacs glandulaires, à la surface du derme, de la trame des séreuses, etc., etc., et cette genèse préalable est en tout point comparable à celle du *noyau vitellin* dont l'apparition au sein du vitellus (*voy.* Élément anatomique) annonce la prise d'une individualité propre par le vitellus, et précède l'individualisation de sa substance en cellules par segmentation.

Or, dans aucune de ces circonstances, on ne voit ces *noyaux*, qui vont devenir le centre de la génération d'autant de cellules d'épithélium, provenir d'une scission des *cellules épithéliales préexistantes*, non plus que des noyaux placés de l'autre côté des tubes glandulaires ou dans le derme; on n'observe pas non plus la naissance directe de ces *cellules épithéliales complètes* par segmentation de cellules préexistantes, si ce n'est pour un très petit nombre, dans quelques cas exceptionnels rappelés plus loin.

La génération de ces éléments débute par celle des noyaux, apparaissant toujours en assez grand nombre à la fois, sous forme de petits globules contigus ou à peu près, ordinairement sphériques, larges de 3 à 5 millièmes de milimètre, à contour net. Ils sont hyalins sur les pièces encore très fraîches, mais devenant rapidement grenus (sans nucléole pourtant), grisâtres, sous l'influence des modifications cadavériques et surtout sous celle des réactifs durcissants. Ils grandissent peu à peu et en même temps ils deviennent souvent ovoïdes ; parfois aussi un nucléole se produit vers leur centre, et bientôt ils sont écartés les uns des autres par une substance homogène ; souvent on trouve les couches épithéliales ainsi composées par une rangée de noyau avec substance amorphe interposée non encore segmentée et individualisée en cellules distinctes. Une fois les noyaux arrivés à un certain volume et à un certain degré d'écartement, survient la segmentation intercalaire ayant pour siége la substance interposée aux noyaux, segmentation ayant lieu entre eux et autour de chacun d'eux comme centre ; et cette segmentation a pour résultat l'individualisation de la matière amorphe en cellules dont chacune contient un ou deux noyaux vers son milieu ou à peu près. Les cellules, une fois individualisées, s'accroissent et souvent aussi leur noyau ; il en est alors de même pour ceux de ces derniers qui, pathologiquement, restent libres sans devenir le centre de la segmentation intercalaire signalée plus haut. C'est alors que, parfois normalement et surtout pathologiquement, quelques noyaux libres et quelques cellules peuvent devenir le siége d'une *scission* en deux, analogue à celle dont il a été question tout à l'heure, lorsque ces éléments dépassent les limites de leur accroissement habituel. Signalons ici, d'une manière spéciale, ce fait important que, dans les conditions normales, c'est particulièrement par cette scission des cellules épithéliales définitivement individualisées, comme nous venons de le dire, que ces éléments fournissent de nouveaux individus pour l'extension des membranes

uniquement épithéliales (comme le chorion et surtout l'amnios) qui grandissent d'une manière continue sans se renouveler incessamment, comme le font les couches épithéliales tégumentaires. C'est au contraire par genèse de noyaux et de matière amorphe, avec segmentation intercalaire de celle-ci, que naissent et s'individualisent les éléments qui satisfont au remplacement des cellules en voie de mue, de desquamation ou de destruction incessante, à la surface de la peau, des muqueuses, des glandes, etc.

Les phases successives de cette génération sont la production d'une matière amorphe, finement granuleuse, entre les noyaux d'épithélium. Or, une fois les noyaux un peu écartés ainsi les uns des autres, on voit, à partir des endroits où ils le sont le plus, se produire des sillons dans la substance amorphe. Ces sillons, ou mieux ces plans de division, se présentent avec l'aspect de fines lignes un peu foncées, placées dans le milieu de l'intervalle qui sépare deux noyaux, à égale distance à peu près de l'un et de l'autre ; ils rencontrent, sous des angles nets et plus ou moins obtus ou aigus, les sillons semblables qui se trouvent entre le noyau, quel qu'il soit, que l'on examine et les noyaux qui l'avoisinent le plus, qui le touchaient en un mot, avant la production de la substance amorphe. Ces sillons limitent ainsi des masses ou corps de cellules, ordinairement d'une régularité parfaite, polyédriques aplatis à 4, 5, 6 ou 7 côtés, ayant pour centre un noyau. Quelquefois les sillons de segmentation ne se produisent pas entre deux noyaux, plus rapprochés les uns des autres qu'à l'ordinaire ou restés contigus. Il en résulte alors une cellule un peu plus grande que celles qui l'entourent et pourvue de deux noyaux. Il peut même s'en former aussi et par le même mécanisme qui ont 3, 4, 5 et même 6 noyaux, lorsque la segmentation de la matière amorphe s'étend à des points où celle-ci ne s'est pas accumulée régulièrement et en égale quantité entre tous les noyaux. On peut souvent, sur un même cul-de-sac glandulaire ou sur un même lambeau d'épithélium arraché, suivre toutes les phases du phénomène. On les observe depuis le point où les cellules sont très nettement conformées, facilement séparables par suite de la production complète des plans de division, jusqu'aux endroits où ces derniers sont bien indiqués, se rencontrent et se touchent également tout autour du noyau, mais où n'étant pas tracés profondément les cellules ne sont pas isolables facilement ou sans déchirure ; cela fait qu'elles ne sont plus aussi régulières après leur isolement qu'auparavant. On suit enfin les phases de la segmentation jusqu'aux endroits où l'on voit les sillons qui, sans entourer de toutes parts certains noyaux, vont se perdre dans la substance homogène qui forme ainsi une couche ou membrane uniforme, plus ou moins étendue, d'épithéliums nucléaires maintenus réunis par cette matière amorphe finement granuleuse, non divisée ou segmentée encore, mais qui sera prochainement le siége de cette scission.

A la portion la plus profonde des couches épidermiques touchant le derme et la surface des papilles, on voit une rangée de ces noyaux généralement écartés d'une manière à peu près égale par cette matière amorphe d'aspect uniforme et finement granuleuse, qui semble en même temps les tenir réunis les uns aux autres. En examinant de leur superficie vers la profondeur ces couches épithéliales, on voit à leur surface même des cellules épithéliales plus ou moins aplaties, bien délimitées et s'isolant avec assez de facilité, quoiqu'elles soient pressées les unes contre les autres. Sauf le cas où elles sont soudées en couche cornée, on arrive peu à peu à des points situés dans la profondeur, où entre les noyaux se produisent des sillons qui se rencontrent sous des angles aigus ou obtus, mais bien délimités, et partagent ainsi la substance amorphe en corps ou masses de cellules régulièrement polyédriques, ayant pour centre l'un des noyaux indiqués précédemment. A mesure qu'on suit les sillons plus avant vers la profondeur, on les voit, de moins en moins foncés, moins nettement prononcés, se perdre insensiblement dans la substance amorphe, uniformément granuleuse et interposée aux noyaux, substance sus-indiquée au sein de laquelle la segmentation n'est pas encore commencée.

On comprend facilement, d'après ce qui précède, comment il se fait que la juxtaposition de ces éléments reste immédiate, et comment, par suite, leur adhésion d'une part et de l'autre la résistance des couches ou des masses qu'ils forment, restent proportionnelle au degré de consistance et de sécheresse des éléments anatomiques même, quant qu'ils viennent à durcir, avant d'avoir été séparés les uns des autres.

Cette génération graduelle et incessante, et de noyaux de matière amorphe à la surface des tubes glandulaires, et des membranes tégumentaires et séreuses ; puis cette segmentation amenant leur individualisation en cellules, et enfin ces modifications évolutives ultérieures amenant, suivant les cas, soit leur soudure, soit leur isolement les unes par rapport aux autres et leur chute, soit individuellement soit en groupes lamelleux (après avoir ou non subi préalablement une cohérence plus grande que dans le principe), ces phénomènes, disons-nous, font comprendre facilement aussi comment s'accomplissent la desquamation et la régénération incessantes des épithéliums ; phénomènes connus sous le nom de *mue*.

Les plans de division de la segmentation qui amène l'individualisation des cellules deviennent, une fois cet acte achevé, les plans ou surfaces de contiguïté réciproque des cellules quand elles sont encore juxtaposées. Ils se montrent encore sur ces lignes de contact sous forme de sillons ou de lignes grisâtres, souvent très pâles, difficiles à voir sur l'animal vivant ou sur l'épithélium encore frais. Mais ils deviennent plus foncés, plus nets, quand les cellules se sont durcies et sont devenues plus granuleuses, par suite des premières modifications cadavériques qu'elles présentent après leur ablation ou après la mort de l'animal. Certains sels, comme l'acétate de plomb et surtout l'azotate d'argent, en se décomposant et se précipitant à la surface et dans l'épaisseur de ces cellules qu'ils colorent, donnent à ces lignes (marquant les surfaces de contact réciproque des cellules) une plus grande épaisseur et une teinte foncée. Cet aspect artificiel a, par erreur, été décrit comme dû à la présence d'un *ciment* (*Kifftsubstanz*) intercellulaire, destiné à unir les cellules entre elles, mais par des auteurs ne connaissant pas le mode de génération et d'individualisation des épithéliums. Jamais, du reste, on ne voit les cellules épithéliales après leur individualisation par segmentation, qui les laisse en contact immédiat les unes avec les autres, être ensuite écartées les unes des autres par une substance différente de la leur même qui se produirait entre elles. Les lignes ou plans grisâtres indiquant la juxtaposition et la délimitation des cellules en même temps que les progrès de la segmentation, ces lignes, disons-nous, ne sont, pas plus ici que dans le blastoderme, dus à l'interposition aux cellules ou aux globes vitellins d'une matière particulière surajoutée qui les écarterait ; comme dans l'ovule, l'aspect qu'ils donnent aux couches ou aux amas de cellules est le résultat d'une division de substance avec contiguïté des fragments, vus à l'aide de la lumière transmise.

Ce qui précède suffit pour montrer que l'une des erreurs de fait et de méthode des plus souvent commises et qu'il importe le plus d'éviter est celle qui consiste à confondre la *naissance* des éléments anatomiques, tels que les épithéliums, avec la *sécrétion* comme le font ceux qui, pour exprimer le fait de la *genèse* de ceux-là, parlent encore de la *sécrétion des globules de pus*, des *cellules de l'épiderme*, des *ongles*, des *spermatozoïdes*, des *ovules*, des *éléments de tel ou tel tissu*, etc. Il n'y a d'exsudé que les matériaux de leur production à la surface des tissus ou dans les interstices de leurs éléments anatomiques. A ce fait particulier, se rattachant à la nutrition, succède ou non, selon les cas, le fait de la naissance bien différent de la *sécrétion*. Des éléments une fois nés peuvent être entraînés par le liquide sécrété, comme des cellules épithéliales par le mucus, ou rester en suspension dans le fluide exsudé ou dans la portion de celui-ci qui n'a pas servi à la production des premiers, comme les leucocytes dans le pus ; mais le fait de la sécrétion du liquide et celui de la naissance plus ou moins rapide des éléments n'en sont pas moins distincts, et il ne saurait y avoir sécrétion d'un élément anatomique tout formé, c'est-à-dire d'un corps solide quelconque.

Les faits précédents concernant la genèse des noyaux d'épithélium et de la substance amorphe qui leur est interposée, puis l'individualisation de ces parties en cellules par segmentation de celle-ci, montrent combien est erronée l'hypothèse d'après laquelle les leucocytes (*globules blancs du sang et de la lymphe, globules du mucus*, etc.) ne seraient pas une espèce particulière d'éléments anatomiques, mais des cellules épithéliales détachées des couches profondes du revêtement épithélial, avant leur complet développement. A aucune époque du reste de leur évolution, les cellules épithéliales, de quelque variété qu'elles soient, n'offrent la structure des leucocytes, ni des réactions comparables à celles que ces dernières présentent au contact de l'eau, de l'ammoniaque, de l'acide acétique, etc.

Des épithéliums cellulaires. — Ainsi, au moment de leur individualisation, les cellules épithéliales se présentent toujours sous la forme d'un corpuscule polyédrique, finement grenu, grisâtre, plein, sans cavité distincte de la paroi ; corps ou cellules s'individualisant, se délimitant par segmentation intercalaire d'une couche de substance amorphe parsemée de petits noyaux pâles, dans laquelle les sillons ou plans de scission passent à peu près à égale distance de chaque noyau. Il est rare, mais non sans exemple, que ces plans de division soient courbes de manière à limiter çà et là des cellules sphériques, à côté d'autres présentant nécessairement des faces concaves ; aussi est-ce à tort qu'on a dit que ces cellules épithéliales étaient primitivement sphériques pour devenir polyédriques par pression réciproque. Elles sont, au contraire, plus régulièrement polyédriques au moment de leur individualisation qu'elles ne le seront jamais, et quand elles deviennent sphériques, c'est par suite, soit de changements évolutifs ultérieurs, soit de gonflement après leur isolement.

C'est ainsi, du reste, que s'individualisent toutes les cellules épithéliales quelconques, pour devenir, par les phases ultérieures de leur développement, lamelleuses, sphériques ou prismatiques, sans que jamais, quand plus tard il s'y forme une cavité, la présence de celle-ci y soit primitive ; et cela par suite même de ce mode de délimitation de l'élément ayant forme de cellule. Le durcissement de sa superficie, la formation de sa cavité, sont toujours des faits consécutifs à l'individualisation de l'élément. L'apparition de cette cavité, quand elle a lieu, est un phénomène d'évolution ou de développement, et non un fait de génération. La sécrétion de la matière sébacée en offre un exemple remarquable en montrant que cette cavité se creuse par une succession de modifications de la structure intime de la substance du corps même de la cellule, et par production de certains liquides graisseux ou autres au sein de la substance homogène et pleine qui s'est individualisée en corps de cellule par segmentation internucléaire. Dans ce cas, la paroi est alors formée par la substance azotée qui, avant, constituait le corps de la cellule; les contours indiquant ses faces interne et externe sont bien marqués, et leur écartement mesure l'épaisseur de cette paroi; épaisseur d'autant plus grande que la cellule renferme un moindre nombre de gouttes graisseuses, etc., qu'elle est moins distendue par elles.

TABLEAU SYNOPTIQUE DES TYPES D'ÉLÉMENTS ÉPITHÉLIAUX.

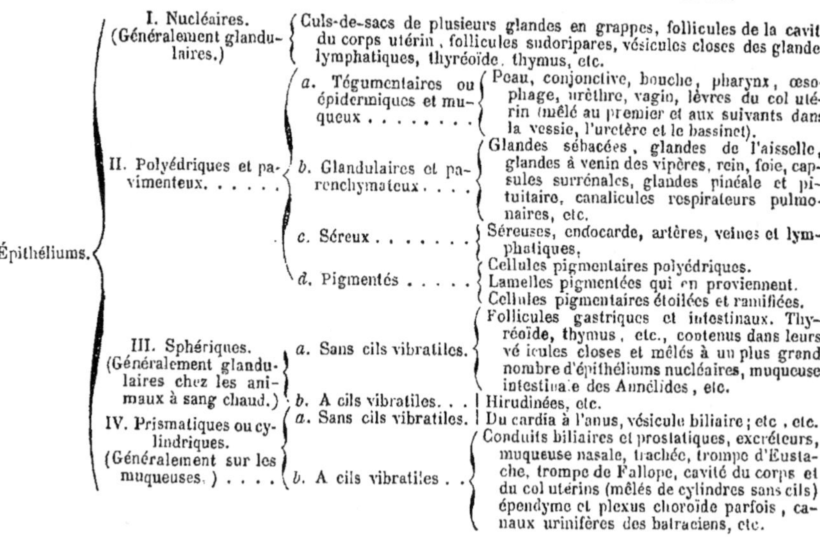

Épithéliums.

I. Nucléaires. (Généralement glandulaires.) — Culs-de-sacs de plusieurs glandes en grappes, follicules de la cavité du corps utérin, follicules sudoripares, vésicules closes des glandes lymphatiques, thyréoïde, thymus, etc.

II. Polyédriques et pavimenteux.

a. Tégumentaires ou épidermiques et muqueux . . . . — Peau, conjonctive, bouche, pharynx, œsophage, urèthre, vagin, lèvres du col utérin (mêlé au premier et aux suivants dans la vessie, l'uretère et le bassinet).

b. Glandulaires et parenchymateux . . . . — Glandes sébacées, glandes de l'aisselle, glandes à venin des vipères, rein, foie, capsules surrénales, glandes pinéale et pituitaire, canalicules respirateurs pulmonaires, etc.

c. Séreux . . . . — Séreuses, endocarde, artères, veines et lymphatiques.

d. Pigmentés . . . . . — Cellules pigmentaires polyédriques. Lamelles pigmentées qui en proviennent. Cellules pigmentaires étoilées et ramifiées.

III. Sphériques. (Généralement glandulaires chez les animaux à sang chaud.)

a. Sans cils vibratiles. — Follicules gastriques et intestinaux. Thyréoïde, thymus, etc., contenus dans leurs vésicules closes et mêlés à un plus grand nombre d'épithéliums nucléaires, muqueuse intestinale des Annélides, etc.

b. A cils vibratiles. . . — Hirudinées, etc.

IV. Prismatiques ou cylindriques. (Généralement sur les muqueuses.)

a. Sans cils vibratiles. — Du cardia à l'anus, vésicule biliaire; etc., etc.

b. A cils vibratiles . . — Conduits biliaires et prostatiques, excréteurs, muqueuse nasale, trachée, trompe d'Eustache, trompe de Fallope, cavité du corps et du col utérins (mêlés de cylindres sans cils) épendyme et plexus choroïde parfois, canaux urinifères des batraciens, etc.

Les phénomènes remarquables qui viennent d'être décrits suffiraient à eux seuls, indépendamment de beaucoup d'autres, pour prouver qu'il n'est pas vrai que toute cellule naisse d'une autre cellule ou d'un noyau par gemmation ou prolifération interne ou externe, car la couche ou la masse de substance amorphe qui se segmentent entre les noyaux ne sont nullement des cellules. Il n'est donc pas exact de dire *omnis cellula a cellula* et de nier la formation d'une cellule par une substance non cellulaire. Ce n'est pas là non plus une scission de cellule débutant par celle du nucléole, suivie de celle du noyau et du corps de la cellule, mais il y a au contraire division d'une substance amorphe entre des noyaux que respectent les écartements moléculaires ayant l'aspect de plans ou lignes de segmentation et qui donnent une individualité sous forme de cellules à autant d'éléments qu'il y a de noyaux préexistants, ou à peu près. Les faits précédents répondent à un certain nombre de ceux qui, mal observés, ont reçu le nom inexact de *prolifération cellulaire* et contredisent l'existence ici de ce mode de scission d'éléments figurés qui préexisteraient; à plus forte raison la *génération endogène* ne saurait être invoquée ici. (*Voy.* ÉLÉMENTS ANATOMIQUES.)

Tout épithélium cellulaire commence donc, par suite même du mode d'individualisation des cellules, par être polyédrique, plein, c'est-à-dire sans cavité distincte d'une paroi et contigu aux éléments semblables avec lesquels il était en continuité de substance avant la segmentation de celle-ci. Il demeure tel pendant toute la durée de son existence, ou en se développant il devient, soit lamelleux, c'est-à-dire *pavimenteux* proprement dit, soit *sphérique*, soit enfin *prismatique (cylindrique)*.

On comprend, d'après ce qui précède, comment il se fait que faute de segmentation intercalaire, on peut ne trouver qu'une couche d'épithélium nucléaire, avec ou sans matière amorphe, entre les noyaux sur des surfaces qui, dans d'autres circonstances, correspondant à l'état normal ou à une période évolutive plus avancée, sont tapissées par un épithélium cellulaire de quelqu'une des formes précédentes.

On comprend aussi comment on peut voir l'épithélium polyédrique proprement dit à la surface de muqueuses où normalement existe la variété prismatique, par suite de ce que après l'individualisation en cellules par segmentation internucléaire, le développement des cellules continue, en laissant à celles-ci leur configuration originelle au lieu de les amener à la *forme prismatique* avec ou sans cils vibratiles; forme qui est de toute la plus complexe au point de vue de l'évolution comme sous celui de la structure.

Étudions maintenant les caractères fondamentaux des principales variétés de formes des épithéliums cellulaires. D'une manière générale on peut le classer comme l'indique le tableau ci-dessus; mais notons toutefois qu'il faudrait de longues pages pour décrire les variétés sans nombre des aspects que présentent ces éléments d'un tissu à l'autre et dans les diverses espèces animales, d'après leurs dimensions, le plus ou moins de régularité de leurs formes, leur état plus ou moins granuleux, le volume de leur noyau, leurs modes de juxtaposition, etc.

Épithéliums polyédriques et pavimenteux. — C'est à cette forme de cellules épithéliales qu'appartiennent les épithéliums des plantes, qui n'en montrent du reste pas d'autre variété. Ce sont toujours de grandes cellules polygonales, à bords ou faces latérales ou au contraire élégamment et plus ou moins profondément ondulés (graminées, etc,); elles sont généralement aplaties, formant une seule, et rarement plusieurs rangées à la surface extérieure des plantes. On ne commence à les observer

d'une manière bien évidente que sur les hépatiques et les Mousses.

Il y a dans les Champignons pourvus de stipe et dans les Lichens une couche corticale, mais les cellules qui la forment conservent le type filamenteux des éléments de ces plantes, bien que souvent elles soient colorées ou épaissies (*Tuber*, *Bovista*). Pourtant il n'est pas rare de trouver le conceptacle (Stilbum *Buquetii*, Mg. et Cu. R. etc.), tapissé de cellules plus courtes et autrement colorées que celles du stipe bien qu'elles n'aient pas particulièrement le type des cellules d'épiderme d'autrefois; c'est le conceptacle qui est tapissé de cellules très petites qui se rapproche davantage des cellules épidermiques (*Sphæria*, etc.)

Schleiden donne le nom d'*épithélium* aux cellules d'épiderme à parois minces, qui ne sont jamais ou que rarement lignifiées ou incrustées de subérine. Il recouvre tous les jeunes organes, la surface de beaucoup de pétales et toutes les surfaces sécrétant beaucoup. Ce sont ces cellules qui sont arrondies ou prolongées vers l'extérieur en forme de papilles plus ou moins longues (sur le stigmate, par exemple), ou même de poils plus ou moins longs, comme on le voit à la surface des cicatrices de plusieurs plantes (Orchidées, Hippuris, Graminées, etc.). Les cellules sont pleines d'un contenu liquide qui ne contient pas d'amidon. Leur paroi se colore en bleu par l'iode et l'acide sulfurique.

L'*épibléma* est de l'épiderme formé de cellules à parois assez épaisses, ordinairement aplaties, rarement papilleuses, mais souvent prolongées de manière à former la racine des poils. Elles ne se colorent pas toujours en bleu pur par l'iode et l'acide sulfurique; elles semblent, par conséquent, être incrustées de xylogène et de subérine. Elles recouvrent principalement toutes les parties pourvues de poils radiculaires. Sur les vieilles racines des plantes élevées il est remplacé par la formation de couches subéreuses. L'épibléma est toujours tapissé d'une vraie cuticule (Schacht).

L'*épiderme* est formé de cellules qui offrent un plus haut degré de développement; celles de l'épibléma tiennent le milieu entre celles-ci et les premières. Ce sont des cellules aplaties, tabulaires, de forme très-variable, suivant les espèces de plantes, et régulière ou non. La paroi de ces cellules, qui est au contact de l'air, s'épaissit beaucoup plus que l'autre, et les couches d'épaississement les plus extérieures appelées *couches cuticulaires* sont souvent incrustées de subérine. Elles se dissolvent alors dans l'acide sulfurique concentré, avec la vraie cuticule qui ne manque jamais. Les cellules tapissent la surface des jeunes tronc et des jeunes rameaux, des feuilles; elles tombent de la tige des plantes vivaces, et se trouvent remplacées par celles du suber. Les Marchantia et la capsule des Mousses en sont tapissés, c'est là où existe cet épiderme que s'observent les *stomates*. Mais les cellules qui limitent ceux-ci n'appartiennent pas à l'épiderme, elles sont de l'ordre des cellules à chlorophylle, appartenant au *système herbacé*. Ce sont des cellules de l'épiderme qui, dans l'*Equisetum hiemale*, contiennent de la silice dans leur paroi; ces cellules sont ponctuées. Les cellules des *Isoetes hystrix* et *I. Durieui*, ainsi que des *Calamus*, renferment aussi de la silice. Les poils, les soies, les aiguillons des rosiers, les écailles ou lépides, etc., sont des *organes* formés par un ou plusieurs éléments anatomiques qui se rattachent aux cellules de l'épiderme en général. Toutes sont des cellules en connexion avec celles de l'épiderme, et qui n'en diffèrent que par la forme, qui est très-variée, ainsi que leurs dimensions et leur arrangement. Plusieurs sont un prolongement direct d'une cellule épidermique. Elles en présentent toutes les réactions, elles sont couvertes par la cuticule comme le reste de l'épiderme végétal. Les cellules sont quelquefois ponctuées ou à fil spiral, comme celles des poils des racines aériennes des Orchidées tropicales.

L'épiderme des plantes est recouvert d'une pellicule d'une minceur extrême qui s'étend, comme un vernis sans discontinuité, de la surface libre d'une cellule à celle de l'autre; elle recouvre également les poils et les autres dépendances de l'épiderme. On l'appelle aussi *cuticule vraie*.

La cuticule tient le premier rang parmi les parties des plantes phanérogames sur lesquelles il est impossible de rendre manifeste la moindre trace de cellulose à l'aide de l'iode et de l'acide sulfurique; elle résiste complétement à l'action de l'acide sulfurique, ou bien lorsque cet acide a produit en elle un certain ramollissement il n'en résulte pas pour cela que l'iode la bleuisse. Au contraire, on la voit toujours prendre une teinte jaune ou brune sous l'action de ce réactif. Si l'on agit sur des organes dans lesquels la paroi externe des cellules épidermiques n'a guère plus d'épaisseur que leurs parois latérales, et chez lesquels l'iode et l'acide sulfurique ou nitrique ne montrent qu'une cuticule très-mince (épiderme des feuilles d'*Iris fimbriata*, de la tige d'*Epiphyllum truncatum*, du pétiole des *Musa*, etc.), l'action de la potasse même reste nulle. On sait pourtant que la potasse agit sur la cellulose imprégnée de matières dites incrustantes là même où l'acide azotique reste impuissant. Cette membranule, est donc composée d'une substance essentiellement différente de celle qui constitue les membranes cellulaires, comme le montre la manière dont elle se comporte avec la potasse et l'iode qui laissent une lamelle mince et colorée en jaune sur le côté externe des cellules qui ont bleui elles-mêmes. C'est elle, que M. A. Brongniart a réussi à détacher des feuilles par la macération et qu'il a nommée *cuticule*. D'après les réactions précédentes, elle ne semble pas être une transformation d'une partie de la paroi externe des cellules d'épiderme.

Hugo-Mohl a donné le nom de *couches cuticulaires* aux parties des cellules épidermiques, de celles du liber, etc., qui se colorent en jaune sous l'action des acides sulfurique ou nitrique et de l'iode, mais bleuissent à l'aide de ce métalloïde et du traitement préalable par la potasse concentrée. Elles renferment donc de la cellulose, tandis que l'absence absolue de ce principe caractérise la vraie cuticule. Beaucoup d'auteurs et lui-même, faute de connaître l'action de la potasse sur les matières qui incrustent ces couches, se guidant sur l'action des acides seulement, les avaient confondues avec la cuticule.

On trouve les *couches cuticulaires* dans les feuilles considérées comme ayant une cuticule épaisse (*Aloë obliqua*). On doit laisser la préparation pendant vingt-quatre à quarante-huit heures dans une solution de potasse très concentrée, à la température ordinaire. La couche cuticulaire se gonfle et se montre, comme la membrane des cellules épaisses traitées par l'acide sulfurique, composée de nombreuses lamelles superposées. Ces lamelles ne s'étendent pas sans interruption d'une cellule à l'autre, et ne forment pas une membrane uniformément étendue à la surface de l'épiderme, ni qu'on puisse distinguer, séparer d'avec lui ; au contraire, elles finissent sur la limite de deux cellules épidermiques adjacentes et constituent une portion de leurs parois. Le plus souvent, dans cette expérience, les cellules d'épiderme se sont élargies et les portions de couches cuticulaires qui correspondent à ces cellules se sont séparées l'une de l'autre d'une manière plus ou moins complète. Si l'on met sur la préparation quelques gouttes de teinture d'iode saturée, et qu'après avoir laissé sécher on ajoute de l'eau, la couche cuticulaire se colore en bleu d'une manière aussi nette que les parois des cellules de l'épiderme et du parenchyme sous-jacent (*Aloë obliqua* et *margaritifera ; Hoya carnosa ; Hackea pachyphylla* et *gibbosa ;* etc.).

Il ressort indubitablement de ce qui précède que ces *couches cuticulaires* ne sont pas formées par une couche homogène de matière différente de la cellulose, qui aurait été déposée à la surface de l'épiderme, mais qu'elle est formée de portions distinctes correspondantes aux cellules épidermiques. Il en résulte, en même temps, que la différence des réactions chimiques de ces couches à côté de celles de la cellulose tient à ce qu'elles ont été pénétrées d'une substance qui jaunit par l'iode ; substance qui, non-seulement résiste elle-même à l'acide sulfurique, mais qui, de plus, garantit la cellulose pénétrée par elle contre l'acide sulfurique et l'iode, quoique pouvant être dissoute par la potasse. Pendant que se produit l'action de la potasse sur les couches cuticulaires des cellules épidermiques, on voit une membranule très déliée se détacher de leur face externe. Cette membrane déliée est la vraie cuticule, qui se colore par l'iode, non pas en bleu, mais en jaune.

L'ensemble de ces faits montre nettement qu'il ne faut pas confondre la production de l'un et de l'autre de ces ordres de couches avec les phénomènes de sécrétion, tels qu'ils ont lieu dans les cellules glandulaires des plantes et des animaux.

Les *cellules épithéliales pavimenteuses des animaux* peuvent présenter, soit la forme de lamelles polygonales régulières à 5 ou 6 côtés, soit la forme de polyèdres à diamètres à peu près égaux dans tous les sens ayant de 6 à 10 faces, et alors on a comparé leur figure à celle d'un pavé. Elles peuvent donc avoir des diamètres à peu près égaux dans les trois dimensions, ou bien, elles peuvent être très minces et très aplaties.

Cette variété de cellules épithéliales est la plus répandue de toutes ; ainsi on en trouve à la surface de la peau des animaux aquatiques aussi bien que des animaux terrestres et aériens, sur plusieurs muqueuses comme celles de la bouche, de l'œsophage, de l'épiglotte, des cordes vocales supérieures et inférieures, des ventricules du larynx, du vagin, de l'urèthre, et à la surface d'un grand nombre de conduits excréteurs de glandes et dans les tubes propres ou la masse de divers parenchymes, tels que les tubes du rein, les canaux respirateurs du poumon, sur les branchies, dans le parenchyme du foie, dans les culs-de-sac des glandes pileuses etc. On ne trouve pas d'autre variété d'épithélium que celle-là chez les Insectes et les Arachnides.

Dès l'apparition de la *tache embryonnaire* du blastoderme, une différence existe : 1° d'une part, entre les cellules qui vont former cette *tache embryonnaire* dont va provenir l'embryon proprement dit, et auxquelles vont succéder les éléments anatomiques permanents des organes définitifs du nouvel être ; 2° et d'autre part, entre ces dernières et celles des portions du blastoderme qui vont former certains de ses organes transitoires, tels que le *chorion villeux* et l'*amnios*, puis la *vésicule ombilicale.* Celles qui composent ces trois organes ont en effet les caractères des cellules épithéliales pavimenteuses, polyédriques dans le chorion et dans les 2 couches celluleuses de la vésicule ombilicale, mais aplaties et nettement pavimenteuses dans l'amnios. Il en est de même de celles qui, sur le fœtus et l'adulte, tapissent la face interne du labyrinthe membraneux.

Ces épithéliums sont de tous les éléments, un de ceux qui résistent le plus à la putréfaction. Ils résistent également à l'action des composés chimiques, et l'on a noté depuis très longtemps que l'acide acétique les rend à peine un peu plus transparents qu'ils n'étaient, mais ne les dissout pas. Les cellules épithéliales de l'épaisseur des parenchymes sont plus attaquables et rendues plus translucides que celles de la surface des muqueuses ou de la peau. Celles de la peau ou de l'œsophage se gonflent rapidement, mais ne se dissolvent pas sous l'influence de l'acide sulfurique ou de la potasse. Si ces cellules pavimenteuses sont prises dans des culs-de-sac glandulaires, l'acide sulfurique et la potasse les dissolvent, mais beaucoup plus lentement que la plupart des autres éléments anatomiques.

La forme des cellules qui, d'une manière générale, sont polyédriques ou pavimenteuses, est susceptible de présenter de nombreuses variétés, même dans une seule couche épithéliale ou épidermique. Elles sont d'une remarquable régularité à la surface du corps des batraciens, de la choroïde, de la membrane de Descemet, etc. Mais elles peuvent être plus ou moins étroites et allongées en restant fort minces comme dans les vaisseaux ; elles peuvent au contraire former des polyèdres réguliers plus longs que larges qui les rapprochent de la forme des épithéliums *prismatiques*, comme on le voit dans les couches profondes du revêtement épithélial de la cornée, de la conjonctive, de la peau des poissons, etc. Dans les tubes testiculaires particulièrement elles peuvent, d'un individu à l'autre, être *polyédriques* à proprement parler ou réellement *prismatiques*, c'est-à-dire notablement plus longues qu'elles ne sont épaisses. Un ou plusieurs de leurs angles peuvent présenter un prolongement simple ou ramifié, d'étendue variable, leur donnant une forme étoilée ou caudée, comme le montre l'épithélium des voies urinaires, surtout du bas-fond de la vessie, chez l'homme particulièrement, et dans la plupart des animaux quelques-unes des cellules épithéliales qui sont chargées des granules pigmentaires. Leurs bords, si elles sont aplaties, ou leurs faces près de leurs arêtes, si elles sont polyédriques, au lieu d'être lisses peuvent être finement striés ou hérissés de dentelures grêles, aiguës et rapprochées, ainsi qu'on le voit

dans les cellules des couches profondes de l'épiderme cutané des doigts, de la langue, et de la plupart des muqueuses à épithélium pavimenteux des mammifères, l'homme compris.

Le diamètre des cellules pavimenteuses varie beaucoup suivant les régions ; d'une manière générale, ces dimensions varient entre $0^{mm},03$ et $0^{mm},08$ à l'état normal. On peut le voir atteindre jusqu'à $0^{mm},2$, comme on l'observe dans les productions cornées de la surface de la peau, sur les muqueuses ou dans les glandes de quelques invertébrés. Lorsqu'elles atteignent ce volume, elles seraient apercevables à l'œil nu, si elles n'étaient pas tellement translucides que la lumière les traverse sans qu'elles puissent impressionner la rétine.

Dans une même couche épithéliale ou épidermique stratifiée, les cellules les plus récemment individualisées, contiguës ou presque contiguës au chorion et aux papilles, n'ont souvent qu'un à deux centièmes de millimètre d'épaisseur, alors qu'au même niveau les cellules de la rangée la plus superficielle ont une largeur de 7 à 10 centièmes de millimètre ou environ. Dans certains culs-de-sac glandulaires comme ceux des glandules biliaires en grappe simple des mammifères, l'épaisseur des cellules ne dépasse jamais beaucoup un centième de millimètre.

L'épithélium des séreuses, des canalicules ou culs-de-sac pulmonaires, des vaisseaux sanguins et lymphatiques, est formé d'une seule rangée de cellules pavimenteuses, très-minces, pourvues d'un noyau assez allongé ; leurs côtés sont parfois onduleux ou dentelés. Ces dernières dispositions se voient particulièrement à la face interne des capillaires lymphatiques et de certaines séreuses qui ont un épithélium analogue à celui des vaisseaux, mais à cellules bien plus larges.

La couche unique de cellules épithéliales des lymphatiques et autres capillaires consiste en cellules allongées polygonales ou fusiformes, à bords lisses ou dentelés. L'axe longitudinal des cellules correspond à celui des vaisseaux. Plus un tube lymphatique capillaire est voisin d'un tronc, plus ses cellules sont serrées et ont la forme allongée. Les mailles des capillaires au contraire ont des cellules assez larges. L'aplatissement des parois d'un tube transparent donne aux cellules, sous le microscope, un aspect multiforme ; car ces lignes noires des bords de cellules se croisent réciproquement, et celles qui appartiennent à l'une des parois modifient l'aspect normal des cellules de la paroi qui est au-dessous. La longueur des cellules est, en moyenne de $0^{mm},06$ à $0^{mm},04$, et la moyenne de leur largeur varie entre $0^{mm},008$ et $0^{mm},020$.

Un épithélium pavimenteux analogue, à cellules habituellement moitié plus petites dans les capillaires et dans les artérioles, et presque aussi larges dans les veinules, tapisse la face interne de la paroi des vaisseaux sanguins jusqu'aux capillaires les plus fins, et se continue naturellement avec celui des artères et veines proprement dites, dont les cellules sont plus larges. Les bords juxtaposés de ces cellules sont généralement réguliers et rarement onduleux ou dentelés avec engrènement, comme ils le sont par places dans les lymphatiques et dans quelques séreuses. Dans les veines de la rate ces cellules épithéliales sont remarquables par leur étroitesse, leur figure fusiforme, l'état ondulé de leurs bords, et par la situation de leur noyau près d'un de ces bords ; elles le sont aussi par leur fréquente courbure en demi-cercle, à concavité du côté du noyau quand elles sont isolées. Sur le cadavre, un courant d'eau dans les veines suffit pour les détacher et les entraîner.

La continuité de cette couche dans les capillaires lymphatiques et sanguins, la minceur de ces cellules qui ont 1 millième de millimètre d'épaisseur, l'aspect d'un certain état de sécheresse, si l'on peut ainsi dire, qu'elles présentent comparativement aux épithéliums glandulaires, montrent que leur rôle est essentiellement relatif à des actes de pure endosmose et exosmose. La netteté avec laquelle la membrane, ou couche endosmotique qu'elles forment limite la face interne des conduits sanguins et lymphatiques, réduit à néant d'une manière absolue : 1° l'hypothèse d'après laquelle ces vaisseaux n'auraient été que de simples *trajets interstitiels* ou lacunaires par écartement des autres éléments anatomiques permettant le contact immédiat du sang et de la lymphe avec les éléments anatomiques ;

2° celle d'après laquelle les globules de ces deux liquides seraient produits dans le tissu propre de la rate, dans celui des glandes lymphatiques, ou du *tissu lamineux* dit *cellulaire ou conjonctif*, si singulièrement comparé à une glande par quelques auteurs ; globules qui de là seraient tombés dans ces *trajets* interstitiels capillaires. Cette rangée unique de cellules épithéliales minces existe déjà dans les capillaires les plus récemment développés et dans ceux qui se produisent lors de la régénération des tissus, soit accidentellement comme dans les séreuses, soit dans les cas de la réunion des plaies dites par *première intention*. Dans ces diverses circonstances même cet épithélium tapisse directement les éléments des tissus que traversent les capillaires et constitue la seule tunique de ces conduits. Ce fait s'observe dans un certain nombre d'autres conditions normales au sein de divers tissus, mais bien qu'alors il n'y ait pas de paroi propre interposée entre cet épithélium et le tissu dont il tapisse les conduits capillaires le sang qui parcourt ceux-ci est séparé d'eux par cet épithélium. Les cellules en sont même assez adhérentes les unes aux autres pour qu'il soit possible par dilacération des tissus d'isoler les tubes qu'elles forment ainsi à elles seules. Le fait relatif à la constitution des derniers capillaires est plus répandu qu'on ne le croit généralement.

Ces cellules épithéliales pavimenteuses renferment habituellement un noyaux. On a dit que ce noyau possédait toujours un nucléole, toutefois l'existence de ce dernier n'est pas constante et il y a à cet égard quelques variétés d'un sujet à l'autre. Mais lorsque les cellules et son noyau s'hypertrophient, le nucléole naît et se développe sous forme d'un granule ou d'une gouttelette jaunâtre, brillant, réfractant assez fortement la lumière et attaquable par l'acide acétique. Il peut se produire deux à trois nucléoles dans un seul noyau.

Dans ces cellules existent de fines granulations moléculaires dispersées entre le contour du noyau et celui de la cellule. Souvent il en est qui, un peu plus grosses que les précédentes, sont disposées régulièrement autour du noyau, à une petite distance de lui. Ces granulations, aussi bien que le nucléole et le noyau, peuvent disparaître par une atrophie graduelle, comme on l'observe à la surface de la muqueuse linguale de la peau, etc. Ainsi, au fur et à mesure que les cellules s'éloignent du derme par le développement des cellules sous-jacentes, on voit les noyaux et les granulations s'atrophier.

Les cellules de la couche la plus superficielle de l'épiderme embryonnaire et fœtal ont un gros noyau qui disparaît à compter de la fin du deuxième mois ou du commencement du troisième. Il ne disparaît pas par atrophie, comme il le fait après la naissance. Il s'hypertrophie au contraire considérablement, fait une saillie piriforme à la surface du corps, devient mamelonné, puis son point d'union avec la cellule se rétrécit en forme de pédicule. Celui-ci finit par se rompre, le noyau devenu libre tombe dans le liquide amniotique et la cellule reste alors sans noyau jusqu'à l'époque de la desquamation. Un point grenu irrégulier marque encore à sa surface la place autrefois occupée par le noyau, puis par son pédicule.

On peut parfois rencontrer plusieurs noyaux dans quelques cellules épidermiques d'une même couche épithéliale, par suite des particularités relatives à leur individualisation par segmentation dont il a été question précédemment.

Ces mêmes particularités nous ont montré que les cellules épithéliales polyédriques et autres sont nécessairement et constamment sans cavité distincte de leur paroi, c'est-à-dire aussi denses vers leur centre qu'à leur surface, et que le noyau ou les noyaux sont inclus dans l'épaisseur de leur substance. Nous avons vu aussi que ce n'est que postérieurement à leur individualisation, que, par suite de la production de gouttes graisseuses dans les cellules polyédriques sébacées des mammifères et des oiseaux, de quelques glandes et du foie de beaucoup d'animaux, une cavité pleine d'huile devient distincte de la paroi formée par la masse azotée distendue. Le noyau reste alors inclus dans celle-ci lorsqu'il ne s'atrophie pas, et en tous cas la cellule devient sphéroïdale.

Dans l'épiderme cutané des poissons et dans l'épithélium pavimenteux de quelques muqueuses, les cellules, sans devenir à proprement parler vésiculeuses comme dans les circonstances précédentes, deviennent hyalines, d'aspect muqueux, plus grosses que les autres, et sphéroïdales par suite d'un gonflement particulier de toute leur masse. Leurs granulations disparaissent ou sont très-écartées les unes des autres (*cellules muqueuses* et *cellules sécrétoires* de quelques auteurs). Souvent, du reste, soit dans les cellules polyédriques des glandes, soit dans celles des muqueuses, etc., la substance de la superficie des cellules, après leur individualisation par segmentation, devient plus dense, plus ferme et moins granuleuse que le reste de la masse de l'élément. Celle-ci, sans être liquide, est de consistance comme pulpeuse, et elle est susceptible de se creuser de vacuoles pleines d'un liquide hyalin ; ces vacuoles se forment sous les yeux de l'observateur et changent souvent de forme et de grandeur ; ces particularités indiquent un commencement de modification dans la constitution moléculaire de leur substance, sinon d'altération cadavérique.

Dans toutes les circonstances autres que celles où les cellules deviennent vésiculeuses, les granules qu'elles contiennent sont inclus dans leur propre substance et les rendent plus ou moins opaques selon leur teinte et leur plus ou moins de rapprochement : ce fait est très remarquable dans les cellules épithéliales des *tubes de Malpighi* ou urinaires des insectes et des arachnides, dans celles des tubes testiculaires, celles de l'organe de la pourpre des *Murex*, etc., de la membrane sécrétant l'encre des Céphalopodes, sur celles des glandes fournissant un liquide blanc de lait, soit dans le jabot des Colombidés, soit dans les appendices mâles des Plagiostomes, etc.

Parmi ces granulations, il faut noter spécialement les *granules pigmentaires*. Ces granulations peuvent exister, non-seulement entre des éléments de la trame de certains tissus, mais elles se rencontrent habituellement dans l'épaisseur de cellules qui ne constituent pas pour cela une espèce à part et qui ne sont autre chose que des cellules épithéliales polyédriques. Ces cellules renferment une plus ou moins grande quantité de ces granules de teintes très diverses d'une espèce animale à l'autre, ayant depuis la couleur brunâtre pâle jusqu'au noir ou au rouge intense, ou au contraire d'un jaune vif, comme dans les cellules recouvrant la partie antérieure de la sclérotique des Poulpes ou de l'iris de plusieurs vertébrés.

Ces cellules sont très régulières à la surface de la choroïde des albinos humains et des autres animaux ; elles existent toujours, mais elles sont dépourvues des granulations qui les colorent, ce qui fait que la coloration noire de la choroïde n'existe plus alors. Dans ce cas, beaucoup de ces cellules renferment une ou deux gouttelettes d'huile.

Très régulières à la superficie de la choroïde, ces cellules pigmentées sont au contraire anguleuses, pourvues de prolongements irréguliers, réguliers ou non qui leur donnent un aspect bizarre dans l'épaisseur de l'épiderme des Batraciens, etc.

La production normale de la couche des cellules épithéliales pigmentées choroïdiennes a lieu chez l'embryon de la même manière que celle des autres cellules épithéliales, c'est-à-dire par la genèse à la face interne de la choroïde d'une couche de noyaux entre lesquels existe une petite quantité de matière amorphe qui se remplit de granules pigmentaires de plus en plus nombreux. A cette époque, en dissociant cette couche, chaque noyau entraîne un peu de cette matière amorphe avec ses grains de pigment irrégulièrement groupés autour de lui. Vers le troisième mois de la vie intra-utérine environ, cette matière amorphe se segmente entre chaque noyau, dont chacun devient ainsi le centre des cellules individualisées de la sorte ; cellules qui se trouvent alors chargées du pigment dont était parsemée la matière internucléaire qui se segmente. Sur le prolongement choroïdien appelé *peigne* dans l'œil des oiseaux, ces cellules deviennent plutôt prismatiques que pavimenteuses, et à extrémité libre renflée, à extrémité adhérente prolongée en pointe.

Plus loin, en parlant des cellules prismatiques ciliées, nous verrons qu'il y a des cellules polyédriques, mais non lamelleuses, qui sont pourvues de cils vibratiles à la face interne de l'intestin de diverses Annélides et Hirudinées, sur quelques points des téguments des Mollusques gastéropodes, etc. Les branchies des Mollusques ont en quelques endroits des épithéliums ciliés à cellules polygonales plus ou moins aplaties et prismatiques dans d'autres parties. C'est aussi un épithélium polyédrique cilié qu'on trouve sur les branchies des larves de Batraciens, du Protée et de l'Amphioxus. Mais sur les branchies des autres poissons, l'épithélium est formé d'une rangée de cellules polyédriques, au-dessous de laquelle est une couche plus ou moins épaisse d'épithélium nucléaire, avec de la matière amorphe en voie de segmentation.

Le tissu de la corne, des ongles et de la couche épidermique caduque des reptiles est formé de cellules épithéliales pavimenteuses régulièrement empilées et ayant perdu leur noyau par atrophie. Elles sont d'autant plus intimement soudées les unes aux autres qu'elles sont plus loin de la surface du derme qui les produit (*membrane kératogène*). Elles peuvent même constituer une substance complétement homogène, striée et granuleuse, dans la couche la plus superficielle des organes qui en sont formés, par suite de soudure complète. Pourtant la potasse, les acides sulfurique et fluorhydrique séparent les unes des autres les cellules en des points où déjà elles semblaient soudées. Dans la corne des grands mammifères, ce qu'on nomme les tubes cornés est la portion épidermique entourant les longues papilles vasculaires du derme, dit membrane kératogène, les cellules sont appliquées par leur face parallèlement à ces papilles ; la substance cornée interposée à ces tubes qui logent les papilles est formée de cellules disposées à plat, perpendiculairement à la direction des papilles et des cellules qui leur forment tube. L'aspect strié ou fibreux de la surface des cornes et des ongles est dû à des rangées de cellules soudées, saillantes au-dessus des autres suivant la direction des papilles ou des rangées de papilles vasculaires, et se déchirant plus facilement dans ce sens. La couleur noire de la corne est due aux granulations pigmentaires placées dans les cellules qui restent dans leur épaisseur ou qui les colorent en cessant d'être distincte dans la substance des éléments devenus ainsi adhérents entre eux.

La substance des poils est formée aussi de cellules épithéliales, pavimenteuses, mais minces allongées, sans noyaux, très adhérentes ensemble, pouvant cependant être isolées par certains réactifs ou dans certaines anomalies du développement des poils.

Dans les couches de cellules pavimenteuses qui ne sont pas formées d'une seule rangée d'éléments, mais de plusieurs, comme dans l'épiderme, on trouve, de la profondeur à la surface : 1° Une couche unique de cellules épithéliales, polyédriques régulières, qui repose immédiatement sur la surface du derme, monte sur les papilles, redescend dans leurs interstices, et s'arrête circulairement autour de l'orifice des glandes et des follicules de la peau. Chez l'embryon, elle passe au-devant de l'orifice des glandes sudoripares, en s'enfonçant un peu dans sa profondeur ; cela, jusque vers l'époque de la naissance. Elles sont colorées par de la mélanine dans les parties noires de la peau, et surtout chez les nègres. Cette couche répond à ce qu'on appelait le *pigment* ou la *couche pigmentaire* de la peau. 2° Une couche de cellules épithéliales plus sphéroïdales, formée de plusieurs rangées de cellules confusément entassées. Cette couche est molle et répond à ce qu'on appelle *couche* ou *réseau muqueux de Malpighi*. 3° Une couche, soit plus, soit moins épaisse que la précédente, formée de cellules lamelleuses, minces, généralement sans noyaux, adhérentes entre elles, constituant la *couche cornée* ou *épidermique* proprement dite de l'épiderme. Son épaisseur est considérable au talon, et, chez les individus à professions pénibles, aux mains, à la face plantaire des phalanges chez les digitigrades, et à la même face des portions métatarsienne et métacarpienne des pattes des plantigrades, aux callosités ischiatiques des singes, etc. Elle est très mince sur la peau des oiseaux. Elle est réduite en quelque sorte à une seule rangée à la surface de la peau des Batraciens.

Épithéliums sphériques. — La seconde variété d'épithéliums cellulaires est connue sous le nom d'*épithéliums sphériques*. Ces épithéliums ne se rencontrent pas abondamment chez l'homme, où on ne les trouve qu'à l'état d'éléments accessoires, à côté des épithéliums nucléaires, dans la muqueuse vésicale, dans la thyréoïde, dans quelques culs-de-sac glandulaires de l'estomac, et enfin en quantité minime, dans les vésicules closes des ganglions lymphatiques.

Il y a, au contraire, des espèces animales, comme les oiseaux, sur lesquelles il y a des glandes entièrement tapissées d'épithéliums sphériques ; il y en a d'autres, comme les poissons et les batraciens, chez lesquelles on trouve certaines portions de la muqueuse linguale tapissée par les épithéliums. Cette variété est plus répandue encore parmi les invertébrés.

Les épithéliums sphériques se présentent sous la forme de cellules régulièrement sphériques, dont le volume varie chez l'homme entre $0^{mm},02$ et $0^{mm},03$. Lorsqu'on les prend dans la glande thyréoïde, elles ont un contour net ; elles offrent une masse de cellule pâle, transparente et plus ou moins granuleuse dans le voisinage du noyau ; elles n'ont pas une cavité distincte de la paroi. Les noyaux qu'elles renferment sont tantôt sphériques, tantôt ovoïdes, suivant les régions de l'économie. Ainsi, les cellules sphériques qui se trouvent comme élément accessoire dans l'épithélium vésical, ont toujours un noyau ovoïde ; dans la thyréoïde, au contraire, le noyau est constamment sphérique, presque sans granulations et sans nucléoles ; on voit encore communément des cellules sphériques en suspension dans le liquide de certaines glandes comme l'humeur sébacée, le liquide des ovisacs, etc. C'est du groupe des cellules épithéliales sphériques ou ovoïdes, mais glandulaires plutôt que cutanées, qu'il faut rapprocher les cellules sécrétant un liquide urticant qu'on trouve dans les téguments des Actinies, des Polypes médusaires, hydraires et autres. Elles y représentent des glandes uni-cellulaires sous forme de cellules plus grosses que celles de l'épithélium tégumentaire, à paroi homogène, à cavité nettement distincte de la paroi pleine d'un liquide hyalin, sans granulations ; mais elles contiennent en outre, soit des corps baccillaires, soit un long et mince filament enroulé faisant suite tantôt à un bâtonnet, tantôt à un globule, ou à un corpuscule en forme de flèche, d'hameçon, etc.

On trouve parmi les épithéliums qui normalement passent de l'état polyédrique originel à l'état de cellules ovoïdales ou sphériques, des cellules à la surface libre desquelles se développent des cils vibratiles, contigus les uns aux autres, recouvrant cette surface en totalité. On voit de ces éléments à cils vibratiles sur la base de la langue des Batraciens, dans l'intestin des Hirudinées, de divers mollusques et sur les branchies de ceux-ci. Sur les Hirudinées particulièrement, les cils sont aussi longs parfois que la cellule est épaisse. A la surface interne des conduits circulatoires et des organes génitaux des Rhizostomes ou d'autres acalèphes ainsi qu'en quelques points des branchies des Mollusques lamellibranches, il y a de ces cellules qui sont composées seulement d'un noyau sphérique avec ou sans nucléole, entouré d'une masse ou corps de cellule presque imperceptible ; celui-ci ne forme qu'une mince pellicule appliquée contre le noyau et portant sur un point de leur surface libre de 1 à 10 cils environ , dont les mouvements entraînent la cellule lorsqu'elle est isolée.

Épithéliums prismatiques. — La troisième variété d'épithéliums cellulaires comprend les *épithéliums prismatiques.* Elle est beaucoup plus répandue que la précédente. On la rencontre dans les follicules dentaires avant l'éruption où ces éléments forment la rangée des cellules dites de l'organe de l'émail. Ils tapissent les voies aériennes y compris les fosses nasales, jusqu'à la terminaison des bronches cartilagineuses. Mais lorsqu'on entre dans les canalicules respiratoires, qui n'ont plus les caractères de la trachée et des bronches, on trouve de l'épithélium pavimenteux. Dès le niveau de l'endroit où les bronches perdent leur caractère de simples conduits destinés au transport mécanique de l'air, leur épithélium change comme la structure du conduit lui-même. C'est donc une erreur que de parler de la *terminaison des bronches* en décrivant des canalicules respiratoires, attendu que ce n'est pas dans les bronches que s'opèrent les phénomènes d'échanges gazeux de la respiration, mais bien dans ces canalicules. Ces derniers présentent une différence de structure coïncidant avec une différence d'usage ; cette différence se manifeste jusque dans l'épithélium. En effet, l'épithélium des bronches pourvues de cartilages est un épithélium prismatique cilié, tandis que dès qu'on arrive aux canalicules respiratoires qui reçoivent des branches de l'artère pulmonaire, on trouve un épithélium pavimenteux.

On trouve des différences de même ordre dans tous les parenchymes glandulaires ou non. Ainsi, les canalicules sécréteurs du lait ont un épithélium différent de celui des canaux galactophores ; de même, les canalicules sécréteurs de la bile ont un épithélium polyédrique à petites cellules, différent par conséquent de l'épithélium prismatique de la vésicule du fiel et des conduits biliaires excréteurs ; en un mot, on voit partout une différence entre la portion qui sécrète et celle qui excrète. Ces cellules ne se rencontrent pas habituellement dans les culs-de-sac et les vésicules des glandes qui contiennent plutôt des épithéliums nucléaires, sphériques ou polyédriques, tandis qu'on les trouve plus particulièrement sur les membranes au travers desquelles ont lieu des phénomènes d'absorption. Ainsi on rencontre ces épithéliums prismatiques, dans le tube digestif, depuis le cardia jusqu'à l'anus, les insectes et les arachnides exceptés, dans certaines portions des voies génitales des vertébrés, comme dans la cavité du col ou du corps de l'utérus des mammifères , dans la cavité des trompes de Fallope chez la femme, dans les conduits excréteurs de la prostate et dans le canal déférent, chez l'homme. Cette variété d'épithélium manque complétement dans les insectes et même, je crois, sur tous les autres articulés ; à la surface de leur membrane et de leurs tubes glandulaires dominent au contraire les épithéliums polyédriques.

Ces cellules épithéliales se distinguent facilement de toutes les autres par leur configuration, qui, ainsi que leur nom l'indique, est celle d'un prisme à 5 ou 6 pans. Leur longueur, qui l'emporte de beaucoup sur leur largeur, est en moyenne de $0^{mm},05$ à $0^{mm},06$, et dans certaines régions, à l'état normal, comme dans la trachée, elles peuvent avoir le double de cette longueur. Ces cellules sont étroites, car leur largeur est à peine de $0^{mm},06$ à $0^{mm},07$; de sorte que, vues dans le sens de leur longueur, elles se présentent sous la forme d'un petit bâtonnet, d'un prisme ou quelquefois d'un cylindre, d'où le nom d'*épithéliums cylindriques,* qui leur a été donné par beaucoup d'auteurs, bien que leur forme normale soit celle d'un prisme et qu'elle ne devienne cylindrique que lorsqu'elles ont été gonflées par l'eau, ou par altérations cadavériques. Lorsqu'elles sont vues de face, elles présentent un aspect polygonal, ou d'une série de petits pentagones ou hexagones, dans l'intérieur desquels on aperçoit un noyau qui paraît sphérique, bien qu'il soit en réalité ovoïde ; cela tient à ce que le noyau est alors vu par l'un de ses bouts et non selon son grand diamètre, comme un œuf paraît circulaire lorsqu'il est examiné par une de ses extrémités au lieu d'être regardé dans le sens de son grand diamètre. De là résultent de grandes différences dans l'aspect que présentent certains lambeaux d'épithéliums prismatiques, selon qu'ils sont observés de manière à montrer leurs cellules dans l'un ou l'autre sens.

Il n'est pas rare de voir ces cellules présenter des variétés de forme assez importantes à connaître ; on les voit particulièrement dans la trachée et dans l'intestin vers l'extrémité inférieure du rectum. Dans ces régions, le corps de la cellule est souvent terminé en pointe plus ou moins allongée, au lieu d'être coupé carrément. Ces prolongements en pointe se trouvent toujours du côté adhérent de la cellule, tandis que l'extrémité coupée carrément se voit du côté de la surface libre de la muqueuse ou du conduit excréteur. Quelquefois, le corps de la cellule se rétrécit, soit au-dessus, soit au-dessous, soit à la fois au-dessus et au-dessous du noyau, pour se terminer en pointe, comme on le voit dans la trachée, etc. Dans ce dernier cas, les cellules sont à peu près fusiformes. De ces différentes particularités résultent des différences d'aspect assez notables pour ces cellules. Celles qui se sont développées d'une manière irrégulière se trouvent toujours associées à d'autres qui ont la configuration la plus habituelle, de telle sorte qu'il est toujours facile, malgré ces variétés, de déterminer à quel type elles appartiennent. Dans la vessie et les uretères, la terminaison en pointe des deux extrémités des cellules n'est pas rare. Il y a dans les organes olfactifs et auditifs des poissons et des batraciens des cellules qui sont ainsi prolongées en une pointe qui dépasse la surface libre coupée carrément, des cellules voisines. Ces prolongements, souvent aussi longs ou plus longs que le reste de la cellule, ne sont pas doués

de mouvements. Sur les cellules du bulbe dentaire, dites *cellules de l'ivoire*, on trouve aussi l'une des extrémités des cellules prolongées de la sorte ; c'est l'extrémité la plus étroite, celle qui est tournée du côté de l'ivoire.

Dans le corps des cellules de cette variété, on voit des granulations grisâtres, fréquemment accompagnées de granulations graisseuses toujours alors rangées autour du noyau. C'est ce que l'on rencontre surtout dans les voies génitales, particulièrement chez l'homme. Il y a des cellules prismatiques, telles que celles du bulbe dentaire dites *cellules de l'ivoire* et celles d'autres régions sur divers invertébrés, dans lesquelles on ne voit de granulations que vers l'une des extrémités de la cellule, le reste de l'élément demeurant tout à fait hyalin et homogène. Le noyau de ces cellules est ordinairement ovoïde, parfois étroit et allongé, avec ou sans nucléole ; ordinairement placé vers le milieu de la longueur de l'élément, il peut être situé à une de ses extrémités comme dans les *cellules de l'ivoire.*

Lorsque ces cellules se trouvent dans des conditions telles qu'elles ne peuvent subir une desquamation régulière, elles se dilatent et se creusent d'excavations d'un seul ou des deux côtés du noyau. Dans le premier cas, elles donnent à la cellule la figure d'un verre à pied ; le noyau déprimé, parfois méconnaissable, est repoussé du côté resté étroit. Souvent la cellule s'ouvre à son extrémité élargie, et là, laisse exsuder sa substance intérieure sous la forme d'un grand globule hyalin ou même se vide tout à fait. Dans le second cas, ces dilatations peuvent être plus ou moins considérables et alors les cellules se présentent comme des vésicules renflées au-dessus et au-dessous du noyau contre lequel la substance du corps de la cellule reste adhérente. Ces modifications se produisent aussi par altération cadavérique. Il n'est pas rare non plus de voir la substance de la superficie des cellules en voie d'altération cadavérique être soulevée en ampoule par une matière hyaline, liquide, d'aspect sarcodique, phénomène qui s'observe également souvent sur les cellules polyédriques glandulaires et sur celles des muqueuses.

Il y a parfois des épithéliums prismatiques qui renferment un grand nombre de noyaux ; c'est ainsi que dans l'intestin ou dans la trachée on rencontre souvent des cellules prismatiques plus larges que les autres, qui, au lieu d'un seul noyau central, ont de 2 à 15 noyaux dans leur épaisseur. Cela vient de ce que, lors de la segmentation de la substance interposée, le sillon de segmentation, au lieu de passer régulièrement entre chaque noyau, a omis (s'il est permis de dire ainsi) quelques-uns des intervalles qui les séparent et a enveloppé ainsi plusieurs noyaux. La segmentation peut de la sorte englober un assez grand nombre de noyaux dans l'intérieur d'une seule cellule. C'est ce que montre souvent l'épithélium de la muqueuse utérine des rongeurs, etc., pendant la grossesse, surtout dans la portion contre laquelle est appliquée le placenta.

La face libre ou base du prisme que forment les cellules épithéliales dont il est ici question est tapissée d'une couche hyaline épaisse de 2 à 8 millièmes de millimètre, qui tranche par sa transparence et son homogénéité à côté de la substance finement grenue du reste de la cellule. Elle réfracte aussi plus fortement la lumière que cette dernière. Quand on isole les unes des autres les cellules juxtaposées dans une membrane épithéliale, chacune entraîne avec elle la portion de cette substance hyaline qui lui correspond.

Cette couche est notablement plus épaisse sur les cellules prismatiques dépourvues de cils vibratiles que sur celles qui en portent, mais elle existe sur ces deux variétés, et la base des cils est en continuité de substance avec la matière de la courbe hyaline. Ce fait montre qu'elle n'est pas comparable à la *cuticule* de l'épiderme végétal. Sa présence n'a pas été notée sur les cellules sphériques ciliées. Du reste, en suivant les phases de son évolution et de celle des cils, on voit qu'elle se développe peu à peu en même temps que l'ensemble de la cellule s'accroît et prend la forme prismatique. Sous ce rapport encore elle n'est pas comparable aux substances cuticulaires, qui ne sont produites par les cellules qu'alors que celles-ci ont atteint leur plein accroissement.

Il y a 2 variétés de cellules épithéliales prismatiques : 1° celles qui sont *dépourvues* de cils vibratiles et dont il vient d'être question, et 2° celles qui sont *ciliées*. Ces dernières se rencontrent dans les fosses nasales, la trompe d'Eustache, la cavité du tympan, le larynx, à compter de la face inférieure des cordes vocales inférieures, la trachée et les bronches proprement dites, le col et le corps de l'utérus, les trompes de Fallope, les conduits excréteurs de la prostate, etc., etc. Dans les ovisacs bien développés il y en a parfois quelques-unes qui sont ciliées parmi celles qui, en plus grand nombre, sont dépourvues de cils. On en trouve aussi sur le manteau et à la face interne de l'intestin des mollusques, sur divers organes des échinodermes, etc., au fond même des culs-de-sac de quelques glandes intestinales et anales des mollusques, mais alors elles sont plutôt polyédriques que prismatiques.

Les *cils vibratiles* sont de petits filaments grisâtres, pâles, transparents, et qui, vus les uns à côté des autres, sur des cellules couchées en long, présentent l'aspect des poils d'une brosse ; ils sont inclinés tantôt d'un côté, tantôt de l'autre, et généralement un peu recourbés quand ils sont immobiles. Ils sont longs de 6 à 25 millièmes de millimètre ou environ, et épais d'un demi-millième au plus.

Leur nom vient de ce qu'ils ressemblent aux cils qui bordent les paupières et parce que, sur l'animal vivant, ils sont doués d'un mouvement de vibrations incessant. Le nombre des cils qui recouvrent la superficie de la cellule tournée vers la muqueuse est considérable. Il n'est pas rare de trouver quelques-unes de ces cellules qui, çà et là, au milieu des autres, sont accidentellement dépourvues de cils vibratiles.

Lorsque la muqueuse est saine, la plupart des cellules portent des cils ; mais lorsqu'elle est enflammée les cils tombent ; dans ces conditions aussi les cellules qui naissent se développent irrégulièrement et ne portent plus de cils vibratiles, ou n'en portent qu'un très petit nombre ; ils sont alors écartés les uns des autres sur l'extrémité libre de l'élément. C'est ce qu'on voit assez souvent dans la trachée, dans les fosses nasales, dans la cavité du corps de l'utérus chez la femme, etc.

La rangée de ces minces filaments ainsi

juxtaposés donne un aspect tout particulier à ces cellules. Nous avons déjà dit que la substance qui, à la face libre des cellules, supporte ces cils, réfracte la lumière plus fortement que le reste de la cellule et se présente sous la forme d'une petite bandelette brillante quand celle-ci est vue inclinée sur le côté. Notons enfin que déjà sur les batraciens, les poissons et surtout chez les invertébrés, dans les trompes de Fallope des mammifères même, beaucoup de cellules ciliées sont d'égal diamètre en tous les sens, c'est-à-dire autant de la variété *polyédrique*, quant à la forme, que de la variété *prismatique*.

Les mouvements des cils vibratiles sont tantôt ondulatoires tantôt gyratoires et ont toujours lieu dans le même sens. Sur les cellules épithéliales isolées les mouvements persistent et font tournoyer ou même changer de place l'élément qui les porte. Elles ont parfois été prises pour des infusoires dans ces conditions.

Ces mouvements peuvent après la mort persister à la surface des muqueuses et dans les mucus qui les renferment, pendant douze à vingt-quatre heures, et même jusqu'à ce que la putréfaction commence, tant que la température ne s'abaisse pas au dessous de 20 à 25 degrés, quand il s'agit de cellules ciliées prises sur des animaux à température constante. Si la température est descendue au-dessous de ce nombre de degrés le mouvement ciliaire s'arrête, mais on n'a qu'à chauffer la préparation pour voir les mouvements reparaître. Lorsque le liquide commence à se putréfier, les mouvements cessent pour jamais et l'on ne peut plus les faire reparaître. L'eau, les acides, etc., les font également cesser et lorsque l'on veut conserver ces mouvements intacts, il faut prendre le mucus et y ajouter, soit de l'humeur vitrée, soit du sérum, et alors on voit ces mouvements persister des heures entières, même sur les cellules isolées.

Dans les couches que forment les cellules épithéliales de la variété *prismatique*, on trouve en général successivement, de la profondeur vers la superficie : 1° une rangée simple ou double de noyaux sphériques ou ovoïdes, régulièrement ou irrégulièrement juxtaposés avec une petite quantité de matière amorphe finement grenue, ordinairement en voie de segmentation entre les noyaux les plus superficiels ; 2° une ou quelquefois deux rangées de cellules allongées polyédriques ou ovoïdes juxtaposées sans grande adhérence par leurs longues faces ; cette rangée manque parfois ; 3° une seule rangée de cellules prismatiques proprement dites, ciliées ou non, assez adhérentes les unes aux autres, juxtaposées comme des pieux contigus plantés à côté les uns des autres, à extrémité la plus étroite engagée plus ou moins profondément entre les cellules encore imparfaitement polyédriques de la rangée précédente. Cette extrémité profonde est même parfois encore attenante à la substance amorphe, non segmentée, interposée aux noyaux profonds. C'est alors que sur les tissus durcis par l'alcool, l'acide chromique, le chromate de potasse, etc, on isole des cellules prismatiques, ciliées ou non, dont l'extrémité profonde semble s'enfoncer entre les éléments de la muqueuse qu'elles tapissent, telles que la muqueuse nasale particulièrement. Là cette extrémité présente des ramifications plus ou moins irrégulières ou flexueuses, parfois même anastomosées en réseau. Ces ramifications ne sont autre chose que des portions de matière amorphe attenant encore à l'extrémité des cellules qui en dérivent par segmentation et qui, une fois durcie, a pu être entraînée par ces cellules bien individualisées dans toute leur étendue, sauf leur extrémité profonde plus ou moins grêle et plus ou moins longue, suivant les espèces de membranes pourvues de cet épithélium.

Du rôle physiologique des épithéliums. — Le rôle physiologique particulier rempli par les épithéliums repose partout sur l'énergie ou la diminution de quelqu'une des propriétés végétatives de *nutrition*, de *développement* ou de *génération* ; et cela aussi bien lorsqu'ils agissent comme protecteur tégumentaire, que lorsqu'ils concourent aux sécrétions d'une part et à l'absorption de l'autre. Doués plus encore que les autres produits à un haut degré de ces propriétés végétatives, c'est par des modifications de celles-ci, en plus, en moins ou aberrantes, qu'ils jouent un rôle normal et pathologique important.

En ce qui concerne l'absorption et les sécrétions, ils remplissent ce rôle en vertu de l'énergie de leur faculté d'assimilation à l'égard des liquides qui les pénètrent ; énergie qui conduit à l'*absorption* s'il y a des capillaires au-dessous des épithéliums pour emporter au fur et à mesure les liquides qui affluent, comme dans l'intestin ; elle conduit au contraire à la *sécrétion* si les liquides sont apportés par des capillaires contre des épithéliums avec interposition d'une paroi propre comme dans les glandes.

Dans le premier cas, les principes qui ont pénétré par endosmose passent dans les capillaires sous-jacents et sont emportés avant que se manifestent les modifications assimilatrices proprement dites des matériaux, ce qui caractérise l'absorption. Dans le second cas les principes sont empruntés de proche en proche aux capillaires au travers de la paroi propre des tubes ou des vésicules du parenchyme, en raison de l'énergie assimilatrice des épithéliums et y séjournent, y sont modifiés ; alors se manifeste l'acte désassimilateur ou de rejet qui, avec la modification spéciale (en rapport avec la texture et la composition immédiate des épithéliums), caractérise la sécrétion. C'est ainsi que les deux actes d'absorption et de sécrétion deviennent des cas particuliers de la nutrition par excès de l'un de ses deux actes caractéristiques, d'assimilation d'une part, de désassimilation de l'autre, selon la composition immédiate de ces épithéliums, et selon leur arrangement réciproque, soit entre eux, soit par rapport aux tissus sous-jacents à la face libre des muqueuses, des séreuses et des tubes glandulaires, etc.

Le rôle élaborateur de ces parois est dévolu principalement à l'épithélium qui tapisse ou qui remplit et comble les culs-de-sacs glandulaires, pancréatiques, salivaires, [ou les follicules gastriques, etc. Ici, ce sont les épithéliums qui élaborent principalement les matériaux fournis par le sang qui leur font subir des modifications, et ces épithéliums restent en quelque sorte gonflés et remplis par les principes caractéristiques des humeurs biliaire, salivaire, pancréatique, etc., jusqu'au moment où il y a une surabondance de sang dans les capillaires de la glande ou de la muqueuse. Alors, par suite de cette surabondance, il y a une plus grande quantité de liquide qui passe des capillaires

dans le tube de la glande ou à la surface de la muqueuse ; à ce moment, les principes caractéristiques de l'humeur, dont les épithéliums étaient chargés, se trouvent entraînés dans des tubes glandulaires ou à la superficie de la muqueuse. Ainsi, par exemple, il ne faut pas croire qu'au moment où la salive est versée surabondamment dans la bouche, les principes caractéristiques que l'on trouve dans ce fluide soient formées intantanément. Ils existaient dans les cellules épithéliales, ils y étaient accumulés et ils sont, à un moment donné, entraînés dans ce tube glandulaire et versés à la surface de la bouche. Il en est de même pour les humeurs prostatique, biliaire, etc.

Ce fait ne s'observe pas seulement sur les épithéliums glandulaires ; il appartient en propre à tous les épithéliums sans exception, mais avec des différences d'énergie d'une variété à l'autre, et selon qu'il offre tel ou tel mode dans l'arrangement de ses noyaux ou de ses cellules. C'est là ce qui fait que les muqueuses dépourvues de glandes, comme celles de la vessie et du vagin, sécrètent des humeurs dites *mucus*, ayant certains caractères communs, tandis que les glandes sécrètent de leur côté des liquides spéciaux se signalant à côté des premiers par des propriétés caractéristiques plus tranchées, dues à des principes immédiats, spéciaux également, qui se forment dans ces glandes, comme je viens de le dire. C'est là ce qui fait que la peau et les branchies des poissons sur lesquelles la couche cornée de l'épiderme est très-mince et même nulle, fournissent rapidement sans glandes spéciales une quantité de mucus si considérable sur toute leur surface.

Nous avons vu comment s'individualisent toutes les cellules épithéliales quelconques, pour devenir, par les phases ultérieures de leur développement, lamelleuses, sphériques ou prismatiques, sans que jamais, quand plus tard il s'y forme une cavité, la présence de cette dernière y soit primitive; et cela par suite même du mode de délimitation de l'élément ayant forme de cellule. La production de sa cavité, son apparition quand elle a lieu, est toujours un fait consécutif à l'individualisation de l'élément ; elle est un phénomène d'évolution ou de développement, et non un fait de génération.

La sécrétion de la matière sébacée en offre un exemple remarquable en nous montrant que cette cavité se forme par une succession de modifications de la structure intime du corps même de la cellule, qu'elle se creuse dans la substance homogène et pleine qui s'est individualisée en corps de cellule par sa segmentation.

Dans les glandes sébacées proprement dites, dans la glande uropygienne des oiseaux, etc., on voit des gouttelettes huileuses, jaunes, sphériques, à contour foncé, très-fines d'abord, puis de plus en plus grosses, se montrer autour du noyau qui est au centre de la cellule. Chaque goutte occupe alors une cavité qu'elle remplit, cavité dont sa production a déterminé l'apparition, et bientôt les gouttes, devenant contiguës, le corps de la cellule est ainsi creusé d'une cavité qu'il ne possédait pas auparavant. Les gouttes d'huile remplissent cette cavité. On ne voit aucun liquide interposé entre elles. La paroi est formée par la substance azotée du corps de la cellule ; les contours indiquant ses faces interne et externe sont bien marqués, et leur écartement mesure l'épaisseur de cette paroi ; épaisseur d'autant plus grande que la cellule renferme un moindre nombre de gouttes graisseuses, qu'elle est plus ou moins distendue par elles.

Au fur et à mesure que le nombre et le volume de ces gouttes graisseuses, jaunes, à contour foncé, vont en augmentant, la cellule devient plus grosse et sa paroi plus mince. Bientôt celle-ci se rompt, et le contenu, formant une masse plus considérable que cette dernière, devient libre (*sécrétion par déhiscence* de quelques auteurs) ; il se mêle au contenu des autres cellules dans la cavité du cul-de-sac ou du canal excréteur, en entraînant avec lui la paroi vide et aplatie qui est comme perdue dans le produit ainsi sécrété. L'huile fluant graduellement au dehors n'entraîne pas toujours ces parois vides, minces et incolores, qui s'accumulent alors dans la glande qu'elles distendent, et c'est de la sorte que se forment les *comédons*. Avant de se rompre, la cellule pleine de gouttes d'huile est déjà écartée de la paroi glandulaire contre laquelle elle s'est individualisée ; elle en est écartée par une nouvelle couche de noyaux et de matière amorphe se segmentant, autour de ceux-ci

comme centres, pour former de nouvelles cellules. Il y a même des cellules qui tombent et sont entraînées par l'huile, dans laquelle on les trouve sans qu'elles se soient rompues et vidées de leur contenu. Leur rupture a lieu ordinairement alors que les gouttelettes sont encore distinctes les unes des autres ; d'autres fois, auparavant, les gouttelettes se fusionnent de manière à former une goutte de plus en plus grosse à côté des plus petites qui restent, ou même de manière à en constituer une seule qui remplit complétement la cavité de la cellule, puis distend celle-ci, amincit la paroi et donne un peu à cet élément l'aspect d'une vésicule adipeuse. On voit bien alors que cette masse huileuse homogène constitue à elle seule tout le contenu de la cellule, sans addition d'aucun liquide séreux ou muqueux, de même que dans le cul-de-sac plein d'huile on ne voit pas d'autre liquide que cette matière grasse, sauf le cas des glandes sébacées de l'auréole du mamelon vers l'époque de l'accouchement. Dans les cellules de l'organe en forme de bandelette qui, dans le manteau de certains Gastéropodes, fournit la pourpre (Lacaze-Duthiers), c'est d'une manière analogue que se produisent les granules chromatogènes, bien qu'ils ne soient pas de nature graisseuse. Les cellules tombent de la surface de la bandelette, une fois qu'elles sont distendues par l'accumulation de ces granules, se gonflent et éclatent alors au contact de l'eau de manière à mettre en liberté leur contenu.

C'est d'après un mécanisme analogue également que se produisent, dans les cellules épithéliales de la membrane veloutée de la poche à encre des Céphalopodes, les granules de *mélaïne*, et qu'ils sont mis en liberté dans le liquide muqueux qui les tient en suspension.

La production des gouttes d'huile dans les cellules épithéliales des glandes sébacées entraîne d'abord le refoulement du noyau dans l'épaisseur de la paroi, et bientôt son atrophie, qui a lieu longtemps avant la rupture qui met en liberté le produit, et avant que la cellule soit notablement distendue par les gouttes d'huile.

Ainsi, le noyau manque dans ces cellules épithéliales ayant une cavité et un contenu distincts de la paroi, et il manque dans la pellicule que représente celle-ci lorsque, vidée, elle s'est aplatie ; il manque là comme dans les cellules sans cavité des lamelles desquamées à la surface de l'épiderme ; mais, dans ces deux cas, l'atrophie du noyau est due à des causes très différentes. Dans ces deux cas aussi, la persistance du noyau ne s'observe que dans des conditions accidentelles, et sa présence, qui ailleurs est normale, devient ici le signe d'une circonstance pathologique.

Quant aux actes sécrétoires essentiels des matières sébacées, c'est-à-dire quant à ceux qui donnent lieu à la formation ou du moins à l'isolement de leurs principes gras caractéristiques, ils sont, au fond, de même ordre que ceux qui se passent dans les autres glandes. En d'autres termes, ils consistent essentiellement en un excès de la propriété d'assimilation formatrice des épithéliums, comparativement aux autres éléments, en ce qui concerne les principes graisseux, et non en ce qui regarde telle substance coagulable comme pour les mucus, le suc pancréatique, etc. Seulement, en raison de la non-miscibilité des composés formés ici avec les autres principes immédiats de la substance organisée, ceux-là ne sont pas (comme les principes qui se produisent dans les autres glandes) rejetés molécule à molécule par exosmose dialytique et désassimilatrice au travers de toute l'épaisseur de la substance de la cellule et sans destruction de celle-ci. Ils s'accumulent, au contraire, au point même où ils se forment, comme le font les corps gras dans tous les éléments anatomiques où ils sont produits, et cela en raison des mêmes particularités physico-chimiques de non-miscibilité et de non-transmissibilité endosmo-exosmotique qui leur sont particulières. De là leur accumulation dans l'épaisseur des cellules qu'ils distendent jusqu'à rupture et dont ils entraînent ainsi la destruction matérielle de toutes pièces ; et cela bien que leur formation aille toujours en diminuant d'énergie, parce que la substance propre de l'élément anatomique formateur va graduellement en diminuant de quantité à mesure qu'augmente la masse des principes formés qui le distendent, le rompent et le laissent comme résidu matériel visible.

On peut voir, d'après ces données, ce que

vaut l'hypothèse qui, d'une manière générale et absolue, fait, dans toutes les glandes de la sécrétion, une destruction totale de leur épithélium, et cela par une généralisation forcée de ce qui a lieu dans les glandes sébacées. Cette hypothèse ne supporte pas l'examen devant l'étude de la sécrétion du suc pancréatique, des mucus, des sérosités, des liquides kystiques, etc. qui s'accomplit rapidement et surabondamment sans destruction de cellules épithéliales en masse, équivalente à celle du liquide produit.

Du reste, toute sécrétion consiste en une assimilation élaboratrice, énergique, donnant lieu à la production de principes coagulables comme la pancréatine, la ptyaline, etc., dans les éléments doués au plus haut degré des propriétés végétatives comme les épithéliums, production suivie d'une issue, molécule à molécule, exosmotique et désassimilatrice ; ou, au contraire, elle consiste ailleurs en un excès de la désassimilation donnant lieu à la formation de principes immédiats spéciaux cristallisables, tels que les principes graisseux du sérum, etc., le sucre de lait, les taurocholates, glycocholates, etc. Ainsi on voit que rien dans ces faits ne justifie la similitude qu'on a voulu établir entre les sécrétions et les phases du développement des cellules épithéliales qui ont pour résultat la production des cils vibratiles et de la couche hyaline qui recouvre les épithéliums prismatiques, comparés à tort à des produits sécrétoires concrétés, ou encore à la cuticule des plantes.

Les données physiologiques précédentes touchant le rôle des épithéliums dans les sécrétions s'appliquent particulièrement aux épithéliums nucléaires, polyédriques et sphériques non stratifiés. Joints aux suivants ils montrent l'importance de la classification des épithéliums en plusieurs groupes naturels, et celle que présente l'étude de leur distribution dans l'économie. On remarque, en effet, en comparant les épithéliums prismatiques aux précédents sous les mêmes points de vue, qu'on ne les trouve jamais dans la portion sécrétante des glandes, mais au contraire à la surface des muqueuses. Ils existent particulièrement sur celles qui sont le siége d'actes d'absorption énergiques, comme on le voit depuis le cardia jusqu'à l'anus, et ces phénomènes cessent, où sont troublés, lorsqu'ils viennent à être enlevés pathologiquement. Par la mollesse de leur substance, ils se prêtent à l'absorption ainsi qu'à la pénétration des granules graisseux qui les traversent pour gagner les lymphatiques chylifères sous-jacents dans les papilles.

La présence des cils vibratiles comme dans les voies génitales, respiratoires et olfactives, les ramène à un autre rôle qui n'est plus nettement relatif à l'absorption, en dehors du moins de celle des substances gazeuses; car partout où existent des cils vibratiles, on voit leurs mouvements chasser incessamment les particules solides et liquides qui couvrent l'épithélium, en déterminer la migration; ici les phénomènes d'absorption n'ont pas lieu au travers de ces muqueuses comme au travers de celles qui ont un épithélium prismatique non cilié, tel que celui de l'intestin.

Le rôle physiologique des épithéliums se borne au contraire à un simple fait de protection physique sans sécrétion spéciale ni absorption, dès qu'ils sont placés dans de telles conditions qu'ils forment des couches stratifiées comme dans la vessie, le vagin, la bouche et l'œsophage. Ce fait est particulièrement tranché quand ils se dessèchent et ne peuvent plus recevoir en assez grande abondance les principes que fournit le plasma sanguin, ou comme on le voit aussi pour les épithéliums pavimenteux stratifiés en couches épidermiques cutanées, avec soudure en couche cornée à leur superficie.

A la surface de ces divers organes, leurs usages consistent en effet seulement à préserver le chorion sous-jacent de tout contact direct, tout en facilitant le glissement des parties et à s'opposer à des phénomènes d'absorption, comme dans la vessie, sur le fœtus dans la cavité amniotique, etc.

Ce rôle purement physique des épithéliums pavimenteux s'observe même encore sur les couches non stratifiées, représentées par une seule rangée de cellules, comme à la face interne des vaisseaux; mais alors il se rattache à des actes purement endosmo-exosmotiques.

Quant à la succession des phénomènes concernant la génération, l'évolution et la desquamation incessante des épithéliums dont l'ensemble caractérise essentiellement ce qu'on appelle leur mue, il en sera question dans un travail qui sera publié plus tard.